应用文写作教程

主 编 王 勤
副主编 黄兆宣

北京理工大学出版社
BEIJING INSTITUTE OF TECHNOLOGY PRESS

版权专有　侵权必究

图书在版编目（CIP）数据

应用文写作教程／王勤主编．—北京：北京理工大学出版社，2017.7（2021.8重印）
ISBN 978－7－5682－4467－1

Ⅰ.①应…　Ⅱ.①王…　Ⅲ.①汉语－应用文－写作－教材　Ⅳ.①H152.3

中国版本图书馆 CIP 数据核字（2017）第 181863 号

出版发行／北京理工大学出版社有限责任公司
社　　址／北京市海淀区中关村南大街 5 号
邮　　编／100081
电　　话／（010）68914775（总编室）
　　　　　（010）82562903（教材售后服务热线）
　　　　　（010）68944723（其他图书服务热线）
网　　址／http://www.bitpress.com.cn
经　　销／全国各地新华书店
印　　刷／三河市天利华印刷装订有限公司
开　　本／787 毫米×1092 毫米　1/16
印　　张／16.5　　　　　　　　　　　　　　　责任编辑／江　立
字　　数／374 千字　　　　　　　　　　　　　文案编辑／张才华
版　　次／2017 年 7 月第 1 版　2021 年 8 月第 6 次印刷　责任校对／周瑞红
定　　价／49.90 元　　　　　　　　　　　　　责任印制／施胜娟

图书出现印装质量问题，请拨打售后服务热线，本社负责调换

前　言

张志公先生曾对21世纪的大学生应具备的语文能力做过如下概括："普遍需要的将是如历史上描写智力超常的'才子'们那种'出口成章'的能力，因为他们要用自然的口头语言处理工作，指挥机器干活；那种'一目十行，过目成诵'的阅读能力，因为他们需要读的东西太多了；那种'下笔千言，倚马可待'的写作能力，因为他们的时间很珍贵，必须在尽可能短的时间里写出他们生活和工作中需要写的东西"。张先生从说、读、写三方面，分别说明了大学生应具备的语文能力。这里，所说的"写"，主要是指应用文写作。

应用写作课程是高职院校普遍开设的一门公共基础必修课，对于培养学生的语言表达能力、应用写作能力，全面提升学生的综合素质、培养复合型人才具有重要意义。然而，许多一线教师发现，在应用写作课程教学过程中，存在着教学内容比较枯燥、教学方法相对呆板、学生学习积极性不高的问题。本书的编写组经过研究发现，要想合理解决以上问题，应用写作课程就必须牢牢把握住应用文本身"实用性"的特点，在教学内容和教学方法上进行合理改进。本书正是基于这样的思想编写的。从整体上看，本书具有如下特点：

一、根据不同专业特点，合理编写课程内容。一般来讲，我们在应用文写作课上所讲的文种有两大类型，一类文种的专业性很强，具有明显的职业化倾向；另一类文种的专业性不强，没有明显的职业化倾向。为此，我们这本《应用文写作教程》，编写了财经应用文写作、法律应用文写作、申论等，主要满足不同专业学生的写作需求。同时，编写了行政公文、常用事务文书、日常文书写作等，供所有专业学生学习，从而帮助他们在走进社会、走上工作岗位以后能够熟练地写作现代社会所需要的实用文章。

二、与时俱进，选取新颖、典型的例文进入教材。应用文本身最大的特点是"实用性"，就是能够处理和解决现实生活中的各种事情。因此，如果教材内容过于陈旧，所选例文与社会发展脱节，就很难准确、生动地说明问题，对学生学习起到示范作用。因此，在《应用文写作教程》编写过程中，我们力求寻找一些与现实生活联系紧密的例文，用以丰富课程的教学内容、激发学生的学习热情，从而使应用文写作课程在提高高职学生实用写作能力方面的巨大作用得以充分发挥。

三、突出课程实践性，指导学生自主学习。应用文写作课程原本就是一门具有较强实践性的课程，如果缺少了实践环节，就无法充分体现课程本身的价值。由此，这本《应用文写作教程》，注重写作理论与实践操作、方法技能的讲述，对每一文种的教学选取了典型的"范文"作为支撑；同时，恰当设置的"思考练习"，为学生提供了与教学内容相符合的"实践环境"，使他们在学习的过程中实践，在实践的过程中学习。

由于本书编写时间仓促，不尽人意处肯定存在。恳请各位老师在使用本书的过程中能够将你们所发现的问题告知我们，以便我们在本书修订时参考。

编　者

Contents 目 录

第一章 应用文概说 … 1
第一节 什么是应用文 … 1
一、应用文的定义 … 1
二、应用文的特点 … 2
三、应用文作者的特征、类型和素质要求 … 5
四、我国古代应用文写作、发展的历史和沿革 … 8
五、我国现当代应用文的发展和趋势 … 10
第二节 应用文的种类 … 11
一、文章的分类 … 11
二、应用文的分类 … 12
三、应用文的作用 … 13
第三节 怎样写好应用文 … 13
一、构思 … 14
二、主旨 … 15
三、材料 … 16
四、结构及其规划 … 17
五、语言 … 18
六、撰写 … 19
七、修改与润色 … 19

第二章 行政公文概述 … 22
第一节 行政公文的含义与特点 … 22
一、公文的含义 … 22
二、行政公文的特点 … 22
第二节 行政公文的种类 … 23
一、党和国家机关通用公文的种类 … 23
二、公文的分类 … 24
三、公文的作用 … 27

第三节　行政公文的规范格式 ·· 28
　　一、公文的要素和格式 ·· 28
　　二、公文行文关系 ·· 30
　　三、公文写作的要求和注意事项 ······································ 30
第四节　公文常见错误 ·· 33
　　一、行文方面的问题 ·· 33
　　二、公文标题方面的问题 ·· 34

第三章　命令、决定、意见和决议的写法　　39

第一节　命令 ·· 39
　　一、命令的含义和特点 ·· 39
　　二、命令的分类和作用 ·· 40
　　三、命令的内容结构和写作事项 ······································ 40
第二节　决定 ·· 41
　　一、决定的含义和特点 ·· 41
　　二、决定的种类和作用 ·· 41
　　三、决定的内容结构 ·· 42
　　四、决定与命令的区别 ·· 42
第三节　意见 ·· 42
　　一、意见的含义和特点 ·· 42
　　二、意见的分类和作用 ·· 43
　　三、意见的内容结构和写作注意事项 ································ 45
　　四、易混淆文种 ·· 46
第四节　决议 ·· 48
　　一、决议的含义和特点 ·· 48
　　二、决议的种类 ·· 48
　　三、决议的内容结构和写作要求 ······································ 49

第四章　公告、通知、通告和通报的写法　　51

第一节　公告 ·· 51
　　一、公告的含义、特点和类型 ··· 51
　　二、公告的分类 ·· 52
　　三、公告的写法 ·· 53
第二节　通知 ·· 54
　　一、通知的含义和特点 ·· 54
　　二、通知的分类 ·· 54
　　三、通知的内容、结构和写作注意事项 ····························· 55
第三节　通告 ·· 56
　　一、通告的含义和特点 ·· 56
　　二、通告的分类 ·· 56

三、通告的写法和注意事项 ·············· 57
　　四、通告与公告的异同 ················ 59
第四节　通报 ························ 59
　　一、通报的含义和特点 ················ 59
　　二、通报的种类 ·················· 60
　　三、通报的结构与写作要求 ·············· 60

第五章　报告、请示、批复、函和会议纪要的写法　69

第一节　报告 ························ 69
　　一、报告的含义和特点 ················ 69
　　二、报告的分类 ·················· 70
　　三、报告的结构和写作注意事项 ············ 70
第二节　请示 ························ 75
　　一、请示的含义和特点 ················ 75
　　二、请示的分类 ·················· 75
　　三、请示的结构和写作注意事项 ············ 76
　　四、请示的行文注意事项 ··············· 78
　　五、请示与报告的区别 ················ 79
　　六、请示与报告不分的几种表现形式 ·········· 80
　　七、请示与报告混淆的原因及负面影响 ········· 80
第三节　批复 ························ 82
　　一、批复的含义和特点 ················ 82
　　二、批复的种类和作用 ················ 82
　　三、批复的结构和写作注意事项 ············ 83
第四节　函 ························· 85
　　一、函的含义和特点 ················· 85
　　二、函的分类和使用范围 ··············· 86
　　三、函的结构 ··················· 86
　　四、撰写函件应注意的问题 ·············· 87
　　五、与"函"易混文种的辨析 ············· 87
第五节　会议纪要 ····················· 89
　　一、会议纪要的含义和特点 ·············· 89
　　二、会议纪要的种类和作用 ·············· 89
　　三、会议纪要的结构和写作要求 ············ 90
　　四、会议纪要和会议记录的区别 ············ 92
　　五、会议纪要与会议决议的区别 ············ 92

第六章　条例、规定和议案的写法　95

第一节　条例 ························ 95
　　一、条例的含义和特点 ················ 95

二、条例的种类和作用 …………………………………………………… 96
　　三、条例的结构和写作注意事项 ………………………………………… 96
　　四、使用条例文种的注意事项 …………………………………………… 97
第二节　规定 ……………………………………………………………………… 98
　　一、规定的含义和特点 …………………………………………………… 98
　　二、规定的分类 …………………………………………………………… 99
　　三、规定的内容和结构 …………………………………………………… 99
　　四、条例与规定的区别 …………………………………………………… 99
第三节　议案 ……………………………………………………………………… 101
　　一、议案的含义和特点 …………………………………………………… 101
　　二、议案的种类和作用 …………………………………………………… 101
　　三、议案的结构和写作注意事项 ………………………………………… 102

第七章　常用事务文书　104

第一节　计划 ……………………………………………………………………… 104
　　一、计划的含义和特点 …………………………………………………… 104
　　二、计划的种类和作用 …………………………………………………… 104
　　三、计划的内容、结构和写作要求 ……………………………………… 105
第二节　总结 ……………………………………………………………………… 106
　　一、总结的含义 …………………………………………………………… 106
　　二、总结的种类和作用 …………………………………………………… 106
　　三、总结的内容、结构和写作要求 ……………………………………… 106
第三节　调查报告 ………………………………………………………………… 110
　　一、调查报告的含义和特点 ……………………………………………… 110
　　二、调查报告的类别 ……………………………………………………… 110
　　三、调查报告的内容、结构和写作要求 ………………………………… 111
第四节　述职报告 ………………………………………………………………… 113
　　一、述职报告的含义和特点 ……………………………………………… 113
　　二、述职报告的种类和作用 ……………………………………………… 114
　　三、述职报告的内容、结构和写作要求 ………………………………… 115
　　四、述职报告与个人工作总结的区别 …………………………………… 116
第五节　会议记录 ………………………………………………………………… 118
　　一、会议记录的含义和特点 ……………………………………………… 118
　　二、会议记录的种类和作用 ……………………………………………… 118
　　三、会议记录的内容、结构和写作要求 ………………………………… 119
　　四、会议记录与会议纪要的区别 ………………………………………… 120
第六节　简报 ……………………………………………………………………… 121
　　一、简报的含义和特点 …………………………………………………… 121
　　二、简报的种类和作用 …………………………………………………… 122

三、简报的内容、结构和写作要求 …………………………………………… 123
四、正确认识简报 ………………………………………………………………… 126

第八章　常用会议公文写作　　　　　　　　　　　　　　　　　131

第一节　开幕词 …………………………………………………………… 131
一、开幕词的含义和特点 ………………………………………………………… 131
二、开幕词的分类和作用 ………………………………………………………… 131
三、开幕词的内容、结构和写作注意事项 ……………………………………… 132

第二节　闭幕词 …………………………………………………………… 134
一、闭幕词的含义和特点 ………………………………………………………… 134
二、闭幕词的种类 ………………………………………………………………… 135
三、闭幕词的内容、结构和写作注意事项 ……………………………………… 135

第三节　讲话稿 …………………………………………………………… 137
一、讲话稿的含义和特点 ………………………………………………………… 137
二、讲话稿的内容和结构 ………………………………………………………… 137
三、讲话稿的写作注意事项 ……………………………………………………… 141

第九章　日常文书的写作　　　　　　　　　　　　　　　　　　147

第一节　启事 ……………………………………………………………… 147
一、启事的含义和特点 …………………………………………………………… 147
二、启事的种类 …………………………………………………………………… 147
三、启事的主要内容和结构 ……………………………………………………… 148
四、启事的写作注意事项 ………………………………………………………… 149

第二节　海报 ……………………………………………………………… 149
一、海报的含义和特点 …………………………………………………………… 149
二、海报的种类和作用 …………………………………………………………… 150
三、海报的内容和结构 …………………………………………………………… 151
四、海报的写作注意事项 ………………………………………………………… 151
五、海报与公告的区别 …………………………………………………………… 151

第三节　感谢信 …………………………………………………………… 152
一、感谢信的含义和特点 ………………………………………………………… 152
二、感谢信的种类 ………………………………………………………………… 152
三、感谢信的内容和结构 ………………………………………………………… 152
四、感谢信的写作注意事项 ……………………………………………………… 153

第四节　慰问信 …………………………………………………………… 154
一、慰问信的含义和特点 ………………………………………………………… 154
二、慰问信的种类和作用 ………………………………………………………… 155
三、慰问信的内容和结构 ………………………………………………………… 155
四、慰问信的写作注意事项 ……………………………………………………… 156

第五节　请柬 ……………………………………………………………… 158

　　　　一、请柬的含义和特点 ………………………………………………………… 158
　　　　二、请柬的分类 ………………………………………………………………… 159
　　　　三、请柬的内容和结构 ………………………………………………………… 159
　　　　四、请柬的写作注意事项 ……………………………………………………… 161
　　第六节　邀请函 ……………………………………………………………………… 162
　　　　一、邀请函的含义和特点 ……………………………………………………… 162
　　　　二、邀请函的主要内容 ………………………………………………………… 162
　　　　三、邀请函的写作注意事项 …………………………………………………… 164
　　　　四、邀请函与请柬的区别 ……………………………………………………… 164
　　第七节　申请书 ……………………………………………………………………… 166
　　　　一、申请书的含义种类 ………………………………………………………… 166
　　　　二、申请书的内容和结构 ……………………………………………………… 166
　　　　三、申请书的写作注意事项 …………………………………………………… 167
　　第八节　条据 ………………………………………………………………………… 168
　　　　一、条据的含义和特点 ………………………………………………………… 168
　　　　二、条据的种类 ………………………………………………………………… 168
　　　　三、条据的内容和结构 ………………………………………………………… 168
　　　　四、条据的写作注意事项 ……………………………………………………… 170
　　第九节　电子邮件 …………………………………………………………………… 171
　　　　一、电子邮件简介 ……………………………………………………………… 171
　　　　二、电子邮件的特点 …………………………………………………………… 171
　　　　三、电子邮件的格式 …………………………………………………………… 171
　　　　四、电子邮件的写作注意事项 ………………………………………………… 172
　　第十节　倡议书 ……………………………………………………………………… 173
　　　　一、倡议书的含义和特点 ……………………………………………………… 173
　　　　二、倡议书的种类 ……………………………………………………………… 173
　　　　三、倡议书的内容和结构 ……………………………………………………… 173
　　　　四、倡议书的写作注意事项 …………………………………………………… 174
　　第十一节　证明信 …………………………………………………………………… 175
　　　　一、证明信的含义和特点 ……………………………………………………… 175
　　　　二、证明信的种类和作用 ……………………………………………………… 175
　　　　三、证明信的写作格式 ………………………………………………………… 176
　　　　四、证明信的写作注意事项 …………………………………………………… 176
　　第十二节　介绍信 …………………………………………………………………… 177
　　　　一、介绍信的含义、种类和作用 ……………………………………………… 177
　　　　二、介绍信的种类和内容、结构 ……………………………………………… 177
　　　　三、介绍信的写作要求 ………………………………………………………… 178
　　第十三节　个人简历 ………………………………………………………………… 178
　　　　一、个人简历的含义和作用 …………………………………………………… 178

二、简历的基本内容 179
　　三、制作简历的注意事项 179
第十四节　求职信 179
　　一、求职信的含义和特点 179
　　二、求职信的内容要素 179
　　三、求职信的写作格式 180
　　四、求职信的写作注意事项 181
第十五节　家信 181
　　一、家信的含义和种类 181
　　二、家信的主要内容和结构 182
　　三、家信写作的注意事项 182

第十章　常见财经应用文的写作 185

第一节　广告 185
　　一、广告的含义与特点 185
　　二、广告的种类 185
　　三、广告创意的形成过程 186
　　四、广告文案的结构和写法 186
　　五、广告的写作要求 186
第二节　市场调查报告 187
　　一、市场调查报告的含义和特点 187
　　二、市场调查报告的种类和作用 187
　　三、市场调查报告的内容和格式 188
第三节　经济预测报告 190
　　一、经济预测报告的含义和特点 190
　　二、经济预测报告的分类和作用 190
　　三、经济预测报告的格式 190
第四节　经济合同 192
　　一、经济合同的含义与特点 192
　　二、经济合同的分类和作用 193
　　三、经济合同的主要内容和格式 194
第五节　商务洽谈纪要 198
　　一、商务洽谈纪要的含义与特点 198
　　二、商务洽谈纪要的分类和作用 198
　　三、商务洽谈纪要的主要格式 199

第十一章　外贸索赔书和理赔书 201

第一节　外贸索赔书 201
　　一、索赔书的含义与特点 201
　　二、索赔书的分类 201

三、索赔书的格式 ……………………………………………… 202
　第二节　理赔书 …………………………………………………… 203
　　一、理赔书的含义与作用 ………………………………………… 203
　　二、理赔书的特征 ………………………………………………… 203
　　三、理赔书的格式 ………………………………………………… 203

第十二章　财务预决算报告　　　　　　　　　　　　　　205

　第一节　财务预算报告 …………………………………………… 205
　　一、财务预算报告的含义与特征 ………………………………… 205
　　二、财务预算报告的分类和作用 ………………………………… 205
　　三、财务预算报告的格式 ………………………………………… 206
　第二节　财务决算报告 …………………………………………… 207
　　一、财务决算报告的含义与作用 ………………………………… 207
　　二、财务决算报告的分类和特征 ………………………………… 207
　　三、财务决算报告的格式 ………………………………………… 208

第十三章　常用法律应用文的写作　　　　　　　　　　　211

　第一节　民事起诉状 ……………………………………………… 211
　　一、民事起诉状的文体基础知识 ………………………………… 211
　　二、民事起诉状的含义 …………………………………………… 212
　　三、民事起诉状的作用 …………………………………………… 212
　　四、民事起诉状的写作方法 ……………………………………… 212
　　五、民事起诉状的写作技巧和写作注意事项 …………………… 213
　第二节　刑事自诉状 ……………………………………………… 214
　　一、刑事自诉状的文体基础知识 ………………………………… 214
　　二、刑事自诉状的写作方法 ……………………………………… 215
　　三、制作刑事自诉状应注意的问题 ……………………………… 216
　　四、小结 …………………………………………………………… 216
　第三节　行政起诉状 ……………………………………………… 217
　　一、行政起诉状的含义和特点 …………………………………… 217
　　二、提起行政诉讼必须符合的条件 ……………………………… 217
　　三、行政诉讼法明确规定受理的8种案件 ……………………… 217
　　四、行政诉讼法规定不予受理的事项 …………………………… 217
　　五、行政起诉状的写法 …………………………………………… 218
　　六、行政起诉状写作注意事项 …………………………………… 218
　第四节　行政答辩状 ……………………………………………… 220
　　一、行政答辩状的含义和用途 …………………………………… 220
　　二、行政答辩状的结构和内容 …………………………………… 220

第十四章　申论 　223
　　一、申论的含义和特点 …………………………………………… 223
　　二、申论的内容和要求 …………………………………………… 226
　　三、如何写好申论 ………………………………………………… 226
　　四、申论的写作注意事项 ………………………………………… 229

附录A　231
附录B　237
附录C　243
参考文献　245

第一章
应用文概说

第一节 什么是应用文

一、应用文的定义

文章,是以一定的语言文字符号为媒介,反映客观事物和生活,表达情感和思想,传递信息,具备一定组织结构和篇章的书面语言形式。

曹丕曾说"盖文章,经国之大业,不朽之盛事"。应用文是应用写作的成品。最早明确提出"应用文"说法的,是清代的刘熙载。刘熙载在他的《艺概·文概》中指出:"辞命体,推之即可为一切应用之文,应用文有上行、有平行、有下行。"这里刘熙载所指,主要是公文。

> **知识拓展**

"应用文"一词也不是到清代才出现。应用文概念的由来,南宋张侃《跋陈后山再任校官谢启》(《拙轩集·卷五》)的开篇就是:"骄四俪六,特应用文耳。"不过张侃尽管早刘熙载六百年使用了应用文名称,理解却很不相同。究其原因,是当时还没有把应用文作为独立的文章体裁,也就不可能把"应用文"作为一个专门的文体概念,所以,张侃所说仍然不是对这个概念的科学的解释,仅仅是从表达形式上着眼来予以解释的。古人对应用文的不同解释,并不单纯是对一个概念的内涵的理解问题,还反映了古人对一般文章(包括应用文体)与文学作品的差异的认识经历了漫长的过程。(引自:古代应用文概念的由来和发展,刘耳士)。

"五四"时期,陈独秀提出:"鄙意凡百文字之共名,皆谓之文,文之大别有二:

> 一曰应用之文，一曰文学之文，刘君（半农）以诗歌戏曲小说等列入文学范围，是即余所谓文学之文也；以评论文告书记信札等列入应用范围，是余之所谓应用之文也。"

应用文的发展，大致经历了以下几个时期：产生期（殷商至战国）；规范期（秦汉）；理论总结期（魏晋南北朝）；成熟期（隋唐至宋代）；稳定发展期（元明清）；变革期（民国时期）；完善期（新中国成立至今）。

新中国成立后，曾有影响很大的辞书将应用文界定为"是日常生活中经常应用的文体"。多少年来有多少人对应用文的定义，具体说法虽然不尽相同，但都明白地确认了应用文的"应用"性质。

综上可知，应用文是指国家机关、企事业单位、社会团体、人民群众在日常生活、学习、工作中处理公共事务和私人事务所使用的具有某种特定格式和直接应用价值的文章，包括机关应用文和个人应用文两类，或称为公务文书和私务文书。

二、应用文的特点

应用文作为一种特定的文体，有着不同于其他文体的鲜明特点。

1. 应用的广泛性

应用文是人类在社会生活、工作和学习中，经常普遍使用的文体。

当今社会交往日趋频繁，信息传递日渐增多，人们联系工作和个人往来、反映意见和情况要靠信函；开展工作、制订计划、总结经验、管理政务要靠公文……应用文是党和政府统一领导，贯彻意志的重要工具，它从政治、经济、文化和个人生活诸方面充分发挥着作用，它是所有文体中使用频率最高，应用面最广的重要文体。

2. 价值的直接实用性

应用文都是为解决问题而写的。在内容上，力求准确，有针对性。或提出要解决的问题，或介绍、总结、说明工作中的实际情况。写作时务必将时间、地点、基本情况、事件原委、处理办法或措施等方面的内容交代清楚。另外，时间要求极为严格，要及时。

3. 材料的完全真实性

材料是写作的必备条件。应用文要求材料必须真实、客观，要求作者严格按照客观事物的本来面目进行写作，决不允许虚构和凭空想象。真实性是应用文体写作的生命之所在。只有真实地向社会各方面传递各种信息，上情下达，下情上达，它的文体价值才会有效地实现，否则就会失真，给社会带来不利影响甚至造成危害。

◎ 例 文

培育企业的核心竞争力——齐鲁制药厂调查

齐鲁制药厂原是向山东省畜牧业提供疫苗的一个小厂，1958年建厂后的20多年时间中一直处在产品单一的小规模经营状态。1981年以来，该厂加快了发展的步伐，目前已拥有5个分厂、一个中外合资企业，销售收入从1981年的248万元增长到2001年的12.2亿元，2001年实现利润1.8亿元。该厂还连续四年被评为全国500家最佳经济效益企业之一，跻身全国科技百强企业，中国医药工业50强。是什么因素造就了齐鲁制药厂的旺盛的生命力？通过调查，我们发现，是其精心培育的核心竞争力……

为什么要强调应用文材料的真实性呢？

第一，材料是提炼形成主旨的基础。应用文写作的主旨不是凭空确定的，而是对各种素材进行分析提炼，去伪存真、去粗取精、由此及彼、由表及里的鉴别分析、整理，综合加工形成的。

第二，材料是构成应用文的基本要素，是表现、深化主旨的支柱。一篇应用文的内容如何，很重要的一个方面是要看它使用的材料是否真实可靠，这是衡量应用文内容的重要标准之一。

第三，应用写作中，材料不仅是主旨形成的基础，也是表现、深化主旨的支柱。主旨可以用一句或一段简明扼要的语言概括、表述，但它却不能孤立地存在，而必须由文中的人物、事件、数据理论等材料来表现、支持或证明。主旨的提炼和深化均是在大量占有材料的基础上得以实现的。

由此可见，材料在应用文写作中的作用和地位是显而易见的。

4. 建构的直观规范性

应用文的体式是固定的，严格讲究格式准确。规范性主要表现在三个方面：一是文种的规范，即办什么事用什么文种，有大体的规定，不能乱用。二是格式的规范，即每一文种在写法上有大体的格式规范，不能随意变更。三是应用文写作在内容的组织和安排上十分注意它的条理性、逻辑性，通常有纲有目、有主有次、有总有分，显得很有条理和层次。

5. 语言表达的直白、简约、得体

叶圣陶先生说："公文不一定要好文章，可是必须写得一清二楚，十分明确，句稳词妥，通体通顺，让人家不折不扣地了解你说的是什么。"多数应用文不宜采用描写、抒情，切忌堆砌形容词；更不允许虚构和夸张，即使有描述，其目的必须是说明问题。应用文还经常使用一些专用词汇和术语。此外，应用文在语言方面还有较多地运用并列短语、介宾短语，沿用一些文言句式等语法特点。

与应用文的要求不同，记叙文、散文等文体更注重从审美的角度来写作。

例 文

《荷塘月色》节选

月光如流水一般，静静地泻在这一片叶子和花上。薄薄的青雾浮起在荷塘里。叶子和花仿佛在牛乳中洗过一样；又像笼着轻纱的梦。虽然是满月，天上却有一层淡淡的云，所以不能朗照；但我以为这恰是到了好处——酣眠固不可少，小睡也别有风味的。月光是隔了树照过来的，高处丛生的灌木，落下参差的斑驳的黑影，峭楞楞如鬼一般；弯弯的杨柳的稀疏的倩影，却又像是画在荷叶上。塘中的月色并不均匀；但光与影有着和谐的旋律，如梵婀玲上奏着的名曲。

特别要强调的是，应用文的语义必须清晰、明确，不能模棱两可。所叙述的概念，只能做单一的解释，不能产生歧义，以致让人作出多种理解。一是用词要准确，不能出现语义模糊和语义两歧的情况。

另外，在追求直白、简约时，也要注意遣词造句的得体性。应用文的语言是为特定的需要服务的，要受明确的写作目的、专门的读者对象、一定的实用场合等条件的制约，因此语言使用一定要得体。颁布政令要庄重严肃。请示、申请要委婉平和。批评表扬要持之有据、分寸恰当。广播稿的语言宜通俗化、口语化，要尽量使用短语，避免用长句，有些词语在书面语中可适用，在广播稿中却不适用。例如解说词是供群众听的，读起来要上口，听起来要顺耳，解说词是对实物和画面进行解说的，因此，要用形象的文学语言，描绘所解说的事物和形象，感情要充沛，还可使用记叙、描写、说明、议论、抒情等综合表达方式。

还有，要正确使用应用文的习惯语，切实弄清它们的含义和用法。如信函中的称谓、问候和致敬语要正确使用。

有时，应用文也需要一种"模糊"的语言，来体现"模糊"美。模糊语言，是一种外延不确定，内涵无定指，在表义上具有弹性的语言。但它既不是含糊其辞、模棱两可、令人费解的低劣用语，也不是文学作品中那种高深莫测、深刻含蓄、多义多解、回味无穷的艺术语言，而是指通过模糊语言在公文中的修辞作用，达到表意上的高度精确，正确而深刻地反映实际工作本质规律的实用语言。从而，形成一种现代应用文语言的独特的模糊美。在人类语言系统中，很多词语本身就是模糊不清、表意不明确的。如"十分""非常""加大力度""近来""最近一段时期""大多数""个别""好""坏"等，无法找出具体的界限，而这些词在公文表述过程中，出现的频率相当高。

例文

公文中的"模糊"语言

《中共中央、国务院批转国家农委〈关于积极发展农村多种经营的报告〉的通知》中的一段文字："我国居民的食物构成，在今后相当长的历史时期，除纯牧区外，还只能以粮食为主"。

再如《中共中央关于社会主义精神文明建设指导方针的决议》中的两段文字："到本世纪末，要使我国经济达到小康水平；到下世纪中叶，接近世界发达国家水平"。"从中央到基层的各级党组织，必须用更多的时间和精力来加强党对精神文明建设的领导"。

前者中的"相当长的历史时期"，后者中的"本世纪末""下世纪中叶""接近""更多的时间和精力"等，都是些用得十分准确的模糊词，因而达到了表义上的高度精确，从而形成一种模糊美。

6. 时效性

时效性包括应用文的时代性、及时性、作用时间的有限性三层含义。所谓时代性，是说它要与现实紧密结合，紧跟时代、适应时代的变化与需求。所谓及时性，是说它要求在一定时限内完成写作任务，延期则会影响作用的发挥，甚至贻误工作。所谓作用时间的有限性，是说它只在一定时期内产生直接作用，写作目的实现了，其直接效用就会随之消失，文本就变成了档案材料。

7. 读者的针对性

一般来说，应用文都有明确的读者对象，是针对特定群体、受众而拟定的。在一定程度上，读者对象会影响应用文的用语、制发程序。

例 文

《水浒传·第二十二回 横海郡柴进留宾 景阳冈武松打虎》节选

……（武松）横拖着梢棒，便上冈子来。那时已有申牌时分。这轮红日，压压地相傍下山。武松乘着酒兴，只管走上冈子来。走不到半里多路，见一个败落的山神庙。行到庙前，见这庙门上贴着一张印信榜文。武松住了脚读时，上面写道："阳谷县为这景阳冈上新有一只大虫，近来伤害人命。见今杖限各乡里正并猎户人等，打捕未获。如有过往客商人等，可于巳、午、未三个时辰结伴过冈。其余时分及单身客人，白日不许过冈。恐被伤害性命不便。各宜知悉。"武松读了印信榜文，方知端的有虎……

三、应用文作者的特征、类型和素质要求

（一）应用文作者的特征

1. 强烈的读者意识

应用文有着明确的目的性，它是为处理和解决社会生活中的实际问题而进行的，或是请示指导工作，或是为决策提供依据等。因此，从文种选择、格式安排到语词的运用，都要针对写作目的与读者对象而有所选择与取舍。

2. 高度的责任意识

很多应用文都是以某机关、团体、企事业单位的名义发出的，而这些单位的法人代表往往是该单位的行政一把手。一篇应用文尤其是公文，从形成到生效，领导人要负全部的责任。应用文作者在接受写作任务并确立主题时，要善于领会理解领导的意图，并把这种意图渗透贯彻到具体文章中去。

从另一个角度来说，应用文是为了解决问题而做的，如果作者在行文时出现纰漏或错误，就会带来事与愿违的后果。

3. 严格的规范意识

规范主要体现在用语、采用文体和格式以及制发等方面。应用文以实际应用为目的，作为人们处理公私事务时常用的一种文体，应用文写作时应遵循的一大特性就是规范性。规范性是以强制力推行，用以规定各种行为规范的特性，其规范作用的成立与实现不以个人是否同意为前提条件，具有极强的强制约束力。应用文所针对的问题是反复多次适用的、涉及多数人而非少数人的一般的普遍性问题；应用文中的公文生效程序更为严格和规范，特别是在审批手续和正式公布程序方面非常严格；应用文语言运用讲究高度准确、概括、简洁、通俗、规范；应用文中的公文一经公布生效就应在一定时间范围内保持稳定，不能朝令夕改，变化无常，否则就失去了可行性，也就失去了存在的价值。所以应用写作时我们应该突出一

种规范的工作意识：①认真准备工作，依据充足、查明情况再制定文件，务使文件的结构严谨周致，完整齐全，语言表达缜密，无含混不清、词不达意、主义多歧等现象；②要具有针对性，切合实际，约束的对象及程度范围要明，有关职责、权利、义务的规定要清，时限要准；③不得朝令夕改，各项要求要有切实可行的检查衡量指标，执行要坚决肯定。

4. 自觉的服务意识

应用文写作是为了处理事务，解决实际问题的，不像文学写作一样可以历久弥新，它必须适时地提出解决问题的意见、方案和办法，以保证工作的顺利开展，所以必须讲究很强的时效性。中国提出改革开放已经有30年，经济建设是我国的一项头等大事，各种经济应用文在其中发挥了巨大的作用。比如：目前我们的生活节奏越来越快，市场发展也是瞬息万变，人们常会在进行市场投资时进行市场调查，这时经济应用文作为沟通、联系各方人士的渠道和纽带，对推动经济建设和市场正常有序发展起到了重要作用，市场调查报告只有跟上了市场的变化，才能发挥市场调查的应有作用。在时间就是金钱，效率就是生命的当今社会，如果拖延了时间，就会使搜集到的资料和计算出来的数据失去效用，过时的信息也将失去其市场价值，从而损害其经济效益和社会效益。

（二）应用文作者的类型

1. 自然作者（谁撰写署谁名）

此类型指从写作意图的确定到写成文章都是代表个人，由个人独立完成的作者。一些私务文书的作者都是个人作者，如个人书信、读书笔记、个人简历、日记等。

简言之，自然作者是"我为我"而写作。

2. 法定作者（作者是法人或法人代表，不一定是自然作者）

法定作者指写作主体是那些依法成立并具有法人资格的组织，主要指行政文书、党务文书和专用文书中的一些文体的作者。法定作者必须是以法定的名义发出并能行使相应的权利和承担义务的机关和法人代表。法定作者指公文的署名者，不一定是撰写文稿者。

简言之，法定作者是"他为我"而作。

3. 代言作者（只是代笔，除了起诉状外均不署名）

代言作者是以撰稿人的身份参与写作活动的人。与被代言人有两种关系：一是被代言人指定代言人以助手身份参与写作，成文署被代言人姓名，如秘书为领导写发言稿；二是代言人以执笔服务者的身份帮他人完成写作任务，根据服务对象要求，记录"作者"口述内容，如代写书信、起诉状等。此种情况，代言人不能在其写成的文章上署名，代言，只是代人立言。

简言之，代言作者是"我为他"（包括自然人、法人和法定代表）而写作。

（三）应用文作者的素质要求

应用文作者的素养，是指从事应用写作工作必须具备的基本条件，以及在应用写作活动中经常起作用的内在要素的总和。关于应用文作者的素质结构的内容，不同的学者有着不同的归纳，我们认为，应用文作者的素质结构主要由思想素质、品德素质、知识素质、能力素质、心理素质等五个方面的内容构成。

1. 思想素质

应用文章特别是其中的法定公文是党和国家机关传达贯彻党和国家方针政策，处理工作事务的一种重要工具。要写好这类公文，作者必须要有较高的政策水平和思想水平，"文如其人"，不仅是指作者个性的写照，更是作者思想的写照。

2. 品德素质

品德素质是指写作者的职业道德，这其中主要包括：①坚持实事求是，如实反映情况；②敢于坚持真理，修正错误；③要有强烈的事业心和高度的责任感。

3. 知识素质

写作离不开丰富的学识。合理的知识结构是一个写作者成功的基础。从事应用写作应注意从以下方面加强知识结构的形成：第一，要加强基础知识的学习和储备；第二，要学习和储备相应的专业知识；第三，学习和掌握应用写作的基础知识。

4. 能力素质

作为一名现代意义上的应用文作者，应当具有的能力是由一系列彼此关联的技能所组成的，这其中主要包括观察力、记忆力、想象力、思维力、表达力和社交力六种能力。

（1）观察力。观察是认识事物，积累知识的重要途径。首先，观察要目的明确；其次，观察要掌握科学的方法；再次，观察时要善于思考并提出问题。

（2）记忆力。记忆就是过去的经验在人脑中的反映。它包括识记、保持、再现或再认三个基本过程。应用写作偏重于运动记忆与词汇记忆，即偏重于对过去的实践活动的重现和头脑中已储藏知识的调遣。回忆是获得写作材料的重要途径之一，高质量的回忆总是与头脑中大量信息的出现有关，能否迅速准确地定向提取出记忆内容，这往往成为衡量记忆力优劣的标准。

（3）想象力。想象是指在原有感性形象的基础上，创造出新形象的心理过程。在具体的写作实践中，不仅文学创作需要运用想象，写一般的应用文章，如规划、计划、经济活动预测报告等，也需要运用想象来拓宽材料，深化意蕴。想象力的培养必须要以生活的体验为基础，那种没有丰富的生活体验做基础的所谓想象只能是胡思乱想。对于应用写作而言，不仅需要生活体验为我们提供丰富的直接经验，还应有丰富的间接经验，这里的间接经验指各类知识。

（4）思维力。写作是把思维活动的内容与成果以书面形式记录下来，所以说，思维能力是写作的核心能力，是一个人智力高低的主要标志，其具体表现在写作者思维的广阔程度、灵活程度、敏捷程度、严密程度等等方面。与应用写作有关的思维力训练，应考虑从以下方面入手：一要训练思维的严密性；二要训练思维的条理性；三要训练思维的敏捷性。

（5）表达力。表达力是构成作者写作能力的最基本的要素。而写作能力最核心的内容就是运用语言表情达意的技能技巧。表达力包括遣词造句能力、布局谋篇能力、图表设计能力、书写修改能力等等。

（6）社交力。社交能力是进行交往，联络内外公众的能力，也是写作者协调各方关系，争取受文对象理解支持的基本条件。在公务文书中有上行文、下行文、平行文等，这就涉及同上级、下级、平级关系的处理，其中包括文种的选择、格式的处理、用语的妥帖等等。社交能力是一个人多方面能力的综合表现，不能只从书本上去学，而是要通过各种社会实践活动，其中包括在具体的写作任务的完成过程中去学习提高。

5. 心理素质

写作者的心理素质主要指写作活动对于人的基本心理要求，主要表现在情感和意志两个方面。

（1）情感。应用写作离不开思想，思想常与感情相伴。写作主体积极有意识地增加自己情感的厚度，对身边的人多一点热情，对身边的事多一份关心，对工作中的问题多一些关注，大胆去流露自己的爱和恨，即所谓的"文因情生，情因物感"，这才可能写出好的应用文章。

（2）意志。意志是人们自觉确定目的，并据以支配和调节自身行动，克服各种困难，实现目的的心理活动。而写作目的的实现，写作任务的完成，绝不可能是一蹴而就、一帆风顺，总是与排除障碍、克服困难紧密相连。写作是一项艰苦的脑力劳动，特别是一些重要的会议工作报告、会议决议、可行性研究报告、学术论文等，都要经过反复的修改、征求意见甚至是推翻重写。事实证明，一个出色的写作者，他的过人之处恰恰表现在意志上，意志是他冲破阻力实现写作目的的推动力。

四、我国古代应用文写作、发展的历史和沿革

（一）初创阶段

我国最早的应用文当推甲骨文。甲骨文书产生于三千多年前的殷商时期。所谓"甲骨"，是"卜用甲骨"的简称。这些带有文字的牛骨，绝大多数是殷商王室的公务文书。甲骨文书的产生是与宗教祭祀活动结合在一起的。殷王室凡是遇到重大的事情和统治者的日常活动，都要问天行事，进行占卜，然后把占卜的时间事件和结果等刻在龟甲、牛骨和其他兽骨上。这就是所谓"甲骨卜辞"。河南省安阳市的小屯村是我国殷商王朝首都遗址。自清代光绪二十五年（公元1899年）起至今，已经从那里出土了15万片这类"甲骨卜辞"，这些甲骨文书虽然是片言只语，却是我国最早应用文的萌芽。

甲骨文

在清朝光绪年间，有个叫王懿荣的人，是当时最高学府国子监的主管官员。有一次他看见一味叫龙骨的中药上面刻着字，觉得很奇怪，就翻看药渣，没想到上面居然有一种形似文字的图案。于是他把所有的龙骨都买了下来，发现每片龙骨上都有相似的图案。他把这些奇怪的图案画下来，经过长时间的研究他确信这是一种文字，而且比较完善，应该是殷商时期的。后来，人们找到了龙骨出土的地方——河南安阳小屯村，那里又出土了一大批龙骨。因为这些龙骨主要是龟类兽类的甲骨，因此被命名为"甲骨文"，研究它的学科就叫做"甲骨学"。

刻在甲、骨上的文字早先曾称为契文、甲骨刻辞、卜辞、龟板文、殷墟文字等，现通称甲骨文。商周帝王由于迷信，凡事都要用龟甲（以龟腹甲为常见）或兽骨（以牛肩胛骨为常见）进行占卜，然后把占卜的有关事情（如占卜时间、占卜者、占问内容、视兆结果、验证情况等）刻在甲骨上，并作为档案材料由王室史官保存（见甲骨档案）。除占卜刻辞外，甲骨文献中还有少数记事刻辞。甲骨文献的内容涉及当时天文、历法、气象、地理、方国、世系、家族、人物、职官、征伐、刑狱、农业、畜牧、田猎、交通、宗教、祭祀、疾病、生育、灾祸等，是研究中国古代特别是商代社会历史、文化、语言文字的极其珍贵的第一手资料。

继"甲骨文书"之后在商朝还出现了一种应用文叫"金文文书"。它是刻或铸在青铜器上的铭文，也称之为"钟鼎文"。金文的内容多属于祭祀、征伐契约等有关的记事。

尚书向来被文学家称为我国最早的一部散文集。因其内容大部分属于官府处理国家大事的公务文书（包括君主和大臣的讲话、誓词、政令等），因此确切地说，它也是我国最早的一部体例比较完备的公文集。

成书时间稍晚的周礼，则汇编了周王室和战国时代的各国制度，基本属于应用文的范围。

尚书、周礼等典籍里的应用文，虽比"甲骨文书"等有了一些进步和发展，但还属于应用文体的初创阶段。

（二）发展阶段

应用文发展到秦代，有了很大变化。秦始皇建立了我国第一个统一的封建大帝国，制定了一套中央集权制度，各类实用公文也大量出现。皇帝要用"制""诏"等公文号令天下，训诫臣子；百官也要用"章""表"等公文向皇帝奏事。于是公文文体的分类制度得以确立，第一次规定了下行文与上行文体式。当时，还规定在行文中，凡遇到皇帝之名，甚至同音的字都要回避，这就是公文避讳制度的产生。

汉承秦制，基本上沿用了秦朝的一些公文制度，也有了些新变化。如，对皇帝，百官称为"陛下"，史官记事则称为"上"等。值得一提的是，东汉末年，蔡邕著写了总结汉代公文文体的著作《独断》，对汉代公文的分类、功用、做法、格式等作了较详细的论述，魏晋南北朝时期，应用文有了更大发展。例如曹丕的《典论·论文》将所有文体分为8类，其中6类是应用文，即奏、议、书、论、铭、诔；陆机的《文赋》将文体分为10类，其中8类是应用文，南朝任昉的《文章缘起》将文体分为84类，其中有60余类属于应用文范围。后刘勰的《文心雕龙》的问世，对各类应用文体的定义、演变、特征、写法等作了系统而精要的阐述，人们对各种应用文的认识更加深入全面了。

（三）进一步发展并走向成熟阶段

唐宋时期是中国封建社会的繁盛时期。这一时期，国家统一，政治稳定，经济繁荣，礼制越来越完善。因此就需要更多的应用文体以适应社会各个方面的需求。这也促进了应用文体的进一步发展，从而走上成熟阶段。这一时期，应用文类别更加繁多，分类更加精细，北宋姚铉编辑的《唐文粹》，把文体分为22类316小类，其中绝大多数是应用文。南宋吕祖谦编辑的《宋文鉴》，将文体分为59类150卷，其中大多数也是应用文，如诏、敕等。

唐宋时期，应用文的撰写更加规范，文书制度更加严密。在唐宋时期，无论是官府公文还是社会上通用的书启序跋之类，都有较为严格的体式要求，不得任意改动，对于公文的要求就更加严格了，形成一整套文书工作制度，如一文一事制度，公文的折叠、批制、誊写、引黄、贴黄制度等。总之，在唐宋时代，不仅应用文的类别已经日臻完整、全面，而且应用文的体式、制作和收文、发文制度都已经完善、严密，应用文走上了成熟。

（四）成熟后的稳定发展时期

明清时期（包括元代）是应用文自唐宋成熟后的稳定发展时期。总体来说，其文体类别与体式是沿用唐宋时期的做法，略有所变化。比如说官府行移文书也分为上行、平行、下行三类。这一时期，也增加了一些新公文，如"折"这种文体在明清两代非常盛行。清代学者吴曾祺在《文体言》中说："折，迭也。"折又有奏折、手折之别。奏折是奏疏文件之一，因用折本缮写，故名，是臣子向皇帝言事的奏本，属于上行文。而手折是下属向长官申诉意见或禀陈公事的本子，大都是亲手呈递于长官。再如平关，又叫关文，是古代早就有的一种文体，取其关口通道之义，后转为相互关照的公文，属于平行文。到了明清，特别是清代，这种文体广为应用，各类官府乃至平民百姓都使用这种关文，也不限于平行文了，成为官府间互相通报、质询的一般公文。明清时期，使用各类公文的要求更加严格了。如，公文用纸，在全国都有统一规定：奏本纸，高一尺三寸；一品二品衙门的文移纸高二尺五寸，三品至五品衙门文移纸高二尺；六品七品衙门文移纸高一尺八寸，八品九品及未入流衙门文移纸高一尺三寸等。

明清时期，除了官府公文外，随着社会交流的频繁，经济文化的发展，书信契约文据、祝祭文、序跋等也广泛应用。总之，明清时期，应用文体在前代基础上又有了稳步发展。

五、我国现当代应用文的发展和趋势

（一）发展

辛亥革命以后。政府对文书进行了改革。1921年，颁布了《公文程式》，规定了"令""咨""呈""示""状"五种。

新中国成立后，1951年4月，中共中央办公厅、政务院秘书厅在北京召开了全国秘书长会议，讨论、通过并颁布了《公文处理暂行办法》。这个文件是新中国成立后颁布的第一个公文法规。以后中共中央办公厅、国务院办公厅又分别制定了《党的机关公文处理条例》和《国家行政机关公文处理办法》，对党政公文的文种、格式、处理等诸多方面的事项作了明确的规定。

（二）发展趋势

21世纪，人类生活的各方面正在发生深刻变革。在新时代经济、科技和社会变革的形势下，现代应用文明显地表现出以下发展趋势。

1. 日趋重要

随着信息社会、知识经济时代的到来，作为储存、加工、传播信息的主要工具之一的现代应用文，同社会发展和人们生活之间的关系越来越密切，使用范围越来越广泛，运用频率越来越高，因此，越来越重要。然而，无论是发展中国家还是发达国家，当前国民的读写能力同过去相比，都有下降之势。台湾中山大学张仁青教授认为："在工商业发达，以金钱挂帅之社会，一般人之价值观念已作重大改变，认为国文程度之高低与金钱赚取并无绝对关联。加以电话、电报、传真之普及，旅游、娱乐之频繁，均足以扬其波而助其澜，遂使此一问题更加严重。"因此提高国民应用文读写能力更显重要。

2. 逐渐国际化

全球经济的一体化，推动着各国、各地区文化的相互撞击与交融，现代应用文发展的国际化趋势就是突出表现之一。这种"国际化"不会自然实现，它是一项艰巨的"文化工程"。只有以实事求是的科学精神，对各地区、各国的应用文进行深入的分析、比较，经过不断的总结、交流、沟通，才能逐渐形成一套既是国际的，又是民族的现代应用文规范体系。

3. 走向现代化或电脑化

台湾淡江大学罗卓君教授介绍，淡江大学办理公文已无纸本。在一些发达国家现代应用文的写作，在公文以外的其他一些领域也已实现网络化、无纸化。电脑的普及和广泛运用，给现代应用文的教学与研究提出一系列新问题。如电脑化将改变应用文传统的写作方式与表现形态；现代应用文的体式将日趋规范化、标准化、统一化；其传播和阅读方式将发生重大变革；作者的思维方式也会随之变化和发展；传统应用写作理论将被新的理论所取代。

4. 专业化或知识化

香港学者陈志诚先生认为："传统应用文比较偏重'文'，现代应用文比较偏重'应用'"，因此，现代应用文同专业的关系更加密切，专业化是现代应用文的特点和发展趋势之一。山东工程学院金健民教授也认为：现代应用文是新时代信息传播中多种知识交叉的新文类，内容的知识化是其特点。

5. 高度结构化以及图表、数字的运用越来越多

香港城市大学白云开先生认为，高度结构化、大量使用图表等非文字工具、数字与文字的关系更为密切等是香港现代商业应用文的特点，由此也可看出现代应用文的发展趋势。

6. 汉语的国际化与现代应用文的艺术化

随着中国经济的发展，汉语的国际化日益明显。台湾李寿林教授认为："汉字将成为国际间相互交往的重要工具。"另外随着时代的发展，应用文也出现了一定程度的艺术化。

第二节　应用文的种类

一、文章的分类

在我国现当代的文体论著中，绝大多数主张将文章分为文学作品和非文学作品两大类。文学作品的分法又存在着三分法与四分法之纷争。三分法把文学作品分为抒情类、叙事类和戏剧类；四分法把文学作品分为诗歌、散文、戏剧、小说四类（本书采用此种分类法）。

应用写作与文学写作的主要区别如表 1.1 所示。

表 1.1　应用写作与文学写作的区别

应用写作	文学写作
逻辑思维	形象思维
生活真实	艺术真实
实用价值	艺术价值
格式规范	个性独创
准确平实	生动形象

二、应用文的分类

按照应用文的用途和特点等来分类,可以大致上分为 6 类,如表 1.2 所示。

表 1.2 应用文的类别和代表文种

类别名称	代 表 文 种
行政公文	2000 年 8 月 24 日国务院《国家行政机关公文处理办法》规定 13 种
事务文书	计划、总结、简报、调查报告、述职报告、规章制度等
经济文书	合同、经济预测报告、广告、商品说明书、可行性研究报告等
科技论文	学术论文、毕业论文、毕业设计、科技成果报告等
诉讼文书	起诉状、答辩状、上诉状、申诉状、遗嘱等
社交文书	介绍信、证明信、感谢信、贺信、倡议书、演讲稿、求职信等

为了方便把握文种及其特征,我们从作者的属性及功用的角度,将应用文分为公务应用文和私务应用文两个大类。

公务类应用文是指为处理国家和集体的事务而写作和使用的应用文,即通常所说的公务文书,主要包括以下五种。

1. 法定性公务文书

法定性公务文书指党和国家、军队等有关领导机关制定发布的关于公文处理的规定中所确定的公文文种。目前已形成体系的法定公文有以下几种。

(1)《中国共产党机关公文处理条例》规定的党的机关公文共 14 种,即决议、决定、指示、意见、通知、通报、公报、报告、请示、批复、条例、规定、函、会议纪要。

(2)《国家行政机关公文处理办法》规定的国家行政机关公文共 13 种,即命令、决定、公告、通告、通知、通报、议案、报告、请示、批复、意见、函、会议纪要。

(3)《人大机关公文处理办法》规定的人大机关公文共 15 类 16 种。

(4)《中国人民解放军机关公文处理条例》规定的军队机关公文共 12 种。

(5)《人民法院公文处理办法》规定的法院公文共 12 类 13 种。

(6)《最高人民检察院公文处理办法》规定的检察院公文共 14 种。

2. 法规与规章文书

法规与规章文书是指国家立法机关或法人机关,经过法定程序制定或由组织集体讨论通过的各种规范性的文体。它包括国家宪法、法律、法规、规章,政党、社团、经济组织的章程,行政机关、人民团体、企事业单位和人民群众依法所制定的一般的规章制度、须知、公约等。

3. 机关日常事务性文书

机关日常事务性文书是党政机关、企事业单位、社会团体处理日常事务的非正式文件。包括简报、计划、总结、述职报告、调查报告、会议讲话稿、党务政务信息、改进工作方案、典型材料、大事记等等。事务文书种类繁多,使用频率极高。

4. 日用类应用文书

日用类应用文书是指人们在日常的工作、学习、生活中，处理公私事务时所使用的一类文体。包括条据、书信、启事、声明、海报、请柬、题词、申请等等。

5. 专业性文书

专业性文书是指在一定专业机关或专门的业务活动领域内，因特殊需要而专门形成和使用的应用文。由于分工不同，社会各行各业经管的事务有很大的差异。这样，在长期的工作实践中便逐渐形成了一些与其专业相适应的应用文，称为专业工作应用文，如财经文书、法律文书、教育文书、科研文书、医务护理文书、外交文书等等。

私务类应用文是指为处理个人的事务而写作和使用的应用文，即通常所说的私务文书，如申请书、读书笔记、日记、启事、简历、自荐信、求职书、申论等。

三、应用文的作用

1. 指挥管理，规范行为

国家行政公文和规章制度所具有的法律法规的性质，是党和国家进行社会管理的重要工具。特别是法规性和政令性文件，对于规范人们的行为、维护正常的社会秩序、安定社会生活、保障公民的合法权益等方面均产生着极其重要的作用。这类文件一经发布，就必须坚决执行，任何人都不得违反。

2. 交流信息，联系沟通

随着社会的发展和进步，国与国之间、单位与单位之间、个人与个人之间的交往日益频繁，而应用文能突破时间与空间的限制，成为了人们传递信息、组织生产、推广成果、交流思想、加强协作的有效载体。应用文因其负载一定的信息量，才具有了传播的必要，同时也因为传播才能实现其自身的价值。

3. 宣传教育，传递情感

各种文章都具有宣传教育的功能，而应用文的这种功能更具有直接性和权威性。党和国家的各项方针、政策、典型经验和先进事迹，往往以应用文中的公文为载体进行传播，以供民众知晓、执行和学习。

4. 凭证资料，实用实效

应用文反映了各行各业、各种社团和个人的各种活动，记载着不同时期政治、经济、科学、文化等方面的大量信息，对国家建设和经济发展提供了许多有重要价值的历史资料，也是我们搞好日常工作的主要依据和重要凭证。

第三节　怎样写好应用文

要写好应用文，首先要学习应用写作的基本理论，包括基本原理和文体知识；其次，要多读名篇，反复练笔实践；最后，要掌握政策、熟悉业务。

客观需要是制发应用文的前提。客观需要的类型有行政管理的需要、处理事务的需要、人际交流的需要、专门业务的需要等。

客观需要对应用文的写作有着制约和导向作用：形成写作意图、规定具体文种、决定表达方式。

应用文的写作，一般要经过以下程序：在明确需求的基础上构思、撰写、修改和润色等。

一、构 思

（一）构思的含义与特点

1. 构思的含义

构思是写作过程中根据一定的表达意图和文章体裁要求，锤炼写作思路的一种特定的思维活动。构思是文章写作的初始阶段，也是最重要的阶段，包括确定主旨、选择材料、谋篇布局、权衡文笔基调等，是对文章写作的整体酝酿过程。

2. 构思的特点

应用文体写作的构思，遵循文章写作构思的一般规律，同时，具有自己的特点。

（1）思维主体往往体现群体意识。一般文体写作，文章要表达作者的感受、见解或主张，体现的是作者本人的意志，因此在构思时的思维活动始终围绕着作者自己的主观意向。应用文体写作，尤其是行政公文、工作事务文书的写作，反映的是机关的意志、集体的主张，它的构思集中了来自领导和群众的各方面意见，是群体思维的结果。

（2）思维模式往往体现定向思维。在内容上要遵循党和国家的方针政策，要符合领导的意图、群众的意愿、工作的实际，构思时往往根据一定的意向确立主旨、材料和文笔基调；在形式上，应用文体对结构、语言和行文都有一定的要求，有些文体甚至有固定的格式。

（3）思维方法要用逻辑思维。应用文体写作的构思要以概念、判断、推理的思维形式，要在现象中抽象本质，要在纷杂中归纳主旨，要靠严密的逻辑论证来表述作者的意图和主张，所以必须使用逻辑思维进行构思。

（二）应用文写作构思的方法

构思主要考虑两方面问题，一是考虑文章的内容，也就是思考写什么；二是考虑如何表达，也就是琢磨怎样写。

1. 构思写什么

构思写什么，就是明确主旨，确定材料。

首先要明确主旨。构思时确定主旨要注意两点：一是科学创新，即便是一篇工作报告，也要考虑其是否符合科学的发展观，是否有新意。不符合科学的发展规律，或者没有新的认识和见解的报告没有意义。二是求真务实，要在客观事实中确定主旨，不能虚假臆造，尤其是行政公文，更不能脱离工作实际而想当然地发布指示或提出主张。

其次，要确定材料。主旨确立之后，要考虑用什么材料去表达，构思材料要注意三点：一要审视材料是否真实准确；二要考虑材料是否饱满充实；三要研究材料与主旨之间的关系是否逻辑严谨。

2. 构思怎样写

构思怎样写，就是酝酿思路，谋篇布局。

（1）酝酿思路。所谓酝酿思路，就是根据表达主旨的需要，理顺内容间的关系，安排叙述的顺序，明确分析论证的步骤，考虑过渡衔接，前后照应，理出一个清晰的思路，也就是常写"材料"的人所说的"锤个路子"，这个"路子"即写作思路。锤炼写作思路时要正确归纳和演绎，这是酝酿思路时常用的两种思维方法。

（2）谋篇布局。有了清晰的写作思路，要考虑言之有序，符合章法，进一步谋篇布局。所谓谋篇布局，就是酝酿文章的整体框架。

二、主　旨

（一）主旨的含义和特点

1. 主旨的含义

主旨是通过文章内容所表达的核心思想、主要意图或者观点主张，古人称为"意"，也就是现在通常所说的主题。主旨在不同的文体中有不同的称谓：在记叙文中称为"主题"或"主题思想"，在论文中称为"中心观点"，在应用文体文章中则称为"主旨"。不管称作主旨还是主题，作为一篇文章的核心思想，它是文章的灵魂。

2. 主旨的特点

应用文体的主旨，除了具有一般文章主题的特性以外，还有其独具的特征。

（1）具有现实应用性。有些应用文，特别是行政公文的主旨，不是作者本人或者某个领导个人的主张，而是体现党和国家的方针政策，代表发文机关的意志，处理和指导行政事务，具有法定的权威性和约束力。就是计划总结、各种报告等文种，也是源于实际，用于实际，具有很强的现实应用性。

（2）具有直白显露性。应用文的主旨是要解决实际问题、指导实际工作、处理行政事务和规范现实行为的，因此不能像文学作品那样含蓄多义，而是要清晰明确。越是清楚明白，越容易理解，才能越是便于操作。

（3）具有简明单一性。应用文的主旨要一个中心贯穿全文，尤其是行政公文要一文一事，一题一议。即便是调查报告、工作总结，也要主旨单一，内容集中，具有鲜明的针对性。

（二）提炼主旨的特点与方法

1. 主旨提炼及其特点

一般文章主题的提炼，也叫"炼意"，是对生活材料发掘提炼，进行理性升华，从而产生作者的思想见解。有人把这个过程比喻成"剥茧抽丝"，或者"采花酿蜜"，是很有道理的。应用文体写作中确立主旨，其立意过程也类似"茧中抽丝""花中取蜜"，但与一般文章提炼主题相比，还有自己的特点。

一是要定向、定位。所谓定向，就是确定主旨时要把握一定的方向，包括对问题的处理、工作的主张、事情的观点以及对结果的预估都要有明确的意向。这个主旨的定向，宏观上要符合党和国家的方针政策，符合客观实际的发展规律；具体指向要符合所涉区域范围（具体地区或单位）的总体发展思路和行动路线。所谓定位，就是主旨的确立要有现实针对性，文章的目的、对象、要解决的问题以及对解决问题的原则、方法、见解或主张要十分明确。应用文的主旨一般具有指导性、约束性和操作性，不像一般文章的主题，只要理解就可以了，而更重要的是去做，去实施，去贯彻，只有定位明确了，才能使确立的主旨更有针对性、更有指导性、也就更有现实效力。

二是要删繁就简。确立应用文的主旨时往往面对庞杂繁芜的生活材料，面对千头万绪的工作局面和形形色色的矛盾现象，要找出需要针对的主要对象，对准中心事件和核心问题，抓住主要矛盾和矛盾的主要方面，删繁就简，避散居要，经过深入研究提炼和确立主旨。不能期望一个文件、一篇文章解决所有问题，要善于理顺思路，抓住主要问题和主要矛盾，不能面面俱到。

2. 提炼主旨的方法

提炼主旨，首先要占有丰富翔实的材料。材料是产生主旨的现实土壤和客观依据，材料匮乏或者失真，就无法提炼出正确深刻的主旨。其次是依据正确的思想理论，包括邓小平理论和"三个代表"重要思想在内的政治理论、党和国家的方针政策、科学发展观指导下的当地发展的指导思想等等，应用文的主旨是主客观相结合的产物，没有正确的理论作为主旨的思想内核，就不能产生正确、深刻的主旨。最后要运用科学的方法分析提炼主旨，要在充分调查研究的基础上，以求真务实的态度辩证地分析研讨相关材料，然后确立主旨。

三、材　料

（一）材料的概念及种类

材料是作者为着一定的写作目的，在日常生活中搜集到的生活现象和文字资料。材料分为两类：一类是确立主旨和提炼主题时所依据的基础，文章的主旨是通过这些材料形成的，但这些材料不能都写进文章。另一类就是写进文章中用来表现主旨的事实现象和理论依据，文章的主旨要靠这些材料来佐证。动笔写作之前，材料是形成主旨的"土壤"；进入写作之际，材料是表现主旨的"支撑"。

（二）材料工作的内容

材料工作分为四个环节：搜集，鉴别，选择，使用。这四个环节紧密相连，环环相扣，是材料工作的全部内容。

1. 材料的搜集

搜集材料一般有以下三条途径。

（1）在现实生活的具体实践中观察、体验，直接获取亲自经历的材料。这类材料属于直接的第一手材料，作者的感受一般都比较深刻，关键的问题是要注意平时积累。

（2）根据文章写作的需要，对既定对象进行调查、采访，有目的、有计划地搜集材料。这类材料属于间接的第一手材料，获取这类材料要善于发现和鉴别。

（3）通过书刊、档案以及计算机网络，从文献资料和网上信息资源中查阅材料。

搜集材料要注意两点：一要尽可能地丰富和详尽，最大限度地占有各方面的材料，为鉴别和选择打下基础。二是搜集材料时要有一定的范围和方向，不能盲目地漫无边际地寻找。搜集材料要及时分类整理，做好材料笔记和材料卡片。

2. 材料的鉴别

对材料的鉴别，就是分析材料的性质，判断材料的真伪，估量材料的意义与作用。鉴别真实性，要考虑两方面的因素：一方面是材料的客观真实性，事件是否发生，问题是否存在，数据是否准确等等；另一方面，就个别而言，虽然事情是存在的，数字是真实的，但放在整体之中衡量，这些偶然的、个别的真实现象不能反映整体面貌和内在本质，不典型，不能代表本质真实。

3. 材料的选择

选择材料，就是在鉴别的基础上对材料进行选择，把那部分准备写进文章的材料挑选出来。一般要遵循以下原则。

（1）要围绕主旨。即主旨统帅材料，根据表现主旨的需要来决定材料的取舍。

（2）要典型。应用文的目的或者是具有普遍的指导意义，或者是通过个别的工作揭示一般的规律，或者是对普遍存在的问题提出主张和见解，只有选择那些具有代表性的典型材料才能揭示事物的本质，从而有力地支持主旨。

（3）要真实准确。所选材料，既要符合客观实际的情形，不弄虚作假，又要反映客观事物的本质和主流，并且可靠无误。

（4）要生动新颖。避免使用过时、陈旧的材料，应用文一般都时效性很强，材料一定要新；要选择生动鲜活的材料，文章才能具有感染力和说服力。

4. 材料的使用

使用材料是在吃透材料的基础上灵活运用，切忌拘泥呆板；要想方设法使材料活脱灵动，避免简单的摹抄比照。

首先，要努力发掘材料本身的深刻意义，仔细研究材料与主旨的关系，使材料尽最大限度地发挥揭示事物本质的作用，做到小中见大，平中见奇，所谓以波涌之光显沧海本色，以一蚁之穴患长堤之忧。

其次，仔细地增删取舍，使详略疏密得当。对表现主旨起主要作用的要详写，属于概括性的材料要略写；事件内涵深刻，具有广泛意义的要详写，一般次要的、烘托性的材料可略写。什么材料用在哪里要斟酌，可能几个材料都是为同一个问题准备的，用哪个都可以，或者不同角度的几个问题都需要同一材料，要仔细研究，做好调整安排，把材料用在最合适的地方，不至于拥挤，也不能疏漏。

最后，要安排好顺序，先说什么，后用什么，要按照逻辑顺序合理安排，使杂乱无序的材料成为有序的信息系统。

（三）主旨与材料的关系

主旨蕴涵于材料之中，反过来，主旨一旦确立，又统帅材料，对材料进行抉择和限制。主旨与材料是问题的两个方面，只有统一和谐，才能构成一篇文章。就一篇文章来说，主旨是文章的灵魂，材料是文章的血肉，二者相辅相成，构成文章的生命，缺一不可。没有主旨，材料就是行尸走肉；没有材料，主旨就是游魂落魄。主旨与材料结合好了，文章的生命就有活力，就有生机；如果不能形成一个浑然整体，文章的生命就干瘪，就没有生气。处理好主旨与材料的关系，是任何一种文体写作中首要的，也是最重要的问题，要认真对待。

四、结构及其规划

结构，即文章内部的组织、构造。如果说主旨是文章的"灵魂"，材料是文章的"血肉"，那么，结构就是文章的"骨骼"。有了坚实匀称的骨骼，血肉与灵魂才有所依附，主旨、材料和结构三者的有机结合，文章才能构成一个完美的生命。

（一）结构的内容

文章结构的内容包括：层次和段落，过渡与照应，开头及结尾。

（二）结构的原则与要求

首先，要格式规范。一般的应用文体文章都有相对稳定的结构模式，有些特定文体，如行政公文、司法文书、信函等，都有规范的格式。要熟练掌握这些格式要求，要根据不同的文种使用相应的格式，要规范化。尤其是行政公文和法律文书，具有法定的权威性，对格式的要求更为严格，拟稿时要充分注意。

其次，要纲目分明。纲，是指构成文章主旨的核心内容，是主要内容；所谓目，是从属于纲的基本内容，是次要内容；在表述上要有层次，要以纲带目，所谓纲举目张。在写作实践中往往分成段落层次，按部分表述，或者采取条陈的方式。每部分可以加小标题，也可以加序号，总之要纲目分明，清晰醒目。

最后，要逻辑严密。这是指文章的内部逻辑关系要严密，文章的内部逻辑关系和外部的形式结构是一个浑然的整体，共同为表达主旨服务。既不但要段落层次清楚得当，逻辑线索也要脉络贯通，顺理成章。

五、语　言

语言由语音、词汇、语法三部分构成，分为口头语言和书面语言。语言表达是写作活动的最终归宿，表达效果决定着写作成果的质量。

（一）语言的特指性

特指性包含两方面的含义，一是指语言本身具有特指性、每一个概念、具体的字词、词汇通过语法连缀成句所表达的意义，都是有固定的含义，这个意义是特指的。特指性的另一含义是由表述对象的规定性所决定的。

（二）语言的确切性

所谓确切性，是指对表述对象做出准确、切实的表达。没有确切的语言，很难表达确切的思想，语言的确切性就是要求语言表述不论采取哪种表达方式都要符合特指对象的实际属性。做到语言确切，一是要认真推敲，选择最恰当的词语，准确贴切地反映客观事物和表达作者的思想；二是仔细辨析词义，准确把握词汇在含义上和用法上的细微区别；三是在遣词造句上要合乎语法规则和事理逻辑。

（三）语言的鲜明性

鲜明性是在特指性和确切性的基础上实现的，语言的鲜明，产生于言辞的准确、明晰和精当。做到语言的鲜明，首先要思路清晰，作者所要表达的观点、主张要鲜明，文章内容所体现的思想倾向要鲜明。文章表述对象本身的鲜明，促进语言表达的鲜明。其次是语言要简练明快，提炼最精粹的词语，使表达变得言简意赅。

六、撰 写

(一) 撰写的含义及表达方式

1. 撰写的含义

撰写就是把思路变成文章,包括拟稿与修改。这个过程,是把抽象的思想通过文字的媒介变成包含内容信息和篇章形式的文章的物化过程。

撰写过程分为拟稿和修改润色两个阶段。

2. 撰写的表达方式

撰写应用文体的文章,要选择恰当的表达方式。应用文的主要表达方式是叙述、议论、说明。

(1) 叙述。叙述,指的是把人物的活动、经历和事件发展变化过程交代出来的一种表达方式,在应用文写作中是最基本、最常用的表达方式。主要用来介绍事件的基本情况;介绍事件发生、发展与变化的过程;介绍人物的经历和事迹;介绍问题的来龙去脉等。应用文对叙述的要求是:一要真实准确,不带主观感情色彩;二要线索清楚,平铺直叙;三要交代明白,表述完整;四要详略得当,概要精当。在写作中,要注意叙述要素的全面和叙述人称的选择。叙述要客观、完整;采用顺序的方式,概括陈述;叙述人称使用第一人称和第三人称。

(2) 议论。在应用文体中,议论应用的相当普遍。一般应用文在阐述某一观点时,常常简化论证环节,往往点到为止,不做深入论证。或在叙述事实后便下结论,或提出观点后即举例证明,不在文章里演绎整个推理的过程。应用文中的议论以事实为根据,以法规为依据,不渗入个人主观好恶情感,或直接用判断句式画龙点睛,表明观点、态度;或用夹叙夹议的手法,使叙述、说明更简练。

(3) 说明。说明在应用文中使用广泛,如解说词、广告词、说明书、简介等文体,主要是用说明的方法来写的。其他文体如经济文书、科技文书、诉讼文书、行政公文等,也常常借助说明的方法解释事由,剖析事理。说明在应用文中的使用,应遵守内容科学、表述明晰、态度客观的原则。

在应用文中,任何一种表达方式,都是为表现文章主旨服务的,这些表达方式常常不是单独运用,更多的时候是相互配合、综合运用的,只是有主有次而已。我们应尽力娴熟地掌握这些表达方式,从而实现准确表达文意、突出主旨的目的。

(二) 撰写文稿中应注意的问题

1. 拟稿要一气呵成

拟稿要一气呵成,主要考虑两方面因素:一是写作的时限性,要保证按时完成;二是文章的连贯性,要使文气贯通。

2. 拟稿要讲求文面

文面的问题包括行款格式、标点符号、文字书写等。

七、修改与润色

修改、润色是应用文写作的最后阶段,是初稿完成以后,对文章的进一步加工完善。

对文章的修改，主要是对内容的增、删、改、调，以及对语言的润色和对文面的处理。修改大致从以下几个方面进行。

（一）表达角度的变动

应用文体文章的写作，一般都是目的很明确，文章的主旨不像文学作品的主题那样会在写作中发生很大变化。当然也有初稿完成以后发觉文章的主旨与写作的目的有出入，或者有悖初衷的现象，需要重新确立主旨。但是这种情况毕竟不多，更多的还是主旨表达无力，阐述不清，中心不明确等等，需要重新调整表达角度。不论哪种情况，在审阅初稿时都要认真研究，反复讨论，仔细分析为什么文章没有表达清楚作者的意图，找出原因，然后才能决定是重新确立主旨，还是调整文章的表达角度。这种变动是比较大的修改，有时甚至需要重新起草。

（二）观点的订正

在修改时，还要重新审视文章所主张的观点。发现观点有错误、有偏颇或者存在不够妥当的地方，都要进行纠正和修改。初稿完成以后，回头再来研究观点更容易发现问题。观点的问题，有时是立论的有误，成文以后仔细研究，发现不能自圆其说；有时是论据不足，所用材料不能形成完整的论据链，或者论据牵强，不能服人；有时是持论偏颇，没有把握好分寸，对问题所下的结论不能正确地反映事物的本质；有时是论证不够严密，存在疏漏或者不够妥当的地方等等。无论哪种情况，都要对观点进行订正。

（三）材料的增删

使用材料的原则是以能否充分说明主旨为准绳，材料与主旨相统一是血肉与灵魂的关系。如果材料不能与主旨和谐统一，而主旨又没有问题，那就要对材料进行增删。通常有三种情况：一是使用材料太多，淹没了主旨；或者材料不够典型，不能充分说明主旨；甚或选材不精，良莠不分地将材料堆砌在一起，冲淡了典型材料的作用。遇到这种情况，就要删去那些多余的、和表现主旨关系不大的以及那些不典型的材料，使文章的主旨凸现出来，达到材料与主旨的有机统一。尽管有些材料非常精彩，如果是多余的，也要勇于割爱。二是材料不够丰满，或者具体的典型材料还不够充实，以致文章的表述空洞抽象，或者对主旨的论证枯燥无力，就要增添新的材料，使材料丰满翔实，能够充分说明文章的主旨。三是材料不够准确，有时是材料本身不准确，失真失实；有时是材料使用得不够准确，与主旨不能统一；影响了文章主旨或作者的观点，就要进行订正和调整。

（四）结构的调整

这是对文章形式的调整，包括文章的层次段落、开头结尾、过渡照应以及疏密详略等等。一方面，文章的内容与形式是密不可分的，形式要为表达内容服务，内容的变动必将引起形式的调整；另一方面，即使内容不变动，也要考虑文章的层次是否分明、前后是否照应得当、衔接过渡是否自然和谐、段落是否规范或者是否有多余的段落等等，如果有不合适的地方，也要进行调整。如果是行政公文、法律文书等文体，还要检查格式是否规范，谋篇布局是否符合文种要求，如果有问题，也要进行调整。

（五）语言的润色

对语言的修改润色主要从以下两个方面着手：一是对那些表述啰唆拉杂、不够准确，或者苍白枯燥、不够丰满、缺少表现力的语言进行修改，经过修改润色，使之精练准确、文从字顺、简洁流畅。二是对字句的锤炼，包括对语法句式的规范和对字词的锤炼，也就是通常所说的要炼词炼句。对文字的修改润色，是修改文稿的重要工作，也是一项十分细致、精益求精的工作，要尽心做好，同时通过对文稿语言的反复修改和钻研，不断提高自己的文字表现能力。

总之，只要我们善于把握现代应用文的主要特征，牢记它的写作要求，讲究应用文的写作艺术，做到主旨正确、材料真实、结构固定、格式规范、语言准确。

思考练习题

1. 应用文的含义是什么？
2. 应用写作有哪些特点？请举例说明。
3. 应用文作者需要具有哪些能力？如何提高这些能力？
4. 应用文的主旨是什么？确立应用文主旨的原则有哪些？
5. 解释下列文言词语并谈谈其在应用写作中的用法：兹，拟，尚，悉，谨，予以，责成，业经，承蒙。
6. 应用写作主要采取哪些表达方式？应用文写作中对这些表达方式的运用分别有哪些要求？

第二章 行政公文概述

第一节 行政公文的含义与特点

一、公文的含义

文书,指所有的文字材料,可分为公务文书和私人文书,如信函、合同、日记、笔记手稿、遗嘱等。文件,指党政机关经过特定程序制发的公文。从外延上来看,文书最大,公文次之,文件最小。

广义的公文,指党政机关、社会团体、企事业单位在公共管理和公务活动中所使用的各种体式完整、内容系统,具有法定效力的文书。公文是传递信息、表达思想、指导实践,处理公共事务、依法行政的工具。

狭义的公文,专指党的机关公文和行政机关公文。

1996年5月3日中共中央办公厅印发的《中国共产党机关公文处理条例》(中办发〔1996〕14号)的定义是:党的机关公文,是党的机关实施领导、处理公务的具有特定效力和规范格式的文书,是传达贯彻党的路线、方针、政策,指导、布置和商洽工作,请示和答复问题,报告和交流情况的工具。

从公文的含义上,要把握以下几个要点:①使用主体,是党和国家机关、企事业单位、社会团体;②具有直接应用价值的"文章";③具有规范格式,既便于撰写,又便于阅读、理解和执行;④制发和处理程序严格,不能随意制发和处理;⑤公文是"工具"和"载体",借以实现发文主体的意图。

二、行政公文的特点

行政公文具有以下明显的特点。

1. 明确的工具性

公文主要在现行工作中使用,要具备一定的效用,解决某个问题。

2. 内容的政策性

公文在古代被称之为"经国之枢机"，作为表述国家意志、执行法律法规、规范行政执法、传递重要信息的最主要的载体。在某种角度上来说，公文是国家法律法规的延续和补充。

行政公文的政策性是由其反映的内容决定的。国家制定的一系列政策、法律法规都是以行政公文的形式下达，而国家各级行政机关、团体、企事业单位都负有传达、贯彻、执行的责任。各级行政机关、团体、企事业单位行文时，必须与国家的方针政策相一致，以严格保证国家各项政策的贯彻落实。

3. 作者的法定性

公文的作者是法定的，是能以自己的名义行使职权和承担义务的机关、团体、企事业单位。公文起草者，只是组织的代笔人。公文读者具有特定性。有的公文的读者是特指的受文机关，有的公文的读者是社会的全体成员。

4. 功用的权威性

其权威性主要表现在：由制发机关的法定职级和职权决定；受公文生效时间、执行时间的制约；公文内容的制约；受公文形式的制约。

5. 制发的程式性和规范性

由于公文具有法定效力，代表着制发机关的法定权威，为了维护公文的权威性、确保公文的强制性、充分发挥公文效用，国家对公文从文种名称到行文关系、从制发程序到文体格式都作了严格规定。任何机关都必须严格遵守国家的统一规定，不得有任何随心所欲的不规范行为。因此，行政公文比起其他文体来，无论制作还是处理，都更严格、更规范。公文的这个特点，是保证公文正常运转，保证国家机关之间按照一定组织关系有秩序进行活动的需要，也是公文适应现代社会发展，走向国际化、自动化、标准化办公的需要。

6. 作用的时效性

宏观性的公文效用长，常规、事务性的则时效短。一份公文对应某一方面的工作、发给一定的受文对象，这就限定了公文的空间范围，超出该范围，公文便失去其效能。此外，公文的效能还受一定时间的限制。公文皆为解决现实问题而制发，一般要求限期传达执行，紧急公文更强调了它的现实执行性。公文总是在规定的空间范围内和时间效力范围内生效，一旦工作完成了，问题解决了，或新的有关公文制发出来了，原公文的效用也结束了。

第二节 行政公文的种类

一、党和国家机关通用公文的种类

国务院 2000 年 8 月 24 日发布的《国家行政机关公文处理办法》中列出的 13 类公文："命令（令）、决定、公告、通告、通知、通报、议案、报告、请示、批复、意见、函、会议纪要。"中共中央办公厅 1996 年 5 月 3 日发布的《中国共产党机关公文处理条例》（中办发〔1996〕14 号）规定：中国共产党机关现行公文文种 14 种，其中，决定、通知、通报、报告、请示、批复、意见、函、会议纪要与行政机关通用公文名称相同，使用范围也基本相同。决议、公报、指示、条例、规定仅党的机关使用，命令（令）、公告、通告、议案仅行政机关使用，党的机关不使用。

还有一些文种虽不在国务院办公厅正式规定之内，实际上应用也很广泛，同样可能具有公文的性质，或在一定条件下具有公文的性质。如某些章程、办法、计划、协议书、电报、记录、简报、调查研究、首长讲话稿等。

二、公文的分类

1. 按行文方向划分

按行文方向可分为上行文、下行文、平行文。

（1）上行文。上行文指下级机关向具有领导或指导关系的上级机关报送的公文，如请示、报告等。

（2）下行文。下行文指上级机关向所属下级机关发送的公文，如命令、决定、指示、批复等。

（3）平行文。平行文指同级或不相隶属机关为协商或通知有关事项而制发的公文，如函、议案等。

2. 根据公文的地位划分

根据公文的地位可划分为以下两类。

（1）法定公文。法定公文是党和国家在公文管理法规中作出了明确规定，具有规范的体式、严格的行文规则和处理程序，一经印发即具有法律效力的公文。如《条例》《办法》中的各类公文。

（2）普通事务性公文。这类公文是各级机关和各类组织在法定公文之外，处理日常工作经常使用的公文。这类公文没有法定的格式和效力，一般不用来行使职权，只作参考、存照或证明之用。其体式也无明文规定，只有惯用种类、格式及约定俗成的写法，灵活性比较大，如计划、总结、简报、调查报告等。

3. 按保密程度划分

按保密程度，公文可划分为绝密、机密、秘密和普通公文。

（1）绝密公文。这类公文指内容涉及最重要的国家秘密，一旦泄露会使国家的安全和利益遭受特别严重损害的公文。

（2）机密公务。这类公文指内容涉及重要的国家秘密，一旦泄露会使国家的安全和利益遭受严重损害的公文。

（3）秘密公文。这类公文指内容涉及一般的国家秘密，一旦泄露会使国家的安全和利益遭受一定损害的公文。

（4）普通公文。这类公文指内容不涉及任何国家秘密，可以在各级机关、各有关单位内部广泛传阅的公文。

知识拓展

我国古代公文的保密手段

为了保证公文的权威性、有效性，我国古代在公文的保密手段上，采用了各种有效的方法和手段。

一是在公文制作中采用公文用印制度。魏晋之前的简牍文书，由多片竹简或木片组成，用绳系连，其封页称为"检"。在"检"之结绳处糊上一块粘泥，在粘泥上加盖印章，显出印文，粘泥干后很坚硬，这种用印法称为"封泥"，也称"泥封"。加盖封泥的文书就叫做"玺书"。若没有这种封泥印章，则公文不能生效。正如马端临说："无玺书，则九重之号令不能达之于四海；无印章，则有司之文不能行之于所属。"（《文献通考·王礼考》）这种公文用印制度就保证了公文的有效性和机密性，可以防止公文被伪造、篡改或泄密。

二是在公文的传递中采取的必要的保密措施。春秋战国时期，为使机要文书传递安全、保密，采取了一项重要措施：上下官署传递公务文牍，均须用官印予以"封泥"，即在传递前，将公文装入特制的匣子（或布袋、竹筒）内，匣外面用绳捆绑，于绳子打结处或开口处，皆填进胶泥，盖上官印缄口，交邮驿部门传递。而晋以后的纸质文书，则用专门的封皮折角密封，并于封皮两端加盖印章或署上姓名，以此来防止公文泄密。秦朝制定了具体、详细的公文传递制度，对特别重要或机密文书，在传递中选派专门人员传送，所经各县不得查问和阻拦，违者受罚。宋朝新创了军邮制度。由军邮局传递公文，既迅速又保密，遇有重要军事公文，则"御前发下，三省枢密院，莫得与也"。（《武经总要前集》卷十五）为了防止泄密，军事文书还采用暗号，备有常用军用短语，只让军事领导和在外作战的将领双方知道，即使文书让敌方截获，也看不懂文书内容。而元代则设置了一套"急递铺"机构，专门负责递送朝廷机密紧急公文，而且对急递铺传递机密文书方法作了严密规定。如"伪造文书，斟酌勾当轻重，处死或出军"（《元典章》）；"诸中书机务有泄其议者，量所泄事闻奏论罪"（《大元通制·职制》）。

三是体现在公文的折叠、装封、编号上。宋朝创造了实封制度，即官员呈奏的文书如事关机密、灾异、狱案、军事等，皆须将其封皮折角重封，两端盖印，无印者书官名，封面不准贴黄。在外奏者，只贴"系机密"或"急速"字样。并规定，若发现依例应该实封而未实封的公文，其主管官员将被严惩。这就有效保证了公文的机密性。

四是体现在公文的保管上。自商迄清，机密公文档案之搜索、秘藏，并定人专管，不让无关人窥视。如商代，将甲骨文书收贮于宗庙的地窖内；周代，将文书正本收藏于天府，派专人保管、守护；明朝，建架阁库300多个，中央的黄册库、皇史库存储朝廷不同的机密资料，其设计皆周密考虑到安全保卫工作，便于保密；清朝内阁大库是储存机密之所，一般官员不能擅入的"机要重地"，所藏档案在当时称为"秘藏"，除管理人员外，"九卿翰林部员，有终身不得窥见一字者"。（阮葵生《茶余客话》卷一）可见其保密程度。另外，还有两小点。一是在公文的收文、发文的登记中也采取了保密手段。宋代的登记制度，公文收发不仅要登记，而且对重要的涉及机密的公文还要装入封皮折角密封以防止公文泄密。二是在元代首创的"照刷"制度——监察官检查官府文卷的一种公文处理的制度，对有关军事边关的公文是不照刷的，原因正是为了保密。

总而言之，保密制度是我国古代公文处理过程中的一项重要制度，它对确保古代公文处理的安全起到了重要作用，同时又对现代公文的保密制度产生了深远的影响，其中不少成功经验对我们今天的秘书工作有借鉴价值和启发作用。

4. 按办理时限划分

按办理时限可划分为特急、紧急和常规公文。

（1）特急公文。此类指事关重大又十分紧急，要求以最快速度制发和办理的公文。

（2）紧急公文。此类指涉及重要工作，需要从快制发和处理的公文。

（3）常规公文。此类指按正常程序和速度制发和处理的公文。

5. 按性质和作用划分

按性质和作用可划分为规范性、指挥性、报请性、公布性、知照性、商洽性、记录性等公文。

（1）规范性公文。此类指以强制力推行的、用以规定各种行为规范和行动准则，要求有关人员遵循的公文，如章程、条例、规定、办法、细则等。

（2）指挥性公文。此类指以各级领导机关或领导者个人名义制发的，用以施行领导和指导工作的公文，如命令、指示、决定、批复等。

（3）报请性公文。此类指下级机关向上级机关报告工作、反映情况、请求指导和批复的公文，如报告、请示等。

（4）公布性公文。此类指公开发布重大事件、重要事项，或者在一定范围内公布应当遵守或周知事项的公文，如公报、公告、通告等。

（5）知照性公文。此类指在一定范围内通报情况、知照事项、提出要求的公文，如通知、通报等。

（6）商洽性公文。此类指不相隶属机关之间商洽工作、询问或答复问题，向有关主管部门请求批准事项的公文，如函。

（7）记录性公文。此类指对有关情况进行记录整理而形成的公文，如会议纪要、大事记等。

6. 按用途划分

按用途可划分为通用公文、专用公文。

（1）通用公文。此类通用公文，又称行政公文，指各级机关和各类组织普遍使用的公文，既包括法定公文，又包括其他常用应用文。它通行于各机关、团体、企事业单位中，如命令、指示、决定、通知、请示、报告等。它们的使用范围较为普遍。我们通常所说的公文，实际上是指通用公文。

（2）专用公文。此类指一些具有专门职能的部门在其管辖的业务范围内使用的、具有专指内容和特定格式的公文，如外交公文、司法公文、科技公文、财经公文等。

7. 根据公文制发机关的性质划分

根据公文制发机关的性质，可将公文划分为以下 6 类。

(1) 党的机关公文。此类指中国共产党各级机关所制发的公文。
(2) 人大机关公文。此类指人民代表大会各级机关所制发的公文。
(3) 行政机关公文。此类指国家各级行政机关所制发的公文。
(4) 政协机关公文。此类指政治协商会议各级机关所制发的公文。
(5) 人民团体公文。此类指工会、共青团、妇联等人民团体所制发的公文。
(6) 企事业单位公文。此类指各级各类企事业单位所制发的公文。

三、公文的作用

1. 领导、指导作用

公文是上级机关对下级机关进行领导和指导的重要工具。

上级机关通过制发公文，传达党的路线方针政策，颁布国家的法律法规，组织开展各种公务活动，责成下级机关严格按照所发公文的要求，采取切实有效的措施予以贯彻落实。

上级机关制发的公文不一定都具有指令的性质，有的只对本行业、本系统的业务工作指出原则性的指导意见，要求下级机关结合本地区、本部门的实际情况，创造性地贯彻执行。

2. 依法管理作用

《国家行政机关公文处理办法》总则第二条在概述公文的作用时，强调公文"是依法行政和进行公务活动的重要工具"。《中国共产党机关公文处理条例》也有类似的表述。对于行政公文来说，大到国家的宪法及刑法、民法、诉讼法等各种法律，小到办理某一具体事务的规定、办法，在制定出来后，都要通过行政公文予以颁布实施。对于党的公文来说，条例、规定等就是用来发布党内规章制度和行为规范的公文文种。行政法规一经发布，任何人都不得违反。党的规章制度和行为规范，则对党组织的所有成员都有约束作用。现在，我们国家正在努力进行完善的法制建设，在人民群众中也在开展深入的普法教育，公文在这方面的作用正在日益强化。

3. 规范行为作用

在政党机关公文中，有相当一部分具有法规的性质，如条例、规定、办法等。这类公文是一定范围内人们行动的准则或行为的规范，具有明显的规范和约束作用，一旦制发生效，就必须遵照执行，不得违反。

4. 记载、凭证作用

公文作为处理公务的专门文书，反映了发文机关的意图，具有法定的效力，是收发机关做出决策、处理问题、开展工作的依据和凭证。如上级机关制发的公文（决议、决定、条例、规定、指示、批复、通知），是下级机关组织开展工作的依据和凭证；下级机关制发的公文（报告、请示、意见），是上级机关制定决策、指导工作的依据和凭证；平级或不相隶属机关制发的公文（函），是彼此之间交流情况、商洽工作的依据和凭证。

5. 宣传教育作用

党政机关制发的许多重要公文，在作出工作部署，提出贯彻要求的同时，往往要分析国际国内形势，阐明党的理论、路线、方针、政策和国家的法律法规，对广大干部群众进行宣传教育，以便统一思想认识，增强贯彻执行的自觉性。一些公文，如表彰性或批评性的通告，本来就是为了达到宣传教育的目的而制发的，其宣传教育作用更为突出。

6. 联系、沟通作用

公文还有一个重要的作用是联系、沟通，交流信息。下行文中的公告、通告、公报、通知、通报，上行文中的报告、请示，还有作为平行文的函，都有交流信息的基本功能。交流信息，一方面是上情下达，另一方面是下情上达，抑或是友邻单位互通情报。有了公文作为信息流通的渠道，上下级机关都有可能做到耳聪目明，不致闭目塞听。

第三节 行政公文的规范格式

公文格式，即公文规格样式，是指公文中各个组成部分的构成方式，它和文种是公文外在形式的两个重要方面，直接关系到公文的效用的发挥。它包括公文组成、公文用纸和装订要求等。

一、公文的要素和格式

公文的格式一般包括标题、主送机关、正文、附件、发文机关（或机关用章）、发文时间、抄送单位、文件版头、公文编号、机密等级、紧急程度、阅读范围等项。

1. 标题

公文标题由发文机关、发文事由、公文种类三部分组成，称为公文标题"三要素"。

如"《延华集团董事局关于表彰1997年度先进工作者的通知》"这一文件标题中，"延华集团董事局"是发文机关，"关于表彰1997年度先进工作者"是发文事由，"通知"是公文种类。公文标题应当准确、简要地概括公文的主要内容。

文号的位置在公文的开首，居于正文的上端中央，用3号仿宋体于版头下空2行红色横线之上，下行文、平行文的居中排印，上行文的在左侧排印，与右侧的"签发人"对称。其中，发文机关代字由发文机关所在行政区代字、发文机关代字和公文类别代字组成。发文年度与发文顺序号都只能用阿拉伯数字，发文年度要用六角括号"〔〕"（Word中插入特殊符号）而不能用中括号"[ ]"或圆括号"( )"。另外发文年度应标全称，不能简写，例如"〔2006〕"不能简写为"〔06〕"。发文序号分年度从1号起，按公文签发时间的先后依次编号，不能跳号，不留空号，不随意编号（例如"1"不编为"01"或"001"），不加"第"字。

标题位于红色横线下方空2行排印。用2号华文中宋体，居中排印。标题中除法规、规章名称加书名号外，一般不用标点符号。

2. 主送机关

上级机关对下级机关发出的指示、通知、通报等公文，叫普发公文，凡下属机关都是受文机关，也就是发文的主送机关；下级机关向上级机关报告或请示的公文，一般只写一个主送机关，如需同时报送另一机关，可用抄报形式。主送机关一般写在正文之前、标题之下、顶行写。

3. 正文

这是公文的主体，是叙述公文具体内容的，为公文最重要的部分。正文内容要求准确地传达发文机关的有关方针、政策、精神，写法力求简明扼要，条理清楚，实事求是，合乎文法，切忌冗长杂乱。请示问题应当一文一事，不要一文数事。

4. 发文机关

写在正文的下面偏右处，又称落款。发文机关一般要写全称。也可盖印，不写发文机关。机关印章盖在公文末尾年月日的中间，作为发文机关对公文生效的凭证。

5. 发文日期

公文必须注明发文日期，以表明公文从何时开始生效。发文日期位于公文的末尾、发文机关的下面并稍向右错开。发文日期必须写明发文日期的全称，以免日后考察时间发生困难。发文日期一般以领导人签发的日期为准。

6. 主题词

一般是将文件的核心内容概括成几个词组列在文尾发文日期下方，如"人事任免 通知""财务 管理 规定"等，词组之间不使用标点符号，用醒目的黑体字标出，以便分类归档。

7. 抄报、抄送单位

抄报、抄送单位是指需要了解此公文内容的有关单位。送往单位是上级机关则列为抄报，是平级或下级机关则列为抄送。抄报、抄送单位名称列于文尾，即公文末页下端。为了整齐美观，文尾处的抄报抄送单位、印刷机关和印发时间，一般均用上下两条线隔开，主题词印在第一条线上，文件份数印在第二条线下。

8. 文件版头

正式公文一般都有版头，标明是哪个机关的公文。版头以大红套字印上"××××××（机关）文件"，下面加一条红线（党的机关在红线中加一五角星）衬托。

9. 公文编号

公文编号一般包括机关代字、年号、顺序号。如："国发〔1997〕5号"，代表的是国务院1997年第5号发文。"国发"是国务院的代字，"〔1997〕"是年号（年号要使用六角括号"〔〕"），"5号"是发文顺序号。几个机关联合发文的，只注明主办机关的发文编号。编号的位置，凡有文件版头的，放在标题的上方红线与文头下面的正中位置；无文件版头的，放在标题下的右侧方。编号的作用在于统计发文数量，便于公文的管理和查找；在引用公文时，可以作为公文的代号使用。

10. 签发人

许多文件尤其是请示或报告，需要印有签发人名，以示对所发文件负责。签发人应排在文头部分，即在版头红线右上方，编号的右下方，字体较编号稍小。一般格式为"签发人：×××"。

11. 机密等级

机密公文应根据机密程度划分机密等级，分别注明"绝密""机密""秘密"等字样。机密等级由发文机关根据公文内容所涉及的机密程度来划定，并据此确定其送递方式，以保证机密的安全。密级的位置，通常放在公文标题的左上方醒目处。机密公文还要按份数编上号码，印在文件版头的左上方，以便查对、清退。

12. 紧急程度

这是对公文送达和传输时限的要求，分为"急件""紧急""特急"几种。标明紧急程度是为了引起特别注意，以保证公文的时效，确保紧急工作问题的及时处理。紧急程度的标明，通常也是放在标题左上方的明显处。

13. 阅读范围

根据工作需要和机密程度，有些公文还要明确其发送和阅读范围，通常写在发文日期之下，抄报抄送单位之上偏左的地方，并加上括号。如："（此件发至县团级）"。行政性、事务性的非机密性公文，下级机关对上级机关的行文，都不需特别规定阅读范围。

14. 附件

这是指附属于正文的文字材料，它也是某些公文的重要组成部分。附件不是每份公文都有，它是根据需要一般作为正文的补充说明或参考材料的。公文如有附件，应当在正文之后、发文机关之前，注明附件的名称和件数，不可只写"附件如文"或者只写"附件×件"。

15. 印章

除"会议纪要"和以电报形式发出的公文外，均应加盖发文机关的印章。印章距正文 2~4 mm 居中压成文日期。当印章下弧无文字时，采用下套方式，即仅以下弧线压在成文日期上；当印章下弧有文字时，采用中套方式，即印章的中心线压在成文日期上。

16. 其他

公文文字一般从左至右可横写、横排。拟写、誊写公文，一律用钢笔或毛笔，严禁使用圆珠笔和铅笔，也不要复写。公文纸一般用16开，在左侧装订。

二、公文行文关系

公文的行文关系，指的是发文机关与收文机关之间的关系。公文行文时要注意以下事项。

（1）下级机关一般应按照直接的隶属关系行文而不要越级行文。

（2）行文常规：平行或不相隶属的机关之间，应当使用平行文（如函、通知等），不能使用上行文（如请示、报告等），更不能使用下行文（如命令、指示、决定等）。

（3）要分清主送机关和抄送机关。向上级的请示，不要同时抄送下级机关；向下级机关的重要行文，可以抄送直接上级机关。受双重领导的单位向上级机关的请示，应当根据内容写明主送机关和抄报机关，由主送机关负责答复所请求的问题；上级机关向受双重领导的单位行文时，应当抄送另一个上级机关。

（4）要注意党政不分的现象。党务和政务事宜要分别行文，凡属政府方面的工作，应以政府名义行文；凡属党委方面的工作，应以党委名义行文。

三、公文写作的要求和注意事项

不同种类的公文，有着不同的具体要求和写作方法，但是，不论哪一种类的公文，都必须做到以下共同点：

（1）要符合党和国家的方针政策、法律法令和上级机关的有关规定。

（2）要符合客观实际，符合工作规律。

(3) 公文的撰写和修改必须及时、迅速，反对拖拉、积压。

(4) 词章必须准确、严密、鲜明、生动。注意几点：①条理要清楚。公文内容要有主有次，有纲有目，层次分明，中心突出，一目了然。②文字要精练，篇幅要简短。③遣词用句要准确。公文要讲究提法、分寸，措辞用语要准确地反映客观实际，做到文如其事，恰如其分。④论理要合乎逻辑。公文的观点要明确，概念要准确，切忌模棱两可，含糊其辞，产生歧义，耽误工作。⑤造句要合乎文法，通俗易懂，并注意修辞。不要随便生造一些难解其意的缩略语，对涉及一些平时用简称的单位应使用全称。⑥正确使用标点符号和正确使用顺序号（一般用"一、（一）、1、（1）"）。

(5) 要符合保密制度的要求。《国家行政机关公文处理办法》明确规定："公文处理必须严格执行国家保密法律、法规和其他有关规定，确保国家秘密的安全。"

首先，公文的拟稿人要准确标明该公文的密级和保密期限，这是做好公文保密工作的前提。公文是否属于国家秘密，是根据《保密法》关于国家秘密范围的规定划定的。即首先要依据国家保密局会同中央国家机关有关部门制定的《国家秘密及其密级具体范围的规定》和1990年国家保密局发布的《国家秘密保密期限的规定》，采取"对号入座"的方法，对所拟制的公文确定密级和保密期限。拟制人在提出具体意见后，交本部门主管领导核稿批准，再报本机关、单位的业务主管领导审核批准签发。工作量较大的机关单位可由业务主管领导授权或指定负责人办理批准签发前的审核工作。

其次，公文在印制前，有关主管领导和秘书部门负责人做好审查工作。除看是否划定密级和保密期限外，还要确定发放范围（阅读级限），拟定发布方式，印制格式及编号，规定处理办法，包括可否翻印、复印，是否回收等。

最后，付印公文时应严格按照领导批准的发送范围和份数执行。秘书部门和有关人员不得擅自多印多留，自行处理。秘密公文一律由机关内部打字室、印刷厂（所）或经保密部门审查批准的定点复制单位印制。印制中的蜡纸、校样、废页等应及时销毁。

保密工作是党和国家的一项重要工作，直接关系国家安全和利益。因为国家秘密是国家安全和利益的信息表现形式，是国家的重要战略资源，也是国家财产的一种特殊形态，而且与人民群众的切身利益密切相关。在实际工作中，计算机技术、网络的使用日益普遍，电子公文的保密工作要给予高度重视。

知识拓展

我国古代公文的保密手段与措施

古往今来，各个朝代对公文的保密制度都是十分重视的。

我国古代公文保密制度最早追溯到夏朝。据史书记载，太史令将"图法"即国家的重要典志、档案"宫藏"，这表明，在夏朝史官已经开始对公文进行收藏、保管，十分注意公文的保密。商朝更加注重文书档案的收藏与管理。设立守藏史一职，专门负责保管政府公务文书和典册；并且将甲骨公文收贮于王室的宗庙、社稷，由于这些专门的场所都有人严加守护，一般臣民不准进入，所以，保存于此处的档案很安全，不易流散和外传，很好地起到了保密的作用，从这里可以看到古代公文保密制度的雏形。周朝则继承商朝传统，将文书正本收藏于天府——我国历史上最早的中央档案机构，并派"守藏史"专门负责与守护。周朝为了公文的保密与辨别真伪，还创立了公文的封泥及用印制度。周王、国君及卿大夫在发出的公文上用印以证实其真实，在捆扣公文竹简的绳子打结处粘上泥块，以防伪造或泄密。另外，西周时，还创制了用金属封缄的匮子，称"金藤之匮"，用来收藏一些最重要、最机密的档案，这也成为以后历代重要机密档案的收藏之所。春秋时期，各国国君和卿大夫在文书上用玺印封缄以示慎重，防止传递时泄密，已成为惯例。并且，在文书传递过程中已使用"封泥"的方法。

秦朝的保密制度以法律的形式予以规定，以刑法的手段强制执行和遵守。为了保证文书安全、迅速、及时地送达目的地，朝廷选派专门人员传递特别重要的或机密文书，如军事命令、报告等，而且"所载传到军，具勿夺。夺中卒传，令、尉赀各二甲"（《佚名律》）这一方面表明统治者对保密制度的高度重视，另一方面也说明了秦朝的公文保密制度已初步成型。到了汉代，公文注意保密，出现了公文密级，对于机密文书即封事、合檄、飞檄，都由专人另行封送。另外，汉代统治者也认识到保密的重要性。如汉明帝刘庄曾对重操机要的尚书官员说"机事不密则成害"，所以，汉代任用机要人员很强调身份，即应是"士子"，因为"士子"更忠于封建地主阶级不会轻易泄密。

保密制度发展到唐代，唐王朝在借鉴历代公文保密的经验与教训的基础上，形成了一套比较完善的公文保密制度。第一，表现在盗窃文书的处罚条律上。据《唐律疏议·卷十九·贼盗律》中规定"诸盗制书者，徒二年。官文书，杖一百；重害文书，加一等；纸券，又加一等。"第二，表现在私拆公文的处罚条律上。据《唐律疏议·卷二十七·杂律》中所记载，"诸私发官文书印封视书者，杖六十；制书杖八十；若密事，各依漏泄坐减二等。即误发，视者各减二等；不视者不坐。"严厉、细密繁多的刑法条律为唐代的公文保密制度提供了保障，它使公文在保密这个环节上有章可循、有法可依，强制各级各类秘书人员遵守，有助于提高秘书人员的责任心，避免差错，从而保证了公文的安全。唐朝的保密制度对后世产生了深远的影响，宋元明清等朝代沿用并发展。

宋朝边关战事繁多，辽、金、元先后攻击，千方百计大量搜集宋朝情报，为此宋朝对公文保密制度作了更加严格的规定。首先，对失密、泄密行为的处罚规定。例如，"诸举人程文辄雕印者，杖八十，事及敌情者，流三千里"。"诸狱四案款不连粘或不印缝者，各徒一年。有情弊者，以盗论。即藏匿弃毁拆换应架阁文书有情弊者准此"（《庆元条法事类》）。其次，实行印行制度。主要规定禁榜示和严雕印。据《庆元条法事类》等史籍记载，宋朝规定边防要事应当"密行下则不得榜示"；宋朝还规定对有关边防政治、军事及时事的公文要严加控制，禁止复印，以免外传泄漏情报，并制定了一系列严格的处罚条律，宋朝规定："凡雕印御书、本朝会要、边机时政文书者，杖八十；凡雕印及盗印律、敕、令者，各杖一百；凡佚所掌管的文书，杖一百；凡以制书、官文书质当财物者，与受质当者各杖一百；凡藏匿、毁弃、拆换文书者，徒一年；盗窃文书者，徒三年。"宋朝各种保密制度的制定和完善，对保守秘密，防止泄密起到了较好的作用。

元代保密制度借鉴唐宋模式，基本沿袭宋代，也很严格。如规定不准将文书带回家中，如发现有盗窃文书者或擅自改动文书年月字迹者，要受杖刑或笞刑。明代，产生了有内阁直达皇帝的机密文书"揭贴"，而且随着中央集权的加强，根据实际需要，不断增补保密条律，从而逐步实现了制度化。对失窃密的处罚条律，《明律集解》卷三规定，"凡闻知朝廷及统兵将军，调兵讨袭外蕃及收捕反逆贼机密大事，而辄漏泄于敌人者，斩。若边将报到军情重事，而漏泄者，杖一百，徒三年。""若近侍官员漏泄机密重事予人者，斩。常事，杖一百。罢职，不叙。"朝廷还规定："密旨""密疏"，必须在御前密封和开拆。另外，在《明律·吏律·职制》中还规定："诸衙门官吏，若与内官及近侍人员互相交结，泄漏事情，夤缘作弊，而扶同奏启者，皆斩妻、子，流二千里。"

清代的公文保密制度集历代之大成，臻于完备，形成了适应封建制度特别是皇权高度集中需要的系统、详备的一套保密制度，创设了"实封进奏""廷寄"等文书保密方法，其中最具代表性的是雍正时建立的密折制度。密奏，亦称密折，它是只有指定的官员才有权上呈，并由皇帝亲自启封、阅看、批复的绝密奏折。密折具有拟写简便、行文迅速、高度保密等特点，其中尤以保密为其核心所在。清代公文保密制度还体现在清朝机要机构的严格的保密纪律上。军机处作为机要核心机关，所办之事，多属朝廷的核心机密，对保密更为重视。嘉庆帝曾严令："军机处为办理枢务、承写密旨之地，以严密为要，军机大臣传述朕旨，令章京缮写，均不应有泄漏。"并且制定了周密、繁细、严格的保密纪律。如"机密公文，指定一、二章京承办，誊清后密封呈递，由军机大臣用印密封后交兵部发出，底稿押封存记待事毕后才许拆封登档，其间如有泄漏，缮写的章京要受严厉处罚"；军机处办公地点，专派监察御史值班看守，严禁无关人员进入等等。此外，内阁也是机要之地，不许闲杂人员擅入。顺治二年（1645年）就规定，内阁发出的密件，由六科相应部门登记编号，原封送有关部，该部办理完毕后，密封送还。除以上几点之外，清朝政府在公文的撰制、传递、收办和封制等各个环节中，也都规定了严厉的保密制度。

第四节　公文常见错误

一、行文方面的问题

行文方面主要存在以下问题。

1. 党政不分

（1）纯属行政主抓的工作错误地由党委包揽行文；
（2）党的机关公文主送行政部门或单位；
（3）行政机关公文主送党组织；
（4）非党政机关联合行文而党政混杂一并主送。

2. 随意请报

（1）主送领导者个人；
（2）多头主送；
（3）越级上报。

3. 乱抄滥送

(1) 不分有无关系、有无必要，随意抄送上下左右诸多机关、部门和单位；

(2) 把"请示"抄送下级机关；

(3) 把向下级机关的一般性公文，无必要地抄送上级机关；

(4) 对受文单位领导一一抄送。

4. 违规行文

(1) 包揽部门行文；

(2) 错误联合行文；

(3) 超越职权行文。

二、公文标题方面的问题

公文标题方面常见问题如下。

1. 残缺不全

(1) 无发文机关。如《关于×××的通知》。

(2) 无事由。如《××市人民政府的通知》。

(3) 无文种。如《××关于批转××的报告》——介词"关于"后面的述宾词组仅仅反映了事由，等于文种未出现。

(4) 无行文单位和文种。如《××报告团在××产生强烈反响》。

(5) 无行文单位和事由。如《通知》。

2. 文种不伦不类

(1) 并用文种。如《××关于×××的请示报告》，《××关于××同志任职批复的通知》。

(2) 混用文种。《××关于命名省级文明单位的申请》。

(3) 生造文种。如《××关于给××资助活动经费的批文》，1989年12月13日由国家人事部、国家计委、国家财政部给国务院的一份联合行文《1989年调整国家机关、事业单位工作人员工资的实施方案》等。

3. 不合语法规范

(1) 搭配不当。如《××关于开展会计工作标准化技术考核制度的通知》。此题错误有三种改法：一是将"开展"改为"实行"；二是将"开展"改为"坚持"，"技术"前加"实行"；三是在"标准化"后加"活动实行"。

(2) 语序不当。《关于加强发布公众天气预报归口管理的报告》，应改为《关于发布公众天气预报加强管理归口管理的报告》。

(3) 成分残缺。《关于切实做好接受安置灾民的通知》，应改为：《××关于切实做好灾民接受安置工作的通知》。

(4) 成分多余。《××关于做好春耕生产各项准备工作问题的通知》，"做好……工作"是完整的述宾词组，"问题"多余，应删去。

(5) 句子杂糅。《关于召开××省第×届党员代表大会有关事宜的通知》，应改为《……关于召开××省第×届党员代表大会的通知》，或《……关于××省第×届党员代表大会有关事宜的通知》，视情况选其一。

4. "关于"使用不当

放错位置：如《关于××省财经学校向××大学联系临时住房问题的函》，标题应改为《××省财经学校关于向××大学联系临时住房问题的函》。如《××总厂召开关于转制会议》，应改为《××总厂关于召开转制会议的通知》。

5. 缺少必要虚词

（1）缺少介词"关于"。如《××大学关于自学考试报告通知》应改为《××大学关于自学考试报名事宜的通知》。

（2）缺少"助词"。如前面举过的例子《××航运管理所航行通知》、《××大学自学考试报名通知》、再如《××县人大常委会关于五个月的工作总结报告》，均应在文种前加"的"。

6. 事由与正文不符

如《关于张××受贿案的调查报告》，此标题可修改为：《关于赵××揭发张××受贿案调查情况的报告》。

7. 语言文字方面的问题

（1）语法毛病。

①搭配不当

A. 主语和谓语搭配不当。如：人民的生活水平普遍增加了。此句中"生活水平"不能说增加了，应改为"提高了"。

B. 谓语和宾语搭配不当。如：……要努力实现这一伟大任务。此句中"实现"和"任务"不搭配，可将"实现"改为"完成"。

C. 定语和中心语搭配不当。如：勤奋的工作换来了丰厚的成果。此句中修饰中心语的形容词"丰厚"和"成果"不搭配，可将"丰厚"改为"丰硕"。

D. 状语和中心语搭配不当。如：××厂是一家专业生产化工产品的企业。在此句中，"生产"是动词，和"化工产品"组成述宾词组，其前面的词应该是状语，而"专业"是名词不能做状语，可将其改为"专门"。

E. 补语和中心语搭配不当。如：会议室打扫得干干净净、整整齐齐。句中"打扫"和"整整齐齐"不搭配，可删掉"整整齐齐"或把"干干净净"后面的顿号，在"整整齐齐"前面补上，与之相搭配的中心语（如加"布置得"或"收拾的"）。

F. 主语和宾语搭配不当。如：在培训班最后三天的学习，是我们收获最大的三天。此句主语"学习"和宾语"三天"不是同一事物，因而不搭配，"最后三天的学习"可改为"最后学习的三天"。

G. 状语和宾语搭配不当。如：《市政府曾将清理露天乱放易燃物当成防止火灾发生的一大隐患》。此句"清理露天乱放易燃"和"一大隐患"搭配明显错误。可改为："市政府曾将露天乱放的易燃物视为发生火灾的一大隐患，下决心认真清理"。或保留状语，可改为："市政府曾将清理露天乱放的易燃物当成消除火灾隐患和防止火灾发生的一大措举。

H. 状语和补语搭配不当。如：……请认真贯彻执行，把我市某某工作向前大大推进一步。此句后一分句是"把"字结构做状语的无主句，"向前"和"大大"都是中心语，"推进"是状语；数量词"一步"属动量词，因而是"推进"的补语，"大大推进"和"推进一步"是矛盾的，可删去"大大"。

I. "前宾语"和"后宾语"搭配不当。如：高大的人民英雄纪念碑前，排满了前来敬献花圈的队伍，有刚下夜班的工人；有从郊区来的农民；有机关干部；有解放军战士；有青年学生；还有戴红领巾的孩子们。此句"队伍"指有组织的群众行列，是前分句的宾语，也应该是后分句（承前省略）的主语，然而它和后面的宾语"工人""农民""干部""战士""学生"和"孩子们"都不搭配。一是将"队伍"改成"人"或者"人群"；二是将"队伍"后面的逗号变成句号，接着加上"队伍中"。

②语序不当

A. 定语和中心语错位。如：今年底无法实现市政府要求的排污达标。此句可修改为"今年底无法实现市政府有关排污达标的要求"。

B. 状语中心错位。如：那时多数居民对城市大搞绿化。此句可改为"那时多数居民对城市大搞绿化不理解"。

C. 定语和状语错位。如：会议期间，市领导亲切地向英模代表表示慰问。此句应改为"会议期间，市领导向英模代表表示了亲切的慰问"。

D. 状语和主语错位。如：往往有些人不能依法办事。此句应改为"有些人往往不能依法办事"。

E. 状语和补语错位。如：今春广交会以来，国际市场迅速好转，涤棉布需求量趋增，原安排的××年出口涤棉数量，被外商签订已完。此句中的副词"已"本应做谓语的状语，却放错了位置，"被外商签订已完"可改为"已被外商签订完"。

F. 定语和补语错位。如：拟用1990年全厂超额利润的10%一次性为全厂职工每人增发奖金平均100元。此句可改为"……为全厂职工平均每人增发奖金100元。"（当然也可以改为"……为全厂职工增发奖金平均每人100元"。）

G. 主语和宾语错位。如：从此，刘××的频繁换工作开始了。此句可改为"从此，刘××开始频繁换工作"。

H. 状语和宾语错位。如：××与曾多次协调××集团、××市住宅办解决问题的××街道办事处取得了联系。此句应改为"××与曾多次同××集团、××市住宅办协调解决问题的××街道办事处取得了联系"。

I. 多层定语错位。如：这是有效的提高产量的措施。此句应改为"这是提高产量的有效措施"。

J. 多层状语错位。如：我们要把反腐败斗争依靠法律手段和群众监督坚持不懈地搞下去。此句状语"把反腐败斗争"应同"依靠法律手段和群众监督"调换位置。

K. 联合词组错位。如：省委、地委和中央领导同志都到这里视察过。此句并未表示出按时间顺序的排列，则应改为"中央、省委和地委领导同志"或"地委、省委和中央领导同志"。

L. 复句语序错位，即复句中的分句组合不当，语序颠倒。如：我们不仅要用邓小平理论指导工作，而且要学习、掌握好它的精神实质。此句应改为"我们不仅要学习、掌握邓小平理论的精神实质，而且要用这些理论指导工作"。

③成分残缺

　　A. 主语残缺。如：烟草历来是国家税收的一大主项，一直实行国家专卖管理，并制定"烟草专卖法"做保障。此句最后一个分句缺少主语，而成了"烟草制定烟草专卖法"显然不妥。将第二个分句中国家提到前面做主语，变成"国家一直实行站买管理，并制定……"则可消除语病。

　　B. 谓语残缺。如：按现行规定征地费用，我厂确有实际困难。此句"征地费用"前缺少述语，可改为"按现行规定缴纳征地费用……"

　　C. 宾语残缺。如：经××会议研究决定，免去××同志办公室主任。此句应在"主任"后面加上职务。

　　D. 语意不确切。如：我们的产品远销国外，质量达到国际水平。此句应改为"国际水平"可改为"国际先进水平"。

　　E. 中心语残缺。如：中央做出西部大开发将是××尽快发展起来的最好机遇。此句应在"西部大开发"后面加上"的战略决策"或将主语部分修改为"中央关于西部大开发的战略"。

④成分多余

　　A. 重复同一主语。如：如果这件事还没有到法院的话，这件事应该由工商部门来管。此句可删除后面的"这件事"并将前面的"这件事"移到"如果"前；也可将后面的"这件事"改为"那么"。

　　B. 异词指同一主语。如：××经过踩点，他窜到这座居民楼。此句中"××"和"他"是等同关系的概念，属主语重复，多余，可将"他"去掉。

　　C. 主语叠床架屋。如：群众反映情况和问题，引起市领导的高度重视。此句联合词组做主语，"情况"外延大，包括"问题"，故"情况"和"问题"可视情删去一个。

　　D. 主语重复宾语。如……人民币的作用将会随着中国经济的发展而发挥更大的作用。此句中"人民币"后面"的作用"三个字应删去。

　　E. 谓语多余。如：全市副处级以上干部有××％左右的人在党校或干部管理学院进修学习过。此句"进修"和"学习"词义相同，应删去一个。

　　F. 宾语多余。如：受益最大的是××自己本人。此句"自己"和"本人"应删去一个。

　　G. 定语多余。如：一个极平常而普通的人做出了不平凡的业绩。此句"普通"即"平常"的意思，两者词义重复，一贯删去一个（保留"普通"好一些）。

　　H. 状语多余。如：有关部门同志在一起多次反复地进行研究，终于找到了妥善地解决问题的办法。此句"多次"和"反复"词义重复，应删去一个。

　　I. 补语多余。如：这些劳模的事迹都十分生动得很。此句谓语中心前面有状语"十分"，且语句表达了完整的意思，后面无须赘加个补语"得很"。

　　J. 句式杂糅。如：今年来城市公文规范化程度有了很大提高，根本原因是由于我们认真宣传、贯彻执行了公文管理法规。此句是"……根本原因是我们认真宣传……"和"……有了很大的提高，是由于我们认真宣传……"糅到了一起，可去掉"由于"或者去掉"根本原因"。

思考练习题

1. 公文按行文关系可分为哪些类别？按办理时限可分为哪些类别？
2. 行政公文常见错误有哪些？
3. 教师提供一篇纸质行政公文，请学生按照公文格式的要求在计算机上制作成一份规范完整的行政公文，并与同学交流。

第三章
命令、决定、意见和决议的写法

第一节 命 令

一、命令的含义和特点

1. 命令的含义

命令，是国家行政领导机关及其负责人、县级以上各级人民政府向下级机关或有关人员发布的指令性下行文。

新《办法》规定命令的适用范围是"适用于依照有关法律公布行政法规和规章；宣布施行重大强制性行政措施；嘉奖有关单位和人员"。

2. 命令的特点

（1）权威性。其主体是乡以上级别的国家权力机关的执行机关，其内容具有不可更改性。命令（令）是公文中最具有权力象征的一个文种，主要表现在发布命令（令）的行政机关权威大。它的使用范围有严格的规定，宪法和地方组织法规定，全国人大常委会委员长、国家主席、国务院总理及各部部长，各委员会主任连同其行政机关或工作部门可以发布命令（令）。地方各级政府也可以使用这一文种。而其他基层单位则无权使用。在实践中，高级领导行政机关用得较多些，中级行政机关偶尔使用，基层政府行政机关则几乎不用。再者，国家的各种法律、法规和行政规章，一般通过令文颁布，法随令出，这就是说，从内容到形式都具权威性。

（2）严肃性。命令（令）直接体现了国家行政领导机关的意志，具有较强的严肃性。命令（令）不能轻易使用，必须使用时一定要严肃谨慎。《周书》讲得好："慎乃出令，令出唯行"。令文务必审慎出台，作为行政机关，不可轻发，不可频发，尤其不可滥发。

（3）强制性。命令（令）在诸多公文文种中处于较高的地位，主要表现在执行命令（令）的不可动摇性。俗语讲"令行禁止""军令如山"。命令（令）一经发出，要求受令单位和人员必须绝对服从，坚决执行。应该说，任何下行文都具有强制性，都要求下级行政机关执行。但在强制程度上，命令（令）则大大高于其他下行文种。

二、命令的分类和作用

根据《办法》规定，命令可分为以下几种。

（1）公布令。是用于公布行政法规和规章的命令。

（2）行政令。是用于宣布施行重大强制性行政措施的命令。

（3）嘉奖令。是用于嘉奖有关单位和人员的命令。

（4）任免令。是用于任免国家高级行政领导干部的命令。

三、命令的内容结构和写作事项

1. 命令的内容结构

各类命令（令）的写法有自己的具体要求。

（1）公布令写法：要说明公布什么法规，什么机关什么时候通过，什么时间开始施行。必须把法规全文放在命令之后同时公布。

（2）行政令写法：正文一般由命令原由、命令事项、执行要求三部分组成。

（3）嘉奖令写法：正文一般由先进事迹、嘉奖内容、号召三部分组成。

虽然具体的写法不同，但命令的结构都是由标题、编号、正文、签署四部分组成。

（1）标题。标题一般有两种形式：一是发文机关＋事由＋文种；二是发文机关（领导人职务）＋文种。

（2）编号。编号方法：一种是单独编号（中央政府和国家首脑）；另一种不是单独编号（地方政府）。

（3）正文。行政令和嘉奖令正文的写法具体要求如下。

A. 行政令正文的写法：

①由命令原由、命令事项、执行要求组成；

②命令原由放在正文开头，用一两句话说明发布此命令的必要和重要性；

③命令事项是行政令的主要部分，应把要做什么不能做什么交代清楚，常用分条列举，使行文清晰；

④执行要求放在正文最后，说明执行命令过程中的特殊要求，有时还说明奖惩措施。可单独成段也可作为命令事项的最后一项例出。

B. 嘉奖令正文的写法：

①由先进事迹、嘉奖内容、号召组成；

②先进事迹放在正文最前面，扼要清楚地说明受嘉奖人的功绩；

③嘉奖内容说明给予受嘉奖人怎样的奖励；

④号召表达发布命令者对于有关人员的期望，向受嘉奖人学习什么。

2. 命令的写作注意事项

（1）特定的使用主体。根据《宪法》规定，只有全国人民代表大会常务委员会及委员长，国家主席，国务院、国务院总理，国务院各部委、各部委的部长、主任，县级以上各级人民政府，才有权依照有关法律规定发布相关命令。其他任何单位和个人，均不得使用和发布。

(2) 要注意各类型命令的共同点、不同点。

(3) 语言要准确、凝练、庄重、有力。

(4) 命令的内容应单一，要一文一事，因此篇幅较短。

例　文

中华人民共和国国务院令

第 616 号

依照《中华人民共和国香港特别行政区基本法》的有关规定，根据香港特别行政区行政长官选举委员会选举产生的人选，任命梁振英为中华人民共和国香港特别行政区第四任行政长官，于 2012 年 7 月 1 日就职。

总理　温家宝

二〇一二年三月二十八日

第二节　决　定

一、决定的含义和特点

决定是"适用于对重要事项或者重大行动做出安排，奖惩有关单位及人员，变更或者撤销下级机关不适当的决定事项"的公文，是党政机关及其他部门对某些重大问题或重要事项，经过一定会议讨论研究表决通过后要求贯彻执行的文体。决定除会议作出外，也可以由领导机关制发。

决定具有很强的领导性、权威性、规定性的特点。

二、决定的种类和作用

1. 决定的种类

决定根据其适用范围，可分为法规性决定、指挥性决定、知照性决定、奖惩性决定、变更性决定等五类。指挥性决定、知照性决定简述如下。

(1) 指挥性决定。指挥性决定用于方针政策的决定和重大事项或行动的安排，特点内容充实、篇幅较长。

(2) 知照性决定。知照性用于表彰先进、处理有关事件与人员、设置机构、任免干部、公布重要事项等，特点内容单一，篇幅较短。

无论哪种类型，都具有重要性、法规性和长效性的特点。决定做出的安排和决策，具有很高的权威性和很强的约束力，且事关全局，政策性强，执行时限长，因此，在撰写决定时，必须严肃慎重，认真负责，同时要条理清晰，结构严谨，对具体事实的分析明白透彻，态度鲜明，表达清楚，切忌华而不实、夸夸其谈。

2. 决定的作用

决定适用于对重要事项或者重大行动做出安排，奖惩有关单位及人员，变更或者撤销下级机关不适当的决定事项。决定是一种重要的指挥性和约束性公文。

三、决定的内容结构

决定的内容一般包括三个层次。一是决定的依据。包括理论依据和事实依据。既可以是有关政策、法规、议案，又可以是来自有关方面的情况。二是决定事项。三是决定的执行要求。这三项内容须根据决定的类型来确定着墨的多少。如在奖励性的决定中，决定的依据、事项部分内容较多，必要的时候需要分条列项。

决定的结构组成包括标题和正文。

（1）标题。标题一般有两种写法：一是发文机关＋事由＋文种；二是事由＋文种。有的标题下以圆括号括有"××××年××月××日×××会议通过"字样。

（2）正文。正文写明决定的根据和原由，决定的事项、问题或重大行动，执行决定的要求和提出号召。

A. 指挥性决定正文：指挥性决定正文要讲明道理、布置任务，指出原则，拟出规定，交代办法，提出要求。决定事项分条列写法。

B. 知照性决定正文：知照性决定正文要一段到底，不分条目。

（3）落款。落款一般要分两种情况：一是标题有发文机关，落款不再写发文机关名称；二是标题下标有成文时间，落款处发文机关名称下不再写成文时间。

四、决定与命令的区别

决定与命令的不同点主要在以下几个方面。

（1）使用权限不同。在使用权限方面命令非常严格，只有法律明确规定的机关可以使用，决定则可较普遍地使用。

（2）适用事务不同。在适用的事务方面，命令涉及的是特定的具体事务，决定则既涉及这类事务也涉及一部分非特定的具有普遍性的反复发生的事务，公文本身也反复适用，即具有规范性公文的一些特点。

（3）表达不同。在表达方面，命令高度简洁，只表达作者的意志和要求；决定则既表达意志、要求，又阐发一定的道理，交代执行方面的要求，指明界定有关事物的标准等。

第三节　意　见

一、意见的含义和特点

1. 意见的含义

意见是上级领导机关对下级机关部署工作，对重要问题提出见解和处理办法，指导下级机关工作活动的原则、步骤和方法的一种文体。意见的指导性很强，有时是针对当时带有普遍性的问题发布的，有时是针对局部性的问题而发布的，意见往往在特定的时间内发生效力。

"意见"原属党的机关公文,《中国共产党机关公文处理条例》(以下简称《条例》),首次将"意见"列入了中国共产党机关公文文种;2001年,《国家行政机关公文处理办法》(以下简称《办法》)将"意见"正式列入了国家行政机关的公文文种,"意见"从而成为行政机关使用频率较高的法定公文。

2. 意见的特点

意见具有如下特点。

(1) 内容的参考性。意见主要的基本特点是参考性。所谓意见,从词义上看,就是有一定的建议和参考作用的看法。"参考性"在上行文和平行文的意见中体现的最明显。

(2) 行文方向和作用性质的多样性。多样性有两层意思:一是指行文方向的多样性,既可以上行,也可以下行和平行;二是指作用的多样性,下行文意见的作用类似于计划、工作要点和通知,具有指导性;上行文的意见除类似于计划、工作要点外,有的还类似于请示和报告,具有建议性或参考性。

(3) 作用性质的多变性。多变性主要指的是上行文的意见。一般情况下,上行文意见只有建议性质或参考作用。但是一经上级机关批转,性质就变了,就代表了上级机关的思想意志,从建议性或参考性转变为指导性和约束性了。

二、意见的分类和作用

1. 意见的分类

(1) 意见作为一种新的文体,按其作用、文体,可分三种

①属于"计划"的一种,在所有的党政机关、社会团体、企事业单位中均有使用。这种"意见"既可以作为内部文件在单位内部制订施行,如《关于2000－2001学年第一学期教学检查的实施意见》,在2000年年底之前,也可以作为外发的行政公文的附件,下发给下级机关执行。

②作为一般的事务文书,起到批评、鉴定、指导、评估等作用,如《关于南海市创建国家卫生城市工作考核鉴定意见》。

③在其他机关中使用,如《中国共产党机关公文处理条例》和《人大机关公文处理办法》中都有"意见"。

(2) 从直接、间接的角度来区分,可分为两种

①直接提出意见。直接意见是发文机关为指导工作直接提出自己的看法和措施。如《国务院办公厅关于扶持家禽业发展的若干意见》(国办发〔2005〕56号),它根据当年入秋以来,我国局部地区又发生高致病性禽流感疫情,给全国家禽业的稳定发展带来明显冲击的情况,提出了九条切合实际而又具有科学见地的扶持家禽业发展的意见,下发全国各地。直接意见可以上行、下行或平行。

②间接呈转意见。常见的有转发上级机关的意见和批转下级机关的意见两种方式。如《广东省人民政府办公厅转发国务院办公厅转发发展改革委等部门关于加强钨锡锑行业管理意见的通知》(粤府办〔2005〕80号),就是转发上级机关的意见;再如《国务院批转证监会关于提高上市公司质量意见的通知》(国发〔2005〕34号),就是将证监会提出的关于提高上市公司质量的意见转发给全国各地和相关部门。这些例子其实已经变成了转发或批转通

知了,办理时便要注意"通知"的刚性和"意见"的弹性相结合。

(3) 按意见的主客体、行文关系可分为三种

①指导性意见。也就是下行文的意见,它是上级机关对下级机关传达指示、布置工作,带有工作指导性质的意见。

②建议性意见。也就是上行文的意见,它是下级机关向上级机关提出的关于改进、开展工作的设想和建议。

③征询性意见。也就是平行文的意见,是不相隶属机关之间提供的参考性意见。

2. 意见的作用

意见的行文关系不同,其作用也有不同。

(1) 作为上行文的"意见"

"意见"作为上行文,是下级机关就工作中的重要问题提出见解和处理办法,并向上级机关行文,其文件制发按请示性公文的程序和要求办理。由此可见,"意见"是一种带有请示特征但又与"请示"有区别的公文。

根据《国家行政机关公文处理办法》,请示"适用于向上级机关请求指示、批准"。意见与请示的适用范围不同,其区别可以从以下三个方面去认识。其一,从行文动机看,"请示"是下级机关针对本机关遇到的无权或无力但又必须做的工作而向上级机关请求指示或批准,基本上是被动行文;而"意见"作为上行文,重点在于对工作中的重要问题或是涉及其他部门职权范围内的事项提出见解和处理办法,不一定是在遇到工作困境时行文,多数情况下是下级机关主动向上级机关行文。其二,从行文的目的看,"意见"是提出见解和处理办法,为上级机关献计献策,供上级机关参考;而"请示"不是给上级机关提供参考意见,其行文目的是说服上级机关批准本机关的某些请示事项,或说明原因与情况以使上级机关指示活动的原则方法。其三,从行文内容结构看,"请示"文种是充分说明的请示缘由在前,提出请求事项在后,是典型的因果式结构。"意见"则多以总分结构为主,分条列项、述议结合地阐明自己对重要问题的看法与建议。

一般来说,作为上行的"意见"可分为两种情况:一是呈报的意见,一是呈转的意见。呈报的"意见",重点在于就工作中重要问题提出自己的见解和处理办法,供上级机关决策参考。呈转的"意见",主要适用于当下级机关的工作或拟采取的行政措施超出了本机关的职权范围,或在实施时需要其他机关给予协助支持时,主办部门为开展、推动工作而提出见解和处理办法,并报请上级机关批准转发。在报请前,主办部门应事先与其他有关部门协商取得一致意见后行文,若不能取得一致时,主办部门应列明各方理据,提出建设性意见,并与有关部门会签后才能报请上级机关。上级机关接到这种意见以后,应当像对待请示一样,及时作出处理或给予答复,上级机关一旦同意和转发,该意见便代表着上级机关的行政意图,在更大范围内产生效力。

(2) 作为下行文的"意见"

作为下行文,上级机关的"见解和处理办法",如同其他的下行文一样,对下级机关具有规范作用和行政约束力。这一点上,"意见"同"命令""决定"和"通知"等下行文具有相同的特点。不过,"命令"往往是宣布实行重大的强制性行政措施,其强制力和行文规格最高,一般极少使用;"决定"是针对重要事项和重大行动作出安排,涉及问题往往带有方针政策性;指挥性"通知"则是传达要求下级机关办理、执行或周知的事项。以上三个文种

区别于"意见"的特点就是它们是以上级机关的权威和职权范围，对下级机关的工作做出直接的布置和安排，是要求下级机关"做什么"或"必须做什么"，而"意见"则体现了上级机关的商榷、探索的态度，往往是对重要问题表明态度、提出见解和参考的处理办法，是对下级机关"可以做什么"和"不可以做什么"作出说明。所以说，"意见"文种体现了原则性和灵活性、规定性和变通性的统一，为下级机关留下了更多的自由度和创造空间。

因此，下行"意见"的功能，以指导为主。"意见"不是强制性地具体地布置安排工作，而是参考性地提出工作的目标任务、原则和措施方法。下级机关一般应根据上级机关"意见"的精神、原则参照执行。如《广东省人民政府关于加快我省服务业发展和改革的意见》（粤府〔2005〕1号），就是从发展服务业的重大意义、指导思想、奋斗目标和主要任务、服务业现代化、体制改革和营造环境等六个方面阐述了广东省人民政府加快该省服务业发展的指导性意见。这个意见从宏观的角度高度概括，既没有针对某一地区，也没有针对某一行业，提出的方法措施比较抽象，体现了"意见"指导性的特点。

(3) 作为平行文的"意见"

作为平行文的"意见"，它既不像下行文那样带有强制性和指挥性，也不像"函"那样商请、询问、请批或答复事项，它的用途主要是提出意见供对方参考，参考性比较明显。作为平行文的"意见"，为平级机关和不相隶属机关之间的协作交流提供了一条新的途径。

三、意见的内容结构和写作注意事项

1. 内容结构

意见在内容结构上包括标题、主送机关、正文和结束语、发文时间几部分。

(1) 标题。标题必须把发文机关、事由、文种写清楚。标题的写法基本上有两种。一是"发文机关＋事由＋文种"的完整式标题，如《国务院办公厅关于加强政府网站建设和管理工作的意见》；另一种是"事由＋文种"的省略式标题，如《关于进一步做好职业培训工作的意见》。

(2) 主送机关。意见的发布有两种情况，一种需要用决定、通知转发，另一种是独立发布。被其他文种转发的意见，没有主送机关，但转发意见的文种一定要有主送机关。独立发布的意见，要有主送机关。

(3) 正文。正文主要有两部分组成。①缘由。意见的开头部分，扼要说明提出意见的依据、背景、目的，阐明提出意见的原因、理由。然后以"现提出以下意见""现就××问题提出如下意见"等过渡句转入下文。②意见内容。意见的主体部分，要围绕着中心问题，从不同角度和方面分别阐述，把对重要问题的见解和办法具体写明。分析要中肯、客观，提出的意见对上要符合党和国家的方针政策，对下要符合客观实际，对工作有指导性，具有可行性和可操作性。

(4) 结束语。意见的结束语要根据不同的种类也就是不同的行文方向选用不同的惯用的结束语。下行文的指导性意见一般写："以上意见，请各地区、各部门结合实际情况贯彻执行"（与通知差不多）。上行的建议性意见分两种，不需批转的写："以上意见仅供参考"。如果是需要批转的意见，则写："以上意见如无不妥，请批转各单位、各部门执行"（与原来的批转性报告类似）。

(5) 发文时间。一般以定稿时间为准。

2. 写作注意事项

在撰写意见时，要根据不同的种类和行文方向选用不同的语言表述。具体要求如下：下行文的指导性意见可用指令性的词语表述（与其他下行文文种的语言类似）；上行文的建议性意见要用评估性和请求性的语言表述；而平行文的意见则要多用商榷性的词语表述。

四、易混淆文种

上行的"意见"，容易跟"报告"混淆；下行的"意见"，又容易与"通知""决定"混淆；平行的"意见"，容易与"函"混淆。

1. "意见"与"报告"的区别

"意见"上行时，与"报告"的相同之处是具有"报阅性"，但是，意见与报告的分工不同。《办法》将"报告"中原有三项职能中的"提出意见或建议"一项调整给了"意见"，使行政机关公文中的"报告"职能只保留了"向上级机关汇报工作，反映情况"和"答复上级机关的询问"。

2. "意见"与"决定"和"通知"的区别

"意见"下行时，与"决定"和"通知"的共同之处是，都可向下级部署工作，提出工作政策、原则、方法和措施，但也有区别。"决定"的职能是"适用于对重要事项或重大行动做出安排"，或者是经过会议讨论决断（但并非法定要求）的重要事项与行动安排。写作重点是要明确做什么和怎么做，一般不说明为什么要这样做。而"意见"则要求"对重要问题提出见解和处理方法"，讲"见解"必须以理服人，所以在阐述时，往往都是"做什么""怎么做"与"为什么这样做"相结合。意见里的"重要问题"并非"重要事项"和"重大行动"。这是两者的根本区别。

"意见"和"通知"的相似点是，都用来"传达要求下级机关办理和需要有关单位周知或者执行的事项"，目的是解决问题。不同点是，"意见"针对的是"对重要问题提出见解和处理办法"，重视阐明有关指导思想、相关政策，提出具体措施和执行要求，发挥的是指导功能；而"通知"则是传达需要下级办理、周知或者执行的"事项"，发挥的是"知照"功能。

考察"意见""决定"和"通知"在职能上的区别，需要特别记住几个关键词语："决定"针对的是"重要事项或重大行动"；"通知"则包含着一般"事项"；"意见"针对的是"重要问题"。可见，在具体使用上，"决定"与"通知"的区别应侧重在重要的程度上，而这两者与"意见"的区别侧重在"事项"与"问题"上。

3. "意见"与"函"的区别

"意见"与"函"的相同点是，都可用于平行，都具有商洽职能。不同点："函"作为平行文种，适用于不相隶属的机关行文，不分地区、系统、级别，也不分党、政、军、民、群团、企事业单位，只要有公务沟通、协调、商洽、答复，均可用"函"相互行文。"函"的适用范围很广，既可"商洽工作"，又可"询问和答复问题"，还可"请求批准和答复审批事项"。"意见"用于平行时，只有在对方征求意见时，应对方要求提出供对方参考的见解或办法，才使用"意见"。这一职能过去也由"函"来承担，现在则用"意见"回复。就这点来说，作为平行文的"意见"，具有被动性行文的特征。

4. "意见"与非法定公文的"意见"的区别

"意见"是《条例》和《办法》规定的法定公文文种。但在非法定公文中,也常常会见到有使用"意见"的情况。非法定公文的"意见",主要出现在计划类的应用文文种中。因为计划有许多别称,如:长期计划有规划、纲要、设想等;短期计划有方案、打算、意见、安排等。这里的"意见"就是非法定公文。

公文"意见"与非法定公文意见的明显区别在于:非法定公文中的"意见"属于计划,要求在文章中阐述清楚在某段时间范围内,解决好某个问题的指导思想、政策要求与措施办法,它不使用公文形式下达,往往是在一个会议上或者小组讨论时阐发;而法定公文中的"意见"主要是针对现实工作中的重要问题"提出见解和处理办法",并以公文形式送达,下行意见有时并没有明确的要求,只是原则性地表达看法。法定公文"意见"的正文写作,一般由发文缘由、见解办法、执行要求组成。见解办法的写作是"意见"的核心部分。特别要注重见解与办法符合实际以及具有操作可行性。这是法定公文"意见"写作的重中之重。

例 文

国务院办公厅关于进一步做好减轻农民负担工作的意见
国办发〔2012〕22号

各省、自治区、直辖市人民政府,国务院各部委、各直属机构:

近年来,随着国家强农惠农富农政策实施力度的逐步加大和农民负担监管工作的不断加强,农民负担总体上保持在较低水平,由此引发的矛盾大幅减少,农村干群关系明显改善。但最近一个时期以来,一些地方对减轻农民负担工作重视程度有所下降,监管力度有所减弱,涉农乱收费问题不断出现,向农民集资摊派现象有所抬头,惠农补贴发放中乱收代扣问题时有发生,一事一议筹资筹劳实施不够规范,部分领域农民负担增长较快。为进一步做好减轻农民负担工作,切实防止农民负担反弹,经国务院同意,现提出如下意见:

一、明确减轻农民负担工作的总体要求

(限于篇幅,内容略去)

二、严格管理涉农收费和价格

(限于篇幅,内容略去)

三、规范实施村民一事一议筹资筹劳

(限于篇幅,内容略去)

四、深入治理加重村级组织和农民专业合作社负担问题

(限于篇幅,内容略去)

五、建立和完善农民负担监管制度

(限于篇幅,内容略去)

六、加强涉及农民负担事项的检查监督

(限于篇幅,内容略去)

七、严肃查处涉及农民利益的违规违纪行为

（限于篇幅，内容略去）

八、加强减轻农民负担工作的组织领导

地方各级人民政府要坚持主要领导亲自抓、负总责的工作制度，加强组织领导，层层落实责任，坚持实行减轻农民负担"一票否决"制度，继续保持减轻农民负担的高压态势，绝不能因为农业税的取消而思想麻痹，绝不能因为农民收入增加和农民负担水平下降而工作松懈。要健全减轻农民负担工作领导机构，加强队伍建设，保证工作经费，确保农民负担监管工作的顺利开展。要加强调查研究，及时掌握并妥善解决统筹城乡发展中涉农负担出现的新情况新问题，防止苗头性、局部性问题演变成趋势性、全局性问题。要加大对基层干部的宣传培训力度，不断提高其农村政策水平，增强服务能力。有关部门要加强对各地减轻农民负担工作情况的督导，及时通报结果。各省级人民政府要根据本意见的要求，结合本地实际，抓紧制定具体实施意见。

国务院办公厅
二〇一二年四月十七日

第四节　决　议

一、决议的含义和特点

1. 决议的含义

决议是指党的领导机关就重要事项，经会议讨论通过其决策，并要求进行贯彻执行的重要指导性公文。简要地说，决议是"用于经会议讨论通过的重要决策事项"（《中国共产党机关公文处理条例》）。

它是通过议决重要问题、重大行动决策的会议性（又称"议决性"）下行公文。党政等都用。它必须经会议讨论通过，以会议名义发布，要求贯彻执行或知晓。

决议在《中国共产党机关公文处理条例》中列第一位，在现实工作中具有重要的作用。

2. 决议的特点

决议的特点主要表现在权威性和指导性上。

（1）权威性。权威性主要表现在决议是经过党的会议讨论通过才能生效并由党的领导机关发布的，是党的领导机关意志的反映。决议的内容事关重要决策事项，一经公布，全党、全国上下都必须坚决执行。

（2）指导性。指导性表现在决议表述的观点和对事项的评价都具有指导意义。

二、决议的种类

根据决议涉及内容范围的不同，可分为以下三大类型。

1. 批准某事项或通过某文件的决议

这类决议涉及的内容比较具体，一般用于批准某项报告或文件。如《中国共产党第十四次全国代表大会关于〈中国共产党章程〉(修正案)的决议》《中国共产党第十四次代表大会关于十三届中央委员会报告的决议》等。

2. 安排某项工作的决议

对于重要的、长期的工作，可采用决议的形式进行布置安排，如《中共四川省委关于认真学习、坚决贯彻〈中共中央关于加强党同人民群众联系的决定〉的决议》等。

3. 涉及原则问题，要做出重大决策的决议

这类决议涉及的内容是原则性的、非事件性的，影响范围更大，影响时间更为久远。如《关于建国以来党的若干历史问题的决议》《中共中央关于加强社会主义精神文明建设若干问题的决议》等。

三、决议的内容结构和写作要求

1. 决议的结构

决议在结构上主要由标题、成文日期、正文组成。

（1）标题。决议的标题有三种写法。第一种是由发文机关、主要内容、文种组成，如《中共四川省委关于认真学习、坚决贯彻〈中共中央关于加强党同人民群众联系的决定〉的决议》。第二种是由会议名称、主要内容、文种组成，如《中国共产党第十一届中央委员会第五次全体会议关于为刘少奇同志平反的决议》。第三种是省略发文机关，由主要内容和文种组成。如《关于确认十一届三中、四中全会增补中央委员的决定的决议》。

（2）成文日期。决议的成文日期，不像一般公文那样标写在公文正文之后，而是加括号标写于标题之下居中位置。具体写法有两种情况：如果公文标题中已包括会议名称，括号内只需写明"×年×月×日通过"即可；如果公文标题中没有会议名称，括号内要写明"××委员会第×次会议×年×月×日通过"。

（3）正文。正文一般由决议根据、决议事项和结语三部分组成。

①开头部分。决议的开头部分写决议的根据，一般要写明会议听取了什么、学习讨论了什么、审议了什么、批准或通过了什么，自何时生效等。如：中国共产党第十四次全国代表大会通过十三届中央委员会提出的《中国共产党章程》(修正案)，决定自通过之日起，经修正后的《中国共产党章程》即行生效。

以上各项要根据会议的内容而定，不必面面俱到。

②主体部分。这部分的内容比较复杂，写法也比较灵活多样。

如果是批准事项或通过文件的决议，相对比较简单，这部分多是强调意义，提出号召和要求。

如果是安排工作的决议，要写明工作的内容、措施、要求。内容复杂时，要明确分出层次并列出各层次的小标题，或者分条撰写。

如果是阐述原则问题的决议，主体部分要有较多的议论，多采用夹叙夹议的写法，把道理说深说透。所谓"夹叙夹议"，就是用概括叙述的方式介绍情况、提供事实，用议论的方式做公正的评价和精辟的论述。

③结尾部分。这部分可有可无。有时主体结束，全文也就自然结束了，不必再专门撰写结尾。有时需要写一个结尾，多以希望、号召收结全文。

2. 决议的写作要求

当正文的内容是陈述性、决策性或处理性的、人事性时，在写作时要注意以下几点。

（1）陈述议决内容，随内容而有变化。形式上也可分开头、主体、结尾三部分，复杂的分层段、列条目，简单的一段写完。

（2）决策性的，要写依据、说明和决策，前二者一般作为开头（有的可省略一项），主体是决策事项本身，可分段也可分条，可写结尾，用来表达要求。法规性的类似条例的总则分别附则。

（3）处理性的，要写针对的人或事，说明其性质及事件因果，然后写决定——看法和处理办法，结尾也可写此事这样处理的意义。

（4）人事性的，要写依据（可极简到根据会议通过）和决定（设何机构、谁任何职），组织机构设置要做说明，任免决议可以省略说明。

例文评析

【原文】

第五届全国人民代表大会第五次会议
关于中华人民共和国国歌的决议

（一九八二年十二月四日第五届全国人民代表大会第五次会议通过）

第五届全国人民代表大会第五次会议决定：恢复《义勇军进行曲》为中华人民共和国国歌，撤销本届全国人民代表大会第一次会议一九七八年三月五日通过的关于中华人民共和国国歌的决定。

【简析】

这是一则作出决策的决议，即恢复《义勇军进行曲》为国歌。全文只一句，却可看出用决议文体很得体，因为也可用国家主席令来更改决定，但那决定原是本届人代会第一次会议决定的，用本届本次会来更改恢复更妥当。

思考练习题

1. 什么是命令？其作用是什么？
2. 请简述命令与决定的区别。
3. 意见的写作要求是什么？
4. 决议的写作要求有哪些？

第四章 公告、通知、通告和通报的写法

第一节 公 告

一、公告的含义、特点和类型

1. 公告的含义

公告是行政公文的主要文种之一,它和通告都属于发布范围广泛的晓谕性文种。《国家行政机关公文处理办法》对公告的功能作了如下规定:适用于向国内外宣布重要事项或者法定事项。

公告的用途主要体现在以下两个方面。

一是向国内外宣布重要事项。具体地说,包括公布法律、法令、法规;公布重大国家事务活动,如国家领导人出访、任免、逝世;公布重大科技成果;公布有关重要决定等。如国家税务总局关于外籍个人储蓄存款利息所得个人所得税有关问题所发布的公告(见后附范文)。

二是向国内外宣布法定事项。法定事项,包括按照《中华人民共和国民事诉讼法》等法律规定发布的公告,以及根据法律条文向社会公布有关规定的公告。例如外交部根据《中华人民共和国澳门特别行政区基本法》第 139 条的规定,继续给予进入澳门的国家及地区的人员进入澳门特别行政区免办签证待遇的公告。

党的机关公文中没有公告,但有与之功能相似的"公报"。

2. 公告的特点

(1) 发文权力的限制性。由于公告宣布的是重大事项和法定事项,发文的权力被限制在高层行政机关及其职能部门的范围之内。具体地说,国家最高权力机关(人大及其常委会),国家最高行政机关(国务院)及其所属部门,各省市、自治区、直辖市行政领导机关,某些法定机关,如税务局、海关、铁路局、人民银行、检察院、法院等,有制发公告的权力。其

他地方行政机关，一般不能发布公告。党团组织、社会团体、企事业单位，不能发布公告。

（2）发布范围的广泛性。公告是向"国内外"发布重要事项和法定事项的公文，其信息传达范围有时是全国，有时是全世界。譬如，我国曾以公告的形式公布中国科学院院士名单，一方面确立他们在我国科学界学术带头人地位，一方面尽力为他们争取在国际科学界的地位。这样的公告会在世界科学界产生一定的影响。我国有关部门还曾在《人民日报》上刊登公告，公布中国名酒和中国优质酒的品牌、商标和生产企业，已便消费者能认清名牌。

（3）题材的重大性。公告的题材，必须是能在国际国内产生一定影响的重要事项，或者依法必须向社会公布的法定事项。公告的内容庄重严肃，体现着国家权力部门的威严，既要能够将有关信息和政策公之于众，又要考虑在国内、国际可能产生的政治影响。一般性的决定、指示、通知的内容，都不能用公告的形式发布，因为它们很难具有全国和国际性的意义。

（4）内容和传播方式的新闻性。公告还有一定的新闻性特点。所谓新闻，就是对新近发生的、群众关心的、应知而未知的事实的报道。公告的内容，都是新近的、群众应知而未知的事项，在一定程度上具有新闻的特点。公告的发布形式也有新闻性特征，它一般不用红头文件的方式传播，而是在报刊上公开刊登。

二、公告的分类

1. 重要事项的公告

凡是用来宣布有关国家的政治、经济、军事、科技、教育、人事、外交等方面需要告知全民的重要事项的，都属此类公告。常见的有国家重要领导岗位的变动，领导人的出访或其他重大活动，重要科技成果的公布，重要军事行动等等。如《全国人大常务委员会关于确认全国人大代表资格的公告》，《新华社受权宣布我国将进行向太平洋发射运载火箭试验的公告》，都属此类公告。

2. 法定事项的公告

依照有关法律和法规的规定，一些重要事情和主要环节必须以公告的方式向全民公布。

《中华人民共和国专利法》第三十九条规定："发明专利申请经实质审查没有发现驳回理由的，专利局应当作出审定，予以公告。"如《实用新型专利公报（2012年第11期）》。

《中华人民共和国企业破产法（试行）》第九条规定："人民法院受理破产案件后，应当在十日内通知债务人并且发布公告。"

《国务院公务员暂行条例》第十六条规定，录用国家公务员要"发布招考公告"，如《深圳市无线电管理局2012年2月拟雇用人员公示公告》。

《中华人民共和国民事诉讼法》规定发布的公告种类繁多，有通知权利人登记公告，送达公告，开庭公告，宣告失踪、宣告死亡公告，财产认领公告，强制迁出房屋、强制退出土地公告等。

上述公告均属法定事项公告。

 例 文

法院常用的破产公告格式
一、受理破产申请

　　本院根据（ ）的申请，于（ ）年（ ）月（ ）日作出（ ）字第（ ）号民事裁定书，裁定受理债务人（ ）（或破产清算，或破产重整，或破产和解）的申请。债权人应在（（ ）年（ ）月（ ）日之前，或公告之日起（ ）内），向管理人（填写其名称、地址、邮编、电话）申报债权，并提交有关证明材料。逾期未申报债权的，依据《中华人民共和国企业破产法》第五十六条的规定处理。（债务人的企业名称）的债务人或财产持有人应向管理人清偿债务或交付财产。第一次债权人会议于（ ）年（ ）月（ ）日（ ）时在（填写会议地点）召开。债权人出席会议应向本院提交（营业执照、法定代表人身份证明、授权委托书，或个人身份证明、授权委托书）等文件。（填写法院认为应说明的其他情况）。

二、宣告破产

　　本院于（ ）年（ ）月（ ）日受理的（ ）破产清算一案，经审理，依照《中华人民共和国企业破产法》的规定，于（ ）年（ ）月（ ）日作出（ ）号民事裁定书，宣告（ ）破产。

三、终结破产程序

　　本院受理的（ ）破产清算一案，经破产清算，（填写清算内容，或"债务人财产不足以清偿破产费用"，或"破产人无财产可供分配"，或"破产财产已分配完毕"）。本院根据管理人申请，依据《中华人民共和国企业破产法》的规定，于（ ）年（ ）月（ ）日作出（ ）字第（ ）号民事裁定书，裁定终结破产清算程序。

三、公告的写法

1. 公告的标题和发文字号

公告的标题有四种不同的构成形式。

一是公文标题的常规形式，由"发文机关＋主要内容＋文种"组成。如《外交部关于我在美人员情况公告》。

二是省略主要内容的写法，由"发文机关＋文种"组成。如《中华人民共和国外交部公告》，《中华人民共和国国家质量监督检验检疫总局公告》。这是公告比较常用的标题形式。

三是省略发文机关，由"主要内容＋文种"组成。如《农药产品质量监督抽查结果公告》，《关于对2006年北京名牌产品初选名单征求意见的公告》，《北京市食品生产许可证2005年度自查报告企业公告》。

四是只标文种"公告"二字。

公告一般不用公文的常规发文字号，而是在标题下文正中标示"第×号"。有些公告可以没有发文字号。

2. 公告的正文

（1）开头。开头主要用来写发布公告的缘由，包括根据、目的、意义等。这是公文普遍采用的常规开头方式，多数公告都采用这样的开头。但也有不写公告缘由，一开头就进入公告事项的。

（2）主体。主体用来写公告事项。因每篇公告的内容不同，主体的写法因文而异。有时用贯通式写法，有时需要分条列出。总之，这部分要求条理清楚、用语准确、简明庄重。

（3）结语。一般用"特此公告"的格式化用语作结。不过，这不是唯一的选择，有些公告的结尾专用一个自然段来写执行要求，也有的公告既不写执行要求，也不用"特此公告"的结语，事完文止，也不失为一种干净利落的收束方式。

第二节　通　知

一、通知的含义和特点

1. 通知的含义

通知指党政机关用于发布法律法规、任免干部、传达上级机关的指示、转发上级机关和不相隶属机关的公文、批转下级机关的公文、发布要求下级机关办理和有关单位共同执行或者周知的事项的公文文种。

2. 通知的特点

（1）指导性强。虽然通知可以用于同级或不相隶属机关之间的公务来往，但大多数是下行文，是上级机关为布置工作、规范做法、传达政策而制发的，具有很强的指导性。

（2）适用范围广。无论党政机关、企事业单位或群众团体，在召开会议、部署工作、沟通情况时都经常运用这种文体。

（3）可分种类多。由于通知的适用范围广，可从不同的角度来划分它的种类。如按性质划分，有批转、转发的通知、发布法规规章的通知、布置工作的通知、任免聘用干部的通知、会议通知等；按形式分，有联合通知、紧急通知、预备通知、补充通知等。

（4）使用频率高。由于通知用途广泛，行文简便，灵活多样，因而是目前使用频率最高的机关公文文种。

二、通知的分类

根据通知的功能和意图，常可分为以下五类。

（1）发文通知。即发布文件的通知。包括印发文件的通知、转发文件的通知、批转文件的通知三种。

（2）指示性通知。即上级机关布置工作，要求下级机关办理或执行某些事项的通知。

（3）告知性通知。即需要有关机关和单位周知某些事项的通知。

（4）任免通知。即上级机关任免下级机关领导人或机关内部任免工作人员的通知。

（5）会议通知。即上级机关或发起单位发给与会单位和人员的通知。

三、通知的内容、结构和写作注意事项

1. 通知的内容、结构

通知一般由标题、受文单位、正文、落款及日期四个部分组成。

(1) 标题（居正文上方的正中位置）。通知的标题有三种写法。①标题只写"通知"二字。一般性通知或者内容比较简单的通知就可以这样写。②标题直接写"紧急通知"或"重要通知"。用于通知的事项需要被通知单位尽快知道，或通知的内容是重要事项。③标题由发文机关、事由、文种三要素组成。这类标题使人一目了然，十分醒目。如《国务院办公厅关于稳定市场物价的几个问题的通知》。

注意：较为正式的通知，标题下还要有发文字号。

(2) 受文单位（顶格）。在标题下面，正文之前，顶格写明被通知的单位。被通知单位可以是一个，也可是多个，或者是所有下属单位。中间用逗号隔开，最后用冒号。

注意：有时因通知事项简短，内容单一，书写时略去称呼，直起正文。

(3) 正文（另起一行，空两格写正文）。正文是通知的主体，即通知的内容。正文有的简单，有的复杂；有的长，有的短。如一般性通知只要写明什么事情、时间、地点，执行要求即可。通知的中文一般要求写出发文缘由、具体事项和执行要求。

注意：通知最后一句，"特此通知"需要另起一段，空两格，不写标点。

(4) 落款及日期（在正文右下方分两行写，一行署名，一行写日期）。①在标题里已写明发文机关，标题下已注明发文时间，在正文后面就不再写发文机关或发文时间。②在标题里没写明发文机关，标题下也没注明发文时间，应在正文右下方写上发通知的机关名称和年、月、日，并加盖机关公章。

2. 通知的写作注意事项

(1) 内容务求具体明确。无论拟撰何种类型的通知，都必须把具体内容交代清楚。如起草会议通知，必须把会议召开的时间、地点、与会人员及注意事项逐一写明，不能遗漏。

(2) 文字力求简练明确。要开门见山，把有关事项写清楚，切忌空话、俗话、套话和长篇大论。

例 文

国务院关于发布《国家行政机关公文处理办法》的通知

国发〔2000〕23号

各省、自治区、直辖市人民政府，国务院各部委、各直属机构：

现发布《国家行政机关公文处理办法》，自2001年1月1日起施行。1993年11月21日国务院办公厅发布，1994年1月1日起施行的《国家行政机关公文处理办法》同时废止。

国　务　院
二〇〇〇年八月二十四日

第三节　通　告

一、通告的含义和特点

1. 通告的含义

通告是行政公文的主要文种之一。《国家行政机关公文处理办法》把通告的功能定义为：适用于公布社会有关方面应当遵守或者周知的事项。党的机关公文中没有通告这一文体。

通告，适用于公布社会各有关方面应当遵守或周知的事项。

通告的作者，可以是国家、地方各级行政机关，也可是基层企事业单位。如上至国务院、国务院各部委、各国家职能部门，下至学校、工厂、街道办事处等。

2. 通告的特点

通告有以下几个特点。

（1）法规性。通告常用来颁布地方性的法规，这些法规一经颁布，特定范围内的部门、单位和民众都必须遵守、执行。例如，《××省无线电管理委员会办公室关于清理整顿无线电通信秩序的通告》，对有关事宜作了八条规定；《××市人民政府关于坚决清理非法占道经营的通告》，为改善交通秩序和市容环境，作了五条规定。

（2）周知性。通告的内容，要求在一定范围内的人们或特定的人群普遍知晓，以使他们了解有关政策法令，遵守某些规定事项，共同维护社会公务管理秩序。

（3）实务性。所有的公文都是实用文，从根本性质上说都应该是务实的。但它们之间还是有一些区别，有的公文只是告知某事，或者宣传某些思想、政策，并不指向具体事务。通告则是一种直接指向某项事务的文种，务实性比较突出。

（4）行业性。不少通告都具有鲜明的行业性特点，如税务局关于征税的通告，银行关于发行新版人民币的通告，房产管理局关于对商品房销售面积进行检查的通告等等，都是针对其所负责的那一部分的业务或技术事务发出的通告。因此，通告行文中要时常引用本行业的法规、规章，也免不了使用本行业的术语、行话。

二、通告的分类

根据通告的内容和性质，通告可分为两种类型：知照性通告，规定性通告。

1. 知照性通告

这是行文机关或专业部门在一定范围内向单位和人民群众公布具体事项的通告。主要用于告知大家某件事情，如发生的新情况，出现的新事物，以及需要大家知道的新决定等。这类通告大都具有专业性和单一性，往往不具有法规性质，但也有一定的约束力。各专业部门、社会团体和企事业单位等都可发布这类通告。

 例文

北京市公安局通告

二〇一二年 第3号

关于2012年中国足球超级联赛
亚足联冠军联赛及足协杯赛交通管制通告

经市政府批准,由中国足协主办,北京市足协承办的2012赛季北京赛区中国足球超级联赛、亚足联冠军联赛及足协杯赛北京国安队的主场比赛,自2012年3月16日起至2012年11月中旬在北京工人体育场进行。为保证比赛期间赛场周边道路交通安全畅通,相关赛事顺利进行,根据《中华人民共和国道路交通安全法》的有关规定,通告如下:

一、自2012年3月16日起至2012年11月中旬中国足球超级联赛、亚足联冠军联赛及足协杯赛北京赛区北京国安队主场比赛期间,视具体情况对工人体育场北路东四十条桥(不含)至工人体育场东路北口路段,朝阳门外大街朝阳门桥(不含)至东大桥路口路段,工人体育场东路,工人体育场南路,工人体育场西路实施临时交通管制,除公共电、汽车和持有组委会核发证件的机动车辆外,禁止其他机动车辆通行。

二、实施交通管制后,在上述交通管制区域内的道路两侧,禁止停放各种机动车辆。

三、赛事期间,请广大市民根据管制的时间和道路,提前选择绕行路线,以免影响出行。

请社会单位和广大市民给予理解和支持,自觉遵照执行。

特此通告。

二〇一二年三月五日

2. 规定性通告

用来向机关单位和个人公布应该在特定范围严格遵守执行的规定和要求。这类通告中的规定和要求大多是围绕着保证某个问题的解决或某一事项或活动的正常进行而制定的。如:《××市人民政府关于坚持清理非法占道经营的通告》《关于查禁赌博的通告》。

三、通告的写法和注意事项

通告一般由三个部分组成:标题、正文、落款。通告不写受文者,这与它的性质有关。通告是公布性、周知性的文体,要求登报或张贴让众所周知,故不写受文者。

1. 标题

通告的标题,可以有四种情况。即"发文单位+事由+文种""发文单位+文种""事由+文种"文种四种。如下所示。

(1)"×××关于×××的通告"。如:《××市电话号码升八位号前割接试验通告》《北京市人民政府关于继续实施交通管理措施的通告》。

（2）"×××的通告"。如：《监察部的通告》《北京市人民政府通告》。

（3）"关于×××的通告"。如：《关于招标的通告》《关于互联网通用顶级域申请有关问题的通告》。

（4）只写"通告"二字。如遇特别紧急情况，可在通告前加上"紧急"二字。

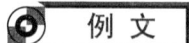例 文

北京市人民政府通告

京政发〔1981〕136号

天安门广场是国家举行政治性集会和迎宾的重要场所，是全国各族人民向往的地方。为了保证天安门广场庄严、肃穆、整洁的良好的社会秩序，根据国家有关法规，特通告如下：

一、天安门广场包括东至历史博物馆门前、西至人民大会堂西侧路、南至正阳门、北于午门的地区。任何单位和个人在天安门广场都要自觉地遵纪守法，讲文明礼貌，讲卫生，爱护公共设施。

二、未经市人民政府批准，在天安门广场不准游行、集会、讲演，不准书写、散发、张贴、悬挂、铺摆任何内容的宣传品。

三、禁止在天安门广场进行任何形式的有损国家声誉、扰乱公共秩序、妨害公共安全、有碍市容观瞻的一切活动。

四、不经工商行政管理部门和公安机关批准，不准在天安门广场设摊经营商业、服务业。

五、任何单位和个人都要自觉遵守本通告的规定，在天安门广场，要服从执勤、管理人员的指挥。违者，执勤、管理人员和人民群众有权加以劝告、制止。不听劝告、制止的，由公安机关根据情节轻重依法严肃处理。

一九八一年十一月一日

2. 正文

通告的正文一般由三个部分构成。

首先是缘由部分，写出发通告事项的目的。主要阐述发布公告的背景、根据、目的、意义等。通告常用的特定承启句式"为……特通告如下"或者"根据……决定……特此通告"引出通告的事项。

然后是事项部分，写发通告事项的内容。通告事项是通告全文的核心部分，包括周知事项和执行要求。撰写这部分内容，首先要做到条理分明，层次清晰。如果内容较多，可采用分条列项的方法；如果内容比较单一，也可采用贯通式方法。其次要做到明确具体，需清楚说明受文对象应执行的事项，以便于理解和执行。

最后是结尾部分，常用"特此通告"作结，用"特此通告"或"本通告自发布之日起实施"表达，但也有的不用。

3. 落款

落款要写上发文单位和发文日期。

四、通告与公告的异同

《国家行政公文处理办法》明确规定，公告适用于向国内外宣布重要事项或者法定事项，通告适用于在一定范围内公布应当遵守或者周知的事项。

从上述定义和实际运用的情况来看，公告和通告有两个共同的特点：一是它们都属于公开性文件，在有效的范围，了解其内容的人愈多愈好。二是在写法上要求篇幅简短，语言通俗易懂、质朴庄重。

当然，这两个文种的区别也是比较明显的。

第一，内容属性不同。公告用于"向国内外宣布重要事项或者法定事项"，兼有消息性和知照性的特点；与公告相比，通告的内容是"在一定范围内应当遵守或周知的事项"，具有鲜明的执行性、知照性。

第二，告启的范围不同。公告面向国内外的广大读者、听众，告启面广；通告的告启面则相对较窄，只是面向"一定范围内的"有关单位和人员。

第三，使用权限不同。公告通常是党和国家高级领导机关宣布某些重大事项时才用，新华社、司法机关以及其他一些政府部门也可以根据授权使用公告。而通告则适用于各级行政机关和企事业单位。

目前，公告和通告这两个文种在实际运用中存在着比较严重的混乱现象。在报纸杂志中，在公共场所的招贴栏上，常常可以看到某某企业开业的《鸣谢公告》，宣传产品质量的《公告》，补交电话费的《公告》，《桥牌大赛通告》，老干部体检的《通告》，等等。无论从哪个角度来看，这些做法都是不规范、不妥当的，"鱼目混珠"的后果，使得这样两种具有法定效力的文件失去了其对公众应有权威性和约束力。这种现象应该引起各级政府和企事业单位的注意。

第四节　通　报

一、通报的含义和特点

1. 通报的含义

通报是党政机关公文体系共有的一种主要公文体裁。《国家行政机关公文处理办法》为通报功能所下的定义是：适用于表彰先进，批评错误，传达重要精神或者情况。《中国共产党机关公文处理条例》为通报功能下的定义是：用于表彰先进、批评错误、传达重要精神、沟通重要情况。

综之，通报是上级把有关的人和事告知下级的公文。它的运用范围很广，各级党政机关和单位都可以使用。它的作用是表扬好人好事，批评错误和歪风邪气，通报应引以为戒的恶性事故，传达重要情况以及需要各单位知道的事项。其目的是交流经验，吸取教训，教育干部和职工群众，推动工作的进一步开展。

2. 通报的特点

在学习和写作通报时，要把握好通报的三个特点。

（1）告知性。通报的内容，常常是把现实生活当中一些正（反）面的典型或某些带倾向性的重要问题告诉人们，让人们知晓、了解。

（2）教育性。通报的目的，不仅仅是让人们知晓内容，它主要的任务是让人们知晓内容之后，从中接受先进思想的教育，或警戒错误，引起注意，接受教训。这就是通报的教育性。这一目的，不是靠指示和命令方式来达到，而靠的是正、反面典型的带动，真切的希望和感人的号召力量，使人真正从思想上确立正确的认识，知道应该这样做，而不应该那样做。

（3）政策性。政策性并不是通报独具的特点，其他公文也同样具有这一特点。可是，作为通报，尤其是对表扬性通报和批评性通报来说，在这方面显得特别强一些。因为通报中的决定（即处理意见），直接涉及具体单位、个人，或事情的处理，同时，此后也会牵涉到其他单位、部门效仿执行的问题。决定正确与否，影响颇大。因此，必须讲究政策依据，体现党的政策。

（4）范围性。通报的发布范围，往往是在一个机关或一个系统内部使用。通报虽然具有公开"通"晓，广而"报"告之意，但发布范围仅仅限于本机关或本系统。

二、通报的种类

通常按内容性质把通报分为三类：表彰性通报、批评性通报和情况通报。

1. 表彰性通报

表彰性通报，就是表彰先进个人或先进单位的通报。这类通报，着重介绍人物或单位的先进事迹，点明实质，提出希望、要求，然后发出学习的号召。

2. 批评性通报

批评性通报，就是批评典型人物或单位的错误行为、不良倾向、丑恶现象和违章事故等的通报。

这类通报，通过摆情况，找根源，阐明处理决定，使人从中吸取教训，以免重蹈覆辙。这类通报应用面广，数量大，惩戒性突出。

3. 情况通报

情况通报，就是上级机关把现实社会生活中出现的重要情况告知所属单位和群众，让其了解全局，与上级协调一致，统一认识，统一步调，克服存在的问题，开创新的局面。这类通报具有沟通和知照的双重作用。

三、通报的结构与写作要求

1. 标题

标题通常有两种构成形式：一种是由发文机关名称、事由和文种组成，如《国务院办公厅关于对少数地方和单位违反国家规定集资问题的通报》；另外一种是由事由和文种构成，如《关于给不顾个人安危勇于救人的王××同志记功表彰的通报》。此外，有少数通报的标题是在文种前冠以机关单位名称，如《中共××市纪律检查委员会通报》；也有的通报标题只有文种名称。

2. 主送机关

除普发性通报外，其他通报应该标明主送机关。有的特指某一范围内，可以不标注主送机关。

3. 正文

（1）表彰通报。用来表彰先进人物或先进集体，介绍先进事迹、推广典型经验的通报，就是表彰通报，这是从高层机关到基层单位都广泛采用的常用公文类型。

用于表彰的通报，从规格上说，当然要低于嘉奖令、表彰决定，但是，以发公文的方式对个人或集体的先进事迹进行表彰，这本身就是一个很郑重、严肃的事情，所以，从写作态度上说，不能掉以轻心。

表彰通报的正文分为四个部分。

①介绍先进事迹。这一部分用来介绍先进人物或集体的行动及其效果，要写清时间、地点、人物、基本事件过程。表达时使用概括叙述的方式，只要将事实讲清楚即可，不能展开绘声绘色的描绘，篇幅也不可过长。如果是基层单位表彰个人先进事迹的通报，事迹还可以更具体一些。介绍先进事迹的篇幅不用太长，须要素完备，事实清楚，体现公文的叙事特点。

②先进事迹的性质和意义。这部分主要采用议论的写法，但并不要求有严谨的推理，而是在概念清晰的前提下，以判断为主。同时，也要注意文字的精练。如：李继红同学拾金不昧的行为，体现了当代大学生良好的精神面貌，为我校赢得了荣誉。这部分评价性的文字，要注意措辞的分寸感和准确性，不能出现过誉或夸饰的现象。

③表彰决定。这部分写什么会议或什么机构决定，给予表彰对象以什么项目的表彰和奖励。如：据此，对外经济贸易部经研究决定：对××公司通报表彰。同时建议有关部门对此项工作中做出突出成绩的协作单位给予表彰。如果表彰的是若干个人，或者有具体的奖励项目，可分别列出。

例文

某表彰通报的决定部分

省人民政府决定：授予金牌获得者占旭刚"浙江省劳动模范"称号，给予通报嘉奖，晋升工资二级，奖励住房（三室一厅）一套；给予银牌获得者吕林、曹棉英和铜牌获得者刘坚军各记大功一次，晋升工资一级；给予占旭刚的教练陈继来记大功一次，晋升工资二级；给予曹棉英的教练周琦年、刘坚军的教练王小明各记功一次、晋升工资一级。

这部分在表达上的难度不大，要注意的主要是清晰、简练，用词精当的问题。

④希望号召。这是表彰通报必须要有的结尾部分，用来提出希望、发出号召。

例文

某表彰通报的号召部分

在本届奥运会上，我省运动员、教练员发扬爱国主义、集体主义精神，奋力拼搏，勇攀高峰，为祖国和我省人民赢得了荣誉。省人民政府号召全省各行各业、各条战线要向体育健儿学习，在各自的岗位上为社会主义现代化建设作出贡献；希望体育战线的同志再接再厉，不断进取，为发展我省体育事业再立新功。

希望号召部分表述的是发文的目的，也是全文的思想落脚点，要写得完整、得体，富有逻辑性。

（2）批评通报。批评通报是针对某一错误事实或某一有代表性的错误倾向而发布的通报，有针砭、纠正、惩戒的作用。它可以是针对某一个人所犯的错误事实而发，如《××省教育委员会关于××县××乡教育组长王××挪用教育经费私建住宅的通报》；也可以针对某一部门、单位的不良现象而发，如《国务院关于一份国务院文件周转情况的通报》；还可以针对普遍存在的某种问题而发，如《中共中央纪律检查委员会通报（立即刹住用公款请客送礼、吃请受礼的歪风）》。

批评通报也分为四个部分。

①错误事实或现象。如果是对个人的错误进行处理的通报，这部分要写明犯错误人的基本情况，包括姓名、所在单位、职务等，然后是对错误事实的叙述，要写得简明扼要、完整清晰。如果是对部门、单位的不良现象进行通报，这部分将要占较大的篇幅，如《国务院关于一份国务院文件周转情况的通报》，将××省政府用七十天时间才将国务院一份文件转发下去，而××市政府又用了一百多天才将这份文件转发到各个区县的情况，进行了比较详细的叙述，占全文篇幅的一多半。如果是针对普遍存在的某一问题进行通报，这部分要从不同地方、不同单位的许多同类事实中，选择出一些有代表性的进行综合叙述，如《中共中央纪律检查委员会通报（立即刹住用公款请客送礼、吃请受礼的歪风）》，综合叙述了××、××两市若干单位请客送礼、吃请受礼的事实，列举了大量的统计数字。

②错误性质或违害性的分析。处理单一错误事实的通报，这部分要对错误的性质、违害进行分析，一般都写得比较简短。对综合性的不良现象或问题进行通报，这部分的分析性文字可能要复杂一些。

例文

某批评通报的分析部分

用公款请客送礼、吃请受礼的歪风，是与党的艰苦奋斗、勤俭建国的优良传统和正在开展的增产节约、增收节支活动背道而驰的。它不仅大量浪费国家资财，影响经济建设，而且严重损害党和政府的声誉，败坏党风和社会风气，发展下去，势必会腐蚀和葬送一批党员干部。对此,党中央、国务院、中央纪委曾三令五申,明令禁止。但为什么这股歪风屡禁不止、反复发作以至会愈演愈烈呢?重要的原因是:一方面,我们有些党组织,特别是党员领导干部,对此认识不足,重视不够,没有看到这个问题的严重性、危害性,思想认识上没有解决问题,所以,或纠而不力,或根本没有认真纠正,因而不能根除;另一方面,是由于在这个问题上执纪不严,违纪未究,或者时紧时松,致使一些人认为这方面的规定不过是表面文章,没有什么约束力,任你三令五申、吃喝我自为之,看你可奈我何?因此,中央纪委认为,现在的问题已经不是再多说什么,而是要坚决执行党中央、国务院、中央纪委已有的规定,并对违犯者严格执纪。

在上文例子中,对请客送礼、吃请受礼的性质和原因,分析得全面、深刻,为下文提出纠正措施打下了基础。

③惩罚决定或治理措施。对个人单一错误事实进行处理,要写明根据什么规定,经什么会议讨论决定,给予什么处分等。对普遍存在的错误现象或问题,在这部分中要提出治理、纠正的方法措施。内容复杂时,这部分可以分条列项。如中央纪委关于请客送礼、吃请受礼的通报,就提出了五条严厉措施来制止这股歪风。这些方法措施,跟指示的写法相似。

④提出希望要求。在结尾部分,发文机关要对受文单位提出希望要求,以便受文单位能够高度重视、认清性质、汲取教训、采取措施。

 例 文

某批评通报的提出希望要求部分

目前全国人民正在努力开创各项事业的新局面,国务院要求,作为上层建筑的各级国家机关,必须适应新的形势,认真改进工作。国务院办公厅要带头提高办事效率……各省、市、自治区政府和国家机关各部门,都要结合机构改革,认真改变作风,改进工作方法,提高办事效率,努力开创机关工作的新局面。

如果是针对一些违纪比较严重的现象进行通报,结尾部分的措辞还可以更严厉一些,譬如提出继续违反要严惩、要登报公布等警告。

(3)情况通报。用来传达重要精神、沟通重要情况的通报是情况通报。为了让下级单位对一些重要事件或全局状况有所了解,上级机关应该适时发布这样的通报。关于党的建设、关于"三个代表"的宣传教育活动、关于工业经济效益、关于工程进展、关于资金筹集情况等,都可以成为这种通报的主要内容。例如,1993年8月23日《人民日报》就摘要发表了国家统计局、国家计委、国家经贸委关于上半年全国工业效益情况的通报。

情况通报正文由三个部分构成。

①缘由与目的。情况通报的开头要首先叙述基本事实,阐明发布通报的根据、目的、原因等。

例文

> 针对我市书刊市场近来销售淫秽色情读物和非法出版物活动又有回潮的情况，市文化局最近会同市工商、公安、邮电等部门对市区部分书刊摊点进行了检查，现将检查情况通报如下：
> ……

作为开头，文字不宜过长，要综合归纳、要言不烦。

②情况与信息。主体部分主要用来叙述有关情况、传达某些信息，通常内容较多，篇幅较长，要注意梳理归类，合理安排结构。例如，《国家统计局、国家计委、国家经贸委关于上半年全国工业经济效益情况的通报》的主体部分，分为两大部分来写。第一部分通报的是上半年工业经济效益总体状况好转的主要表现，共有三条：一、产销衔接好，资金周转加快；二、利税增长快，亏损面缩小；三、工业经济效益综合指数稳步提高。第二部分通报上半年经济效益构成出现的四个新变化，一是工业经营改善成为效益提高的主要因素；二是重工业效益明显高于轻工业；三是各地工业经济效益普遍上升；四是国有工业及大中型企业综合效益水平高于非国有工业。以上各项都列举了大量统计数据。

③希望与要求。在明确情况的基础上，对受文单位提出一些希望和要求。这部分是全文思想的归结之处，写法因文而异，总的原则是抓住要点，切实可行，简练明白。

例文评析

【原文】

×市卫生局关于医生张×滥用麻醉药品造成医疗事故的通报

各区县、各乡镇医疗卫生单位：

2002年7月5日晚7时25分，×县×镇×村农民李×因下腹部疼痛，被送到×镇卫生院治疗。该院夜班医生张×以"腹痛待诊"处理，为病人开了阿托品、安定等解痛镇静药，肌肉注射杜冷丁10毫克。7月6日下午5时许，该病员因腹痛加剧，再次到该卫生院治疗，医生刘××诊断为"急性阑尾炎穿孔，伴腹膜炎"，急转市第二人民医院治疗，于当晚7时施行阑尾切除手术。手术过程中，发现阑尾端部穿孔糜烂，腹腔脓液弥漫。切除了坏死的阑尾，清除了腹脓液约300毫升，安装了腹腔引流管条。经过积极治疗，输血300毫升，病人才脱离危险，但身心受到了严重的损害。

急性阑尾炎是一种常见的外科急腹症，诊断并不困难。×镇卫生院张×工作马虎，处理草率，在没有明确诊断以前，滥用麻醉剂杜冷丁，掩盖了临床症状，延误了病人的治疗时间，造成了较为严重的医疗事故。这种对人民生命财产极不负责任的做法是很错误的。为了教育张×本人，经卫生局研究，决定给张×行政记过处分，扣发全年奖金，并在全市范围内通报批评。

各单位要从这次医疗事故中吸取教训，加强对职工的思想教育，增强职工的责任感，以对人民高度负责的精神，端正服务态度，提高服务质量。同时，要加强对麻醉药品的管理,认真执行××省卫生厅《关于严格控制麻醉药品使用范围的规定》,严禁滥用麻醉药品。今后如发现违反规定者,要首先追究单位领导的责任。

二〇〇二年七月二十五日(公章)

【评析】

上列通报的主旨是:批评了医生张×严重失职的错误行为,并以此为戒,警示全市医疗卫生单位的领导和职工从中汲取教训,增强责任感,以防此类事故的再度发生。为了彰明这一意旨,使通报的信息深入人心,本文在选材、构思与表达方面颇费了一番工夫,具体地说有以下几个特点。

1. 选材的典型性

选材,是写好通报的基础;选用典型材料,是通报写作的基本要求。尤其是表彰性和批评性通报,其事例应让人感到确实值得学习或引以为戒。倘若将一些缺乏典型性、代表性的事例作为通报材料,或"小题大做",或"借题发挥",则非但起不到教育或警示作用,反而会产生负面影响,甚至造成信任危机。

上引例文,将一起医疗事故作为通报的写作材料,则具有十分典型的意义。

首先,从业务性质说:作为医疗卫生部门,最为要紧、最需防范的事件,莫过于医疗事故。以医疗事故作为通报材料,最容易引起人们的警觉。

其次,从造成事故的原因看:一般说来,医疗事故的发生并不鲜见,有些事故是很难避免的,也可以说是在"情理之中"的;另一些事故,则是可以避免却未能避免的,其原因在于主观努力不够或工作马虎,则是很"不合情理"的。而范文所及,恰恰属于后者,这是最需要引以为戒的典型事故。

再次,从事故的经过和结果看:如果医生张×不给患者注射杜冷丁,患者熬不住病痛,很有可能会提前(甚至连夜)赶往其他医院就诊,不至于造成严重后果。而张×却滥用麻醉剂,掩盖了病情,延误了治疗时间,造成了较为严重的后果,这一教训也是十分深刻的。

从以上三方面审视,这是一起相当典型的医疗事故,具有普遍的教育意义与巨大的说服力,以此作为反面教材,必能产生非同寻常的教育与警示作用。

2. "述事"的简明性

所谓"述事",即陈述基本事实,这是通报写作中首先要涉及的一项重要内容。事实的陈述应做到简练而明确(即所谓"简明性")。

"简练",本是所有公文在语言表达上的一个共同要求;而就通报的"述事"来讲,除了要求文字精练以外,在表达方式上则应该使用概述手法,决不宜像通讯报道那样展开详细叙述,更不能使用描写方法。范文所述医疗事故,由镇卫生院的夜诊写到市医院的手术,交代了事件的全部过程,由于使用了概述手法,也不过是第一个自然段寥寥200余字的篇幅,便完整地交代了事故的原委。

但"简练"不等于"简陋",如果一味求"简",过于简单粗陋,就会"简"而不"明",无法让人对所通报的事实形成一个完整的印象,当然更难于让读者产生爱憎之情与明确的是非判断。因此,通报事实的陈述又不宜过简,"简"应以"明"为前提、为尺度。"明",指"明确",即明确记叙的六要素(时间、地点、人物、事件的起因、经过、结果)以及一些相关数据。范文中三次提到"时间"(甚至能具体到几点几分);三次提到"地点"（患者住地以及两个医疗单位）；"人物"，除患者外，又涉及与事故的发生、挽救密切相关的两名医生；肇事的"原因"，在于医生张×的草率处理；事故的"经过"，即从夜诊到手术的全过程；"结果"，造成了较严重的医疗事故，最后在市医院的抢救中转危为安。此外，文中还涉及能显示事故严重程度的三个相关数据：杜冷丁的用量、被清除的腹胀液量以及输血量。这种相当完备的陈述，将整个事故的来龙去脉交代得一清二楚，即使下文不作评论，读者也能从中辨明是非并总结出深刻的教训来；虽然这段概述仅有200余字，却占了整篇通报40%的篇幅，在全文中的比重还是相当大的。在这里，"长"与"短"、"简"与"明"、"概括叙述"与"完备的叙述"等概念，辩证地、和谐完美地统一起来，此乃通报"述事"的至高境界。

3. "评析"的论断性

范文的第二段，共四句话，可分为两个层次：前三句为第一层，是对事件的"分析评价"；末句为第二层，是制文机关的"处理意见"。

所谓"分析评价"，即作者对事件的认识；分析评价的目的，在于引导读者透过事实现象去认识事件的本质，从而准确把握通报的精神。范文的评析部分，包含了对事故"原因"与"影响"的分析（前两句）以及对事件"性质"的评价（第三句），不仅写得入情入理，切中了问题的要害，足以使得事故责任人口服心服，而且又斩钉截铁、简洁有力，便于读者把握要领、深受教育。

能有如此的表达效果，其诀窍在于突出了通报"评析"部分的"论断性"。"论"，即"推论"；"断"，即"判断"。它要求作者：应从通报事实中推断出有关结论，然后以"判断"的逻辑形式表达出来。"论断"不同于"论证"："论证"，即论述、证明，它是普通议论文的"三要素"（论点、论据、论证）之一，即运用论据来证明论点的过程与方法；"论断"则不然，其推演过程无须展示出来，即在表达形式上不作任何的推理与证明，是一种只"断"不"论"的议论方式。通报"评析"部分的论断性，不仅让文字表达简捷精辟、掷地有声，而且能有效地增强文章的庄重色彩。

4. "意见"的合理性

范文第二段的最后一句，是发文机关（即×市卫生局）对这起事故的"处理意见"。文章写道：

为了教育张×本人（按，处理的"目的"），经卫生局研究（按，处理的"法定程序"），决定给张×行政记过处分，扣发全年奖金，并在全市范围内通报批评（按处理"决定"）。这句话首先以两个介宾短语"为了……""经……"作状语，分别从"目的""法定程序"两个角度，申明了处理决定的合理合法性；然后按照"行政处分——经济处罚——通报批评"的顺序，"由重而轻"地依次罗列出处理决定的全部内容。不仅在表达形式上给人以清晰的"层次感"，而且在表达内容上显示出合理适度的"分寸感"。

看来，该文的作者（市卫生局）对政策的把握是颇为准确的：既然医生张×因失职而造成较为严重的医疗事故，那么，理当受到"行政处分"；为了教育本人、挽回影响并警示广大医务工作者，也很有必要在全市"通报批评"；即便是"经济处罚"也不为过分。试想，患者的经济损失与精神损害，应该由谁来负责任呢？可见，这种处理决定既是必要的，又是可行的，它以事实为依据，以政策为准绳，合情合理，恰如其分。

5. "要求"的针对性

范文的末段，是对受文者提出的要求与希望，它是集中体现通报意旨的一个部分，目的在于提醒受文者高度重视，汲取教训，改善服务，避免在今后的工作中出现类似原因造成的医疗事故。

通报的"要求"往往是一些原则性的指导意见，一般只需概括地提出，无须具体详尽地说明，篇幅不宜过长。不过，也不宜过于笼统。从范文所述看，医生张×所肇事故的教训有二：其一，工作马虎就会严重失职；其二，滥用麻醉药品就会对患者造成危害。正是针对这两个问题，范文末段分别提出了不同的要求：该段第一句为第一项要求，即"增强职工的责任感"；后两句为第二项要求，即"加强对麻醉药品的管理"。两项"要求"，与通报的事件在内涵与外延上均保持了高度一致，显示了极强的针对性。

6. "章法"的逻辑性

纵观范文全篇的三段文字，在章法安排上形成了下列逻辑层次：陈述事实（第一段）——分析评价（第二段）——处理意见（第二段）——希望要求（第三段）。这便是批评性通报所惯用的典型"构文程式"。

第一段对事实的陈述，是全文的基础，也是为第二段的分析评价所做的铺垫；第二段明确指出事故的原因、性质与教训，既为"处理意见"提供了理论依据，又为第三段的"希望要求"作了铺垫。而全文的主旨则是通过二、三两段显示出来的，它恰恰被置于做过充分铺垫之后的重心地位，从而表现得异常集中而突出。况且，层层铺垫，层层推进，也让主旨渐趋明朗且步步深化，并扎根在分外牢固的基础之上。

思考练习题

1. 简述通告的结构及写作注意事项。
2. 通知的适用范围有哪些？
3. 自选内容写一份会议通知。
4. 通知与通报的区别有哪些？
5. 通报分为哪几种类型？各种类型通报的写作要点有哪些？
6. 以下情况用什么文种行文？请拟写出公文标题。
   （1）国务院办公厅表彰奖励中国女子足球队在第三届世界杯女子足球赛中荣获亚军。
   （2）某百货大楼因管理不善发生重大火灾，其上级部门对此下发公文。
   （3）某镇政府安排认真抓好人口普查工作。
   （4）某省政府批转省教委关于建立爱国主义教育基地。
   （5）某省政府将人口普查工作情况告知下级机关。
7. 下面是一份通报的事实陈述部分，请指出其写作上存在的问题。

"轰"的一声山摇地动，武竟市半夜沉睡中的居民被一声巨大的响声震醒。人们看到，位于玉石区东南角的上空浓烟滚滚，火焰照亮了天空。这是9月初发生在武竟市建筑材料厂的一次重大火灾事故。火灾发生后,该厂值班人员不知去向,当班领导很长时间才来到现场。虽经消防官兵和上班工人及附近群众的奋力扑救,火势被控制,但已造成严重损失。一位老工人痛心地跺脚说:"早就提醒的事儿还是发生了!"

第五章
报告、请示、批复、函和会议纪要的写法

第一节 报 告

一、报告的含义和特点

1. 报告的含义

报告是下级机关向上级机关或业务主管部门反映情况、汇报工作、报送文件、报告查询事宜时所写的汇报性文件。

在机关中,报告的使用范围很广。按照上级部署或工作计划,每完成一项重要工作,一般都要向上级机关写报告,用以反映工作的基本情况、工作中所取得的经验教训、工作中存在的主要问题,以及今后工作的设想,以取得上级领导部门的指导。报送、报批文件,回答上级查询的问题等,有时也使用报告。

作为党政机关公文的报告,和一些专业部门从事业务工作时所使用的、标题中也带有"报告"二字的行业文书,如"审计报告""评估报告""立案报告""调查报告"等,不是相同的概念。这些文书不属于党政公文的范畴,注意不要混淆。

2. 报告的特点

(1) 行文的单向性。报告是下级机关向上级机关汇报工作、反映情况、提出建议时使用的单方向上行文,不需要上级机关给予批复。在这方面,报告和请示有较大的不同,请示具有双向性特点,必须有批复与之相对应,报告则是单向性行文,不需要任何相对应的文件。因此,类似"以上报告当否,请批示"的说法是不妥当的。

(2) 事后的汇报性。在机关工作中,有"事前请示,事后报告"的说法。这一点也是报告同请示的根本区别。这一特征决定了报告一般事后行文。多数报告,是在开展了一段时间的工作之后,或是在某种情况发生之后向上级作出的汇报,让上级掌握基本情况,以利于心中有数或对工作进行指导。但建议报告没有明显的事后性特点,应该尽量超前一些,如果木

已成舟，再提建议也是没有意义的了。

（3）表达的陈述性。因为报告具有汇报性，是向上级讲述做了什么工作，这项工作是怎样做的，有些什么情况、经验体会、存在问题和今后打算等，所以在行文上一般都用叙述的笔法，即向上级机关或业务主管部门陈述其事，而不是像请示那样祈使、请求。陈述性是报告区别于请示的又一大特点。

（4）内容的真实性。报告是用于向上级机关反映情况、汇报工作的，所以必须以实事求是的态度提供真实情况，不能随便夸大或缩小，更不能弄虚作假。

（5）建议的可行性。报告中提出的建议或意见必须符合党和国家的方针政策，在操作上具有可行性。

二、报告的分类

1. 按性质的不同分类

（1）综合报告。即将全面工作或一个阶段许多方面的工作综合起来写成的报告。它在内容上具有综合性、广泛性，往往有一文数事的特点，协作难度较大，要求较高。如《关于××市九五规划执行情况的报告》。

（2）专题报告。指针对某项工作、某一问题、某一事项或某一活动写成的报告，在内容上具有专一性，往往有一事一报、迅速及时的特点。如《关于元旦春节市场安排情况的报告》。

2. 按行文的直接目的不同分类

（1）呈报报告。这是直接向上级机关汇报工作、反映情况的报告。根据具体内容和性质又可分为综合报告与专题报告两种。

（2）呈转报告。向上级机关汇报工作、提出意见或建议，并请求将该报告批转有关部门或地区执行的报告叫作呈转报告，例如林业部《关于加强野生动物保护管理工作的报告》。

（3）回复报告。用于答复上级询问或汇报所交办事情办理结果的报告，称作回复报告。回复报告往往是对一些重大事项的答复，对一般性事项用函作答即可，例如××市民政局《关于拥军优属情况的报告》。

3. 根据内容划分

（1）工作报告。即汇报工作进展情况，总结经验教训，提出今后工作意见的报告。

（2）情况报告。即反映重要情况、重大事故、重要问题的报告。

（3）建议报告。即对某些问题或重要事项提出意见、建议，要求批转到一定范围内贯彻执行的报告。

（4）答复报告。即回答上级机关交办或查询事项的报告。

（5）报送报告。即下级机关向上级机关报送文件、物品的报告。

三、报告的结构和写作注意事项

1. 报告的结构

在结构上，报告主要包含标题、正文、落款三部分。

（1）标题。报告的标题常见的形式有两种，一种是由发文机关、事由和文种构成；另一种是由事由和文种构成。

（2）主送机关。主送机关就是受文机关，报告的主送机关一般是发文机关的直属上级机关。

（3）正文。正文的结构一般由开头、主体和结语等部分组成。开头主要交代报告的缘由，概括说明报告的目的、意义或根据，然后用"现将××情况报告如下"一语转入下文。主体，是报告的核心部分，用来说明报告事项。它一般包括两方面内容：一是工作情况及问题；二是进一步开展工作的意见。在不同类型的报告中，正文中报告事项的内容可以有所侧重。工作报告在总结情况的基础上，重点提出下一步工作安排意见，大多都采用序号、小标题区分层次。建议报告的重点应放在建议的内容上。答复报告则根据真实、全面的情况，按照上级机关的询问和要求回答问题，陈述理由。递送报告，只需要写清楚报送的材料（文件、物件）的名称、数量即可。结语根据报告种类的不同一般都有不同的程式化用语，应另起段来写。工作报告和情况报告的结束语常用"特此报告"；建议报告常用"以上报告，如无不妥，请批转各地执行"；答复报告多用"专此报告"；递送报告则用"请审阅""请收阅"等。

（4）落款。如果标题中有发文机关名称，这里不再署名。而一般情况下，要求在右下方署上机关单位或主要负责人姓名。之后，于其下写明年、月、日，并加盖单位公章或主要负责人印章。

2. 报告的写作注意事项

（1）实事求是。向上级机关汇报工作、反映情况，一定要实事求是，既报喜又报忧，以便上级机关全面了解真实情况，做出科学决断，正确指导工作。

（2）抓住关键。要深入调查研究，全面掌握材料，抓住事物的关键进行分析归纳，提出鲜明的观点或中肯的意见、建议、措施。

（3）遵守规范。撰写报告时应严格遵守行文规则，按照规范格式行文，不得在报告中夹带请示事项，不得越级或多头报送。

例文评析

【原文】

×省人民政府关于×市第三棉花加工厂特大火灾事故检查处理情况的报告

国务院：

×年4月21日，我省×市第三棉花加工厂发生一起特大火灾事故，烧毁皮棉101 980担，污染1 396担；烧毁籽棉5 535担，污染72 600担；烧毁部分棉短绒、房屋、机器等。造成直接经济损失20 129 000余元，加上付给农民的棉花加价款3 669 000余元，共损失23 799 000余元。

火灾发生后，虽然调集了本省和邻省部分地区的消防人员和车辆参加灭火，保住了主要的生产厂房、设备，抢救出部分棉花，但由于该厂领导组织指挥不力，加上风大、垛密、缺乏消防水源，致使火灾蔓延，给国家造成了巨大损失。事故发生后，省委、省政府立即采取紧急措施，派有关部门负责人赶赴现场，协助调查处理这一事故，做好善后工作。经过上下通力合作，该厂于4月30日正式恢复生产。

从调查核实的情况看，这次火灾是一起重大责任事故，其直接原因是该厂临时工李×违反劳动纪律，擅自扭动籽棉上垛机上的倒顺开关，放出电火花引燃落地棉所致。但这次火灾的发生，领导负有重大责任。一是长期以来，厂领导无人过问安全工作。从去年棉花收购以来，该厂有记录的火情就有十二次，并因仓储安全搞得不好，消防组织不健全，消防设施失灵等，多次受到通报批评。厂长段×严重丧失事业心和责任感，对火险隐患听之任之，对上级部门的批评置若罔闻，直至得知发生火灾消息后，也没有及时赶到现场组织抢救。因此，段×对这次火灾应负主要责任。分管安全生产工作的副厂长张×，工作不负责任，该厂发生的多次火情，从未研究、采取措施，对造成这次火灾负有重大责任。二是×市委、市政府对该厂的领导班子建设抓得不紧。19××年建厂以来，一直没有成立党的组织，班子涣散，管理混乱。这次火灾发生后，分管财贸工作的副市长×××同志，忙于参加商品展销招待会，直至招待会结束才到火灾现场，严重失职，对火灾蔓延、扩大损失负有重要领导责任。三是这次事故虽然发生在基层，但也反映出省政府、××行署的领导，在经济体制改革的新形势下，对安全生产工作中出现的新情况、新问题认识不足，抓得不力。

另外，近几年来，××市棉花生产发展较快，收购量大幅度增加，储存现场、垛距、货位都不符合防火安全规定的要求。再加上资金缺乏，编制不足，消防队伍的建设跟不上，消防设施不配套，也给及时扑救、控制火灾带来了困难。

为了认真吸取这次特大火灾的沉痛教训，我们采取了以下措施。

（一）认真学习国务院关于搞好安全生产的有关规定，提高对新形势下搞好安全工作的认识。省政府于五月上旬发出了《关于加强安全生产工作的紧急通知》，要求各级政府、各部门认真学习有关安全工作的规定，牢固树立"安全第一，预防为主"的思想，迅速制订安全措施，建立健全安全生产、安全管理、安全监察等各项制度。××市第三棉花加工厂发生的火灾事故已通报全省。

（二）在全省开展安全生产大检查，及时消除事故隐患。从五月中旬开始，省政府确定由一名副省长负责，组织了四个检查组，到有关地市，对矿山、交通、棉储、化工、食品卫生等行业进行重点检查。各地市也分别组成检查组，进行安全检查。

（三）对××市第三棉花加工厂发生的这起特大火灾事故，省政府责成省供销社、省劳动局、省公安厅会同××地委、行署核实案情，抓紧做好善后工作。××地委、行署几次向省委、省政府写了检查报告，请示处分，并已整顿了企业领导班子，决心接受这次事故的教训。事故的性质和责任已经查明，对肇事者李××已依法逮捕，负有直接责任的厂长段××、副厂长张××依法处理。对××市政府分管财贸工作的副市长×××同志，给予行政撤职处分。

我们一定要在现有人力、物力、技术条件下，尽最大努力做好安全工作，防止此类事故的发生。

以上报告，如有不当，请指正。

××省人民政府（印）

××××年×月×日

【评析】

情况报告，应该是体现"情、因、策"的报告，其写作目的在于，要向上级机关汇报以下几个问题：出现了什么情况（"情"）？为什么会出现这种情况（"因"）？怎样应对这种情况（"策"）？这便自然地构成了情况报告所特有的行文思路：陈述情况——分析原因——提出对策（措施或建议）。

例文全篇共10个自然段，除末段作"结语"以外，其余9段可分三个部分：1、2两段"陈述情况"；3、4两段"分析原因"；5～9段"提出对策（措施）"。

一、例文具体分析

1. 陈述情况

第1段交代损失情况。文章一开篇便点明了时间、地点和事件，作为全文的总起；接着，以一连串数字说明了损失之惨重，突出了事故的严重性。

第2段交代了抢救情况与善后工作，以省府机关组织实施的"调查处理"点题，并以此作为"分析原因"和"提出对策"的依据。

2. 分析原因

对于事故发生的原因，作者从主观、客观两个角度作出了全面深入的分析。

第3段为"主观"原因分析，这是分析的重点。作者首先以"调查核实"为依据，认定这是一起"重大责任事故"；然后，从"直接责任"和"领导责任"两个方面作出分析："直接责任"在于临时工李××违反劳动纪律所致；而"领导责任"则涉及厂领导、市领导、省领导三个层次，按照责任"由重到轻"、级别"由低到高"的逻辑顺序一路写来，显示了十分明晰的条理。

第4段为"客观"原因分析，它虽然处于次要位置，但在整个原因分析中也是必不可少的一项内容，有了它才能保证分析的全面、客观与公正性。

3. 提出对策

所谓"对策"，是指应对某种情况的策略与方法。在情况报告写作中，"对策"的表现形态有两种：有些是已经、正在或将要实施的，这时的"对策"便以"措施"的形态出现；另有一些属于发文机关职权范围以外的"对策"，这时作者只能以"建议"形式提出，供上级机关作为决策的参考。不过，无论采用哪种形态，都必须有明确的针对性，应针对具体的"情况"以及产生这种情况的"原因"拿出切实可行的对策，这就是所谓"因'情'陈'策'，据'因'陈'策'"的原则。

例文的"对策"部分，是以"措施"的形式表述的，作者针对这一责任事故以及安全生产的某些薄弱环节，说明了已经采取的三项措施：其一，建立健全安全生产规章制度；其二，进行安全生产大检查；其三，善后工作及惩处决定。

文章最后一个小段，以"惯用结语"作结。

全文内容充实，结构严谨，显示了章法的完整性与条理性。

二、例文的表达特点

例文的表达也颇具特色。主要表现在以下几个方面。

1. 三种表达方式有机结合

人们常说报告是一种陈述性公文，行文一般采用叙述的表达方式，围绕所要汇报的工作或情况，告而少论，甚至告而不论。其实，并非尽然。所谓"陈述"，是指"有条有理地叙述说明";对于工作报告、答复报告、报送报告等几个文种来说,以"陈述性"来标志其表达特征,还是可以的,但它却不能涵盖情况报告的表达方式。情况报告是"情、因、策"的报告,其中,"分析原因"是"陈述情况"的必然延伸与深化,同时又是"提出对策"的基础与依据,因此它处于全文的核心与重点位置,而这种"分析"恰恰是运用"议论"方式,倘若"少论"或"不论",将何以写出全面而深刻的情况报告呢?

例文"陈述情况"部分,主要运用了"叙述"方式,其中谈"损失"的一段文字,又兼用了"数字说明"法。

"分析原因"部分,主要运用了"议论"方式,同时又兼用了"叙述"手法;其中对于各种"责任"的分析,往往采用事实在前、论断在后的"据事说理"法,形成"叙—议—叙—议"反复交叠的形式。

"提出对策"部分,则以"说明"为主,其中对有关事实的交代,又兼用了"叙述"手法。

如此,叙述、议论、说明三种表达方式各司其职,又相互穿插、有机配合,从而让报告的内容得到全面、深入、充分、准确的表达。

2. 两种分析角度纵横交叉

本文对事故原因的分析,包含着三个逻辑层次。

在总体上,首先从主观原因、客观原因两个角度,展开第一个逻辑层面上的"横向"分析。在对主观原因的分析中,作者又从直接原因、领导责任(即间接原因)两个角度,展开第二层次的"横向"分析。而在间接原因的分析中,则由"厂"到"市"到"省"步步深入地展开了第三个层次的"纵向"分析。而三个逻辑层次之间,则又形成逐层推进的"纵向"结构。横向分析,保证了分析的全面性;纵向分析,保证了分析的深刻性。纵横配合并相互交叉,便将事故原因分析得非常到位、精辟。

3. 表达详略的恰当处理

本文对表达详略的处理得体适度,分寸感极强。如,报告一开篇便一口气列出7个数据,繁弦急管、密密匝匝,给人以沉重的压抑感,不仅突出了事故的严重程度,而且从表达技法上看,也收到了强烈的表达效果。而接下来所陈述的抢救情况和善后工作,虽然其本身都有个极其复杂而艰难的过程,但作者却以概述方法作简笔略写,仅以三言两语便交代完毕,因为它对表现全文的主旨——接受惨痛教训,重视安全生产——仅仅起到辅助作用。

再如第二部分的原因分析,"主观原因"分析占据了80%的篇幅,"客观原因"则一笔带过;"直接原因"仅用一句话作交代,而对"领导责任"却作了非常详尽的分析。因为,从表现主旨的角度看,主观原因、尤其是各级领导对于安全生产的麻痹与疏忽,乃是最值得鉴戒的教训。

统观全文的详略安排,作者总是依据表现主旨的需要作出恰当处理,时而密不透风,时而疏可走马,不仅突出了重点,而且显示了章法节奏上的灵活变化。

4. 用语简明,言约意丰

本文用语简明,言约意丰也是很值得称道的一个重要特点。例如,分析客观原因的一段文字:

近几年来，××市棉花生产发展较快，收购量大幅度增加，储存现场、垛距、货位都不符合防火安全规定的要求。再加资金缺乏，编制不足，消防队伍的建设跟不上，消防设施不配套，也给及时扑救、控制火灾带来了困难。

这段文字涉及了很多客观因素，但由于较多地使用了短语、短句，而形成了一种分外简洁明快的表达风格，寥寥几十字，就将众多客观因素交代得一清二楚。

"用语简明，言约意丰"，本来就是写作"报告"的一项基本要求。除了报送报告和部分答复报告以外，一般说来报告（包括工作报告、情况报告，以及少数答复报告）的内容较为丰富，篇幅也较长；为了尽可能地压缩篇幅，报告写作中特别强调语言的简洁度。

第二节　请　示

一、请示的含义和特点

1. 请示的含义

请示是下级机关向上级机关请求指示、批准的公文，是上行文。

新《办法》规定：请示"适用于向上级机关请求指示和批准"。请示是种典型的上行文。请示属于呈请性（也叫"报请性"，即呈报上级机关请求帮助解决问题）的上行文，它是下级机关向上级机关反映并请求帮助解决疑难问题的一种重要的公文文种。

2. 请示的特点

（1）行文的期复性。发出请示意味着将得到一份批复，与批复对应。在公文体系中，请示是为数不多的双向对应文体之一，与它相对应的文体是批复。下级有一份请示报上去，上级就会有一份批复发下来。不管上级是不是同意下级的请示事项，都必须给请示单位一个回复。因此可以说，写请示最直接的目的就是得到批复。而且，下级机关都是在遇到比较重要的情况和问题需要解决时，才会及时向上级机关请示，急切地期待回复是请示者的必然心态。我们把这一特点称为"期复性"。

（2）事务的单一性。请示内容，要一事一文，多事多文。如果确有若干事项都需要同时向同一上级机关请示，可以同时写出若干份请示，它们各自都是一份独立的文件，有不同的发文字号和标题。而上级机关则会分别对不同的请示作出不同的批复。

（3）行文的时效性。应在问题发生或处理前行文，不可先斩后奏。

（4）要求的可行性。请示中提出的请予批准的要求，应是切实可行的。

（5）针对性（适用范围）。请示的行文，有很强的针对性。必须针对本机关没有对策、没有把握或没有能力解决的重要事件和问题，才能运用请示。不得动辄就向上级请示，那样看起来像是尊重上级，实际上却是把矛盾交给上级、自己躲避责任的表现。

二、请示的分类

根据请示的内容，可以分为以下两类。

(1) 政策性请示。其应用主要包含以下几种情况：对新问题、新情况，无章可循的情况；与其他机关单位就某个问题有分歧，需要上级裁决；对上级文件中某些政策界限把握不准，无法处理具体问题，或对上级某项决定的内容有看法，请求重新研究，予以答复。

总之，通俗地讲，在不知如何办时，向上级请示。

(2) 工作性请示（或事务性请示）。其应用情况主要包含以下几种。

①发现问题，提出解决的意见，请求批准后再执行。

②因权限关系，对涉及经济、物资、编制等问题自己不能作主，需要请上级审查批准。

③请求批准有关规定、方案、规划等；请求审批某些项目、指标等；请求批转有关办法、措施等。

总之，已有计划安排，但须要经过上级的批准才可施行。

三、请示的结构和写作注意事项

1. 标题

请示的标题一般有两种构成形式：一种是由发文机关名称、事由和文种构成，如《××省人民政府关于增拨防汛抢险救灾用油的请示》。另一种是由事由和文种构成，如《关于建立中国工程院有关问题的请示》。

2. 主送机关

请示的主送机关是指负责受理和答复该文件的机关。每件请示只能写一个主送机关，不能多头请示。国务院办公厅规定，请示"一般只写一个主送机关，如需同时送其他机关，应当用抄送的形式"。中央办公厅也规定："向上级机关行文，应当主送一个上级机关"，"受双重领导的机关向上级机关行文，应当写明主送机关和抄送机关，由主送机关负责答复其请示事项"。请示如果多头行文，很可能得不到任何机关的批复。

3. 正文

其结构一般由开头、主体和结语等部分组成。

(1) 开头。主要交代请示的缘由。它是请示事项能否成立的前提条件，也是上级机关批复的根据。原因讲的客观、具体，理由讲的合理、充分，上级机关才好及时决断，予以有针对性的批复。

例 文

《××市××局关于成立老干部办公室的请示》的开头

随着干部制度的改革和时间的推移，我局离退休干部日益增多，截至目前已达65人。由于没有专门的管理服务机构和工作人员，致使这些老同志的政治学习和生活福利得不到应有的组织和照顾，一些实际困难得不到妥善解决。为了使离退休老同志老有所为、老有所养、老有所依，充分发挥余热，根据上级有关部门的规定和离退休老同志的迫切要求，我们拟成立老干部办公室。现将成立老干部办公室的几个问题，请示如下……

缘由的写作，对于请示的效果有直接的影响。缘由陈述总的要求是，应重情、合理、合法，要换位思考，具体如下所述。

①重情。所谓"情"是指作者渗透在文中的感情色彩，即在重大问题上鲜明的倾向性。"文章不是无情物"，作为应用文体的请示，其缘由的陈述中同样渗透着不可忽视的感情因素。这是被古往今来的写作实践所证明了的。

众所周知的古代公文名篇《陈情表》就是渗情于叙、情理交融的一篇请求性公文。作者李密为奉养祖母而请求辞官，其文辞婉转凄恻，其情溢于言表，既道出了李密自己可怜的身世，又生动地诉说了祖孙二人相依为命的情景，还表达了对晋武帝的知遇感激之情。辞切情真，婉曲动人，致使晋武帝读后为之动容、动情，不仅准许他暂缓赴任，还赐给他两个奴婢，到郡县奉养他的祖母。与其说是文中所讲的孝义之理起了作用，不如说是李密对祖母的一片真情感动了晋武帝。

当然，请示虽有"情"，但它不张扬，不外露，不用感情色彩浓重的词。它不需夸张，不必比喻，不要做作，而是只叙其事，直陈其理，朴实无华，端庄持重。"重情而不溢情"。

②合理。在请示写作中，"理"的陈述有着非常重要的作用。有时请示的内容虽有"情"，但却于"理"不容，上级即使有心帮助，也是爱莫能助。因此所请求的内容、问题要符合党和国家的方针政策和上级有关文件规定也是至关重要的，因为无"理"就不能申明请示的意旨，因为无"理"就得不到有关领导的理解和支持。

值得注意的是，请示中对"理"的陈述，不同于议论文中的说理过程。一般说来只需把有关条款找出，作为请示的依据即可。但要注意，只用事实说话，不要进行推理论证。这是因为请示是写给上级领导的，相关指示精神本就来源于上级，如果在此大谈特论，难免有班门弄斧、给领导上"政治课"之嫌。

③合法。请示的写作还必须合"法"。如果不合"法"，其问题同样得不到解决和批准，尤其是财经类的请求，绝对不能违反财经制度和纪律，只有在法令条文和有关制度和纪律允许的范围内，其请示的事情才有可能被批准。

④换位思考，找准切入点。换位思考，就是要站在领导的高度，从全局的角度申述自己的理由，把自己要解决的问题同全局的利益联系起来，从领导的关注点切入，使自己急于解决的问题成为上级单位急于解决的问题，这样才易使所请求的事项得到领导的首肯。

以上分析表明，写好一篇请示绝非易事，若想提高所请事项被批准的成数，非在请示缘由的写作上下一番工夫不可。

（2）主体。主要说明请求事项。它是向上级机关提出的具体请求，也是陈述缘由的目的所在。这部分内容要单一，只宜请求一件事。另外请示事项要写的具体、明确、条项清楚，以便上级机关给予明确批复。

例文

《××市××局关于成立老干部办公室的请示》一文的主体部分

一、老干部办公室的主要职责是做好离退休干部的管理服务工作。具体任务是：

（一）组织离退休干部学习党的方针政策，使他们了解党和政府的大事，了解新形势，跟上新形势。

> （二）定期召开离退休干部座谈会，交流思想。
> （三）开展身体力行、丰富多彩的文体活动，增进离退休干部的身心健康。
> 二、老干部办公室的编制及干部调配等问题，具体意见如下：
> （一）老干部办公室直属我局领导，拟设处级建制。
> （二）该办公室拟设行政编制五名，其中主任（正处级）一名，副主任（副处级）一名。编制由局内调配解决。办公室经费由局行政经费中调剂解决……

（3）结语。应另起段，习惯用语一般有"当否，请批示"，"妥否，请批复"，"以上请示，请予审批"或"以上请示如无不妥，请批转各地区、各部门研究执行"等。

（4）落款。一般包括署名和成文时间两个项目内容。标题写明发文机关的，这里可不再署名，但需加盖单位公章，成文时间要标明年月日。

四、请示的行文注意事项

1. 根据隶属关系行文

请示是在有隶属关系的上下级之间使用的上行文，不相隶属的机关或部门之间，不可以发请示。

请示是上行公文，行文时不得同时抄送下级，以免造成工作混乱，更不能要求下级机关执行上级机关未批准和批复的事项。

2. 一般不得越级行文

这一点，请示与其他行政公文是一样的。如果因特殊情况或紧急事项必须越级请示时，要同时抄送越过的直接上级机关。除个别领导直接交办的事项外，请示一般不直接送领导个人，这一点要特别注意。

只有在下列情况下才能采用越级行文的方式：

（1）情况紧急特殊，如果逐级上报下达会延误时机造成重大损失；

（2）经多次请示直接上级机关而问题长期未予解决或与直接上级有争议而又急需解决的事项；

（3）上级机关直接交办并指定直接越级上报的具体事项；

（4）出现需要直接询问、答复或联系的不涉及被越过的机关的职权范围的具体事项；

（5）需要检举、控告直接上级机关等。

3. 正确选择主送、抄送机关

除有些指挥性、公布性公文不列主送、抄送机关外，公文均有特定的收文对象。正确选择主送、抄送机关，要注意以下几点。

（1）除普发性公文外，通常一份公文只送一个主送机关，而不应多头主送。

（2）上行文若是双主管单位，也应只选择一个与公文内容、发文目的密切相关的上级机关为主送机关，而把另一个上级机关列为抄（报）送机关。

（3）主送时，除上级机关领导人直接交办的或指定索要的公文以外，一般不把公文主送领导者个人。

（4）选择抄送机关的根据是其是否需要了解该公文的内容，不可随意扩大公文的抄送范围。请示公文一律不得在主送上级机关的同时，向下级机关或同级机关抄送。接受抄送公文的机关不必向其他机关抄送、转送。

（5）联合行文的机关必须级别相同或相近。联合行文应当确有必要，单位不宜过多。经批准在报刊上全文发布的行政法规与规章，应当视为正式公文依照执行，可不再另外行文。

4. 要做到一文一事

一份请示只能写一件事，这是便于上级工作的需要。如果一文多事，可能导致受文机关无法批复。如果确有若干事项都需要同时向同一上级机关请示，可以同时写出若干份请示，它们各自都是一份独立的文件，有不同的发文字号和标题。而上级机关则会分别对不同的请示作出不同的批复。

5. 要避免多头请示

请示只能主送一个上级领导机关或者主管部门。受双重领导的机关向上级机关行文，应当写明主送机关和抄送机关，由主送机关负责答复其请示事项。请示如果多头行文，很可能得不到任何机关的批复。

五、请示与报告的区别

请示与报告，都是上行文，二者的主要区别如下。

1. 具体功用、目的不同

这是两类文种最基本的区别。请示旨在请求上级批准、指示，需要上级审批，重在呈请；报告是向上级汇报工作、反映情况，提出意见或建议，答复上级询问，一般不需上级答复，重在呈报。

二者的目的、功用不同，也决定了二者的写作重点不同。

请示和报告虽然都要陈述、汇报情况，但报告的重点在于汇报工作情况，报告中不能夹带请示事项。而请示中陈述情况只是作为请示原因，即使反映情况所占篇幅再大，其重点仍在请示事项。

2. 内容含量不同

请示用于向上级机关请求批准、指示，凡是下级机关、单位无权处理、无力解决以及按规定应经上级机关批准认定的问题，均可写为请示。由此可将请示分为请求指示的请示、请求批准的请示和请求批转的请示等三类。其中第一类多涉及法规政策上、认识上的问题，第二类多涉及人事、财务、机构等方面的具体事项。

请示一般都比较简短。

报告按其内容可分为向上级汇报工作的工作报告、反映情况的情况报告、提出意见建议的建议报告、答复上级询问的答复报告、报送文件、材料或物品的报送报告。

报告的内容涉及面较为广泛，篇幅一般较长。

3. 行文时机不同

请示的行文时机具有超前性，必须在事前行文，等上级机关作出答复之后才能付诸实施。而报告则可在事后行文，也可在工作进行过程中行文，一般不在事前行文。

4. 受文机关处理方式不同

请示均属承办件，收文机关必须及时处理，明确作答，限期批复；报告多属阅知件，除需批转的建议报告外，收文机关对其他报告都不可作答复。如果把请示误写为报告，就可能因不同处理方式而误时误事。

5. 三是主送机关不同

请示一般只主送一个直接上级机关，不宜多头、多级主送，以免因责任不明、或者互相推诿影响到办文效率和质量。即是受双重领导的机关、单位上报请示，也应根据内容分别写明主送、抄送机关，以根据主次分清承办责任，由主送机关负责答复请示的问题。

报告有时可多级多头主送，如情况紧急需要上级领导机关尽快知道的灾情、疫情等。

6. 标题、结束用语不同

一般来讲请示的标题中不含"报告"二字，报告的标题中不含"请示"二字。

请示的结尾一般用"妥否，请批示"或"特此请示，请予批准"等形式，请示的结束用语必须明确表明需要上级机关回复的迫切要求；报告的结尾多用"特此报告"等形式，一般不写需要上级必须予以答复的词语。

7. 处理结果不同

请示属于"办件"，上级机关应对请示类公文及时予以批复；报告属于"阅件"，上级机关一般以批转形式予以答复，但也没必要件件予以答复。

六、请示与报告不分的几种表现形式

1. 把请示当作报告

这种情况是指把请求指示、批准的请示当作了报告。如《××××关于申请购买×××的报告》，指本机关根据工作需要，提出购买×××的要求，请求上级机关予以批准，批准后方可执行的事情。这类应属于请示，而行文实践中有时恰恰使用了报告这一文种。

2. 把报告当作请示

有些报告是下级呈送给上级并要求批转的报告，这类报告应属于呈转性报告，极易被当作请示。如《××××关于××××的报告》末尾处应写"以上报告，如无不妥，请批转×××执行"。这种报告属于典型的呈转性报告，但是往往被当作了请示。

3. 请示与报告混合型

有些公文既请示工作又报告情况，或者既报告情况又夹带请示事项，这些形式都不符合文种的使用规范。如《××××关于××××的请示报告》，这类文件形式，其内容既汇报了工作，又顺便提出了请示。这种混合的形式，极易使上级机关理不出头绪，处理了一件事情而耽误了另外几件事情。

七、请示与报告混淆的原因及负面影响

1. 请示与报告混淆的原因

原因主要有以下三点。

一是认识和理解上有偏差，没有正确理解请示与报告的真正含义和界限，写作时分不清到底应该是请示还是报告。

二是拟写人员思想不够重视，没有意识到请示与报告必须分开的重要性，认为总是请示

问题报忧不报喜，不如混合起来既请示了问题又汇报了情况。

三是领导重视不够，责任心不强，把关不严。

2. 请示与报告不分的危害

请示与报告不分，往往为上级机关正常的公文处理带来不便，还容易使上级机关错批、漏批文件，甚至有时延误事情的处理，严重影响公文质量。准确地报送请示与报告，可以使上级机关了解、掌握情况，便于及时指导，增强上下级机关之间的交流。

例文评析

【原文】

××县邮政局关于增设中兴街邮政营业所的请示

×县邮字〔2002〕7号

××省邮政管理局：

为合理组织网点，扩大邮政服务，我局拟在中兴街设立邮政营业所一处。

中兴街地处我县西郊，驻街机关、工厂、学校较多，系单位和居民密集地带。但该处距县局约二公里，用户使用邮政很不方便。

为缓解当地用邮困难状况，我局近年来定期组织流动服务组到该处服务，但由于没有固定局房，生产和生活诸多不便。且自2001年省有关部门公布我县为开放旅游区以来，当地邮政业务量激增，流动服务组的方式已远远不能满足需要。

为此，请核准增设中兴街邮政营业所。

附件：1. 中兴街位置图
　　　2. 拟建局房平面图

二〇〇二年三月十日（盖印）

【评析】

这份基层单位的公文（以下简称"例文"），内容严谨有序，语言简明通畅，是一篇充满说服力的请示佳作。

请示的发文机关，根本目的在于说服上级，从而使有关要求获得批准。在实事求是的基础上，请示的拟制者应特别注意表述的条理性，以使公文内容体现出难以拒绝的说服力。例文切实地做到了这一点。

例文以目的（为合理组织网点，扩大邮政服务）和想法（拟在中兴街设立邮政营业所一处）开笔，一个独立成段的长单句十分醒目而直接。这种写法，在请求批准的请示中，是经常用到的。

说例文充满说服力，是因为文中十分严谨有序地谈及了几点理由。

首先，是中兴街的自然情况：单位和居民密集，位置偏远，用邮不便。其次，是采用流动服务组方式的具体困难："没有固定局房，生产和生活诸多不便"。这一条理由，实际上仅是一个过渡，就其本身而言，并不能对所提请求构成一个绝对性的支撑，突出开展邮政服务的主动性应该是其主要用意。再次，是"流动服务组方式已远远不能满足需要"。这第三条理由完全排除了继续进行流动服务的可行性，更使整个请示充满了不容拒绝的说服力。行文至此，再提出"请核准增设中兴街邮政营业所"的要求，可谓水到渠成，顺理成章。而上级在收到请示后，很快作出"同意增设中兴街邮政营业所"的批示，并要求"将局房设计图纸报核"。

应当说，这篇请示的成功运作，固然与实际情况密不可分，其表述的严密条理性也起到了不容忽视的作用。

例文从请求批准内容的安排上，也充分体现了规范、严谨的构思。"请求增设邮政营业所"，实际上就是请求拨付基建款，而文中并没有提到这一内容，应该是出于避免"一文两事"的考虑。如果提出"增设"的要求后，再提出请求拨款，尽管二者是紧密联系的，但仍有"一文两事"之嫌。这样规范、严谨地构思公文内容，确实值得学习、借鉴。

第三节　批　复

一、批复的含义和特点

1. 批复的含义

批复是上级机关答复下级机关请示事项的答复性公文。它是机关应用写作活动中的一种常用公务文书。

其制作和应用一般以下级的"请示"为条件。当下级机关的工作涉及方针、政策等方面的重大问题，报请上级机关审核批准时；当下级机关在工作中遇到新情况、新问题，无章可循，报请上级机关给予明确指示时；当下级机关遇到无法解决的具体困难，报请上级机关给予指导帮助时；当下级机关对现行方针政策、法规等有疑问，报请上级机关予以解答说明时；以及当下级机关因重大问题有意见分歧，报请上级机关裁决时，上级机关都应该用"批复"予以答复。除此之外，有时"批复"还被用来授权政府职能部门发布或修改行政法规和规章。

2. 批复的特点

批复具有权威性、针对性和指示性等特点。

（1）权威性。批复发自上级机关，代表着上级机关的权力和意志，对请示事项的单位有约束力，特别是那些关于重要事项或问题的批复，常常具有明显的法规作用。

（2）针对性。凡是批复，必须是针对下级机关请示事项而发，内容单纯，针对性强。

（3）指示性。批复的目的是指导下级机关的工作，因此批复在表明态度以后，还应当概括地说明方针、政策以及执行中的注意事项。

二、批复的种类和作用

根据内容、性质的不同，批复可分为两类：一类是审批性批复；一类是指示性批复。

（1）审批性批复。它主要是针对下级机关请示的公务事宜，经审核后所作的指示性答复。比如关于机构设置、人事安排、项目设立、资金划拨等事项的审批。

（2）指示性批复。它主要是针对方针、政策性问题进行答复。这一类批复，不只是对请示机关提出请示事项的答复，而且批复的指示性内容，在其管辖范围内，具有普遍的指导和规范作用。另外，授权政府职能部门发布或修改行政法规和规章的批复，也属于指示性批复。

三、批复的结构和写作注意事项

1. 批复的结构

批复在结构上是由标题、正文、签署和成文时间组成。

（1）标题。批复的标题一般有以下几种形式：一是"发文机关＋批复事项＋行文对象＋文种"，这是一个完全式标题。如"×××关于×××事项给×××的批复"。二是"发文机关＋事由＋文种"。如"×××关于×××请示的批复"。三是"事由＋文种"。如"关于×××的批复"。四是"发文机关＋原件标题＋文种"。如×××关于〈原件标题〉的批复。它们的共性是都要加"关于"和"的"。

（2）正文的写法。批复的正文包括：批复引语、批复内容和结束语。

①批复引语。批复引语是为了引叙来文。引叙的目的是为了说明批复根据，标明批复对象，使请示机关明确批复的针对性。引叙，一是引叙标题，二是引叙发文字号。如："你公司《关于×××的请示》（×发〔×××〕号）收悉"。接下来是处理意见。

②批复内容。批复内容是针对请示中提出的具体问题给予的肯定性或否定性的逐一答复。在答复问题时，一般要复述请示的主要内容后再表态，对于完全同意的请示，不必写理由，而对不同意的，应在不予批准字样的否定意见后写足充分的理由。文字要求简洁。

③结束语。它的写法有三种：第一种是提行写"此复"或"特此批复"；第二种是写希望和要求，给执行请求事项的答复指明方向；第三种是"秃尾"，就是请示事项答复完毕就告结束，此种结尾方法使用的频率越来越高。

（3）落款。这部分写在批复正文右下方，署成文日期并加盖公章，成文日期用汉字，标全年月日，要注意年中的数字"零"要写为"○"。

2. 撰写批复的原则和要求

在批复的撰写上要注意以下几个方面的原则和要求。

（1）有理有据。要核实请示缘由的真实性，研究请示所注意所提意见或建议的可行性，有些情况应先作调查研究。凡请示事项涉及其他部门或地区的问题，批复前都要与其协商，取得一致意见。

（2）注意行文的针对性。下级机关请示什么事项，上级机关就批复什么事项。

（3）批复的观点要明确。无论审批性批复还是指示性批复，上级机关的态度要明朗，不能太原则，更不能模棱两可，以免使下级机关无所遵循。

（4）批复要及时。批复是因下级机关的请示而行文，凡下级机关能够向上级机关行文请示的，说明事关重要，时间紧迫，急需得到上级机关的指示和帮助，所以上级机关应当及时批复，否则就会贻误工作，甚至会造成重大损失。

（5）批复的行文要言简意赅。要做到言止意尽，庄重周严，以充分体现批复的权威性。

例文评析

【原文】

批复

人文学院党委：

二〇〇三年×月×日你院的请示中所提出的增补人文学院党委委员的事项我们已经收到。经校党委七名常委在×月×日的常委会上反复讨论决定，并举手表决，最终一致通过。现将决定告之你们，我们原则上同意你们上报的两名同志为你院党委委员。

此决定。

中共××大学委员会
二〇〇三年×月×日

【评析】

该文啰唆，表述不严密，不符合公文的要求，具体评析如下。

1. 标题不规范

批复的标题一般采用"关于＋主要内容＋文书种类"的形式，因此该公文标题过于简单，表意不清。

2. 表述不严密

在批复时，对有关事项的名称一般要单独、完整地表述。如"撤销×××的值班任务，改由×××野战医院担任；×××野战医院的值班任务不变"等语句，都是对批复内容准确而郑重的表述形式。因此，在对批复事项的表述中既要避免有些文种经常使用的指代形式，如"你部的请示中所提出的事项……"，更不可使用文学作品中常用的承前省、蒙后省等表述方法。在该文中，"你院党委委员""两同志"等都必须写明具体名称。

3. 批复的意见要明确

批复意见在"批复"中是核心内容，所以要特别注重其表达方式是否全面、准确地反映了首长、机关的意图。从批复的内容上表达批复意见主要有以下几种类型：①同意请求批准的事项；②不同意请求批准的事项；③同意请求批准的部分事项等。

在表达批复意见时应简要、明确地表明上级领导的意见，如"同意……"或"不同意……"，态度要十分鲜明，对于同意的事项通常应补充一些简短而必要的要求性语句。在不同意下级请示事项的批复中，则需用肯切的语词，简要讲明道理。对下级的请求意见，部分同意或部分不同意的批复，则更需要明确具体地讲清同意事项和不同意事项，并分别讲清原因理由，提出相应要求，同时还应把需要修改、补充、调整、说明的内容讲清。对尚不十分明确的问题，要尽量给予态度鲜明的答复，不能含糊其辞、模棱两可。本文中"原则上同意"，则表现了上级机关的含糊态度。

4. 语言啰唆不简洁

公文写作要求简明，这里有两层含义：一是指公文的文字量要力求少，篇幅要尽可能短。二是语言文字要精练，不累赘，不重复，对那些可有可无的字、词、句，应当删去。要用最少的文字，准确严密地表达最丰富的内容。本文"经校党委七名常委在×月×日的常委会上反复讨论决定，并举手表决，最终一致通过"一句中多有累赘之词。

5. 结束语使用错误

批复的结束语只用"此复"或"特此批复"。有些批复以"此复"作结语，更多的批复不专设结语，仅以"要求""希望"代之。

该文中使用"此决定"不符合批复的格式要求。

修改稿如下：

关于增补人文学院党委委员的批复

人文学院党委：

你院《关于增补×××，×××两同志为党委委员的请示》悉。经校党委常委会研究，同意增补×××，×××两同志为人文学院党委委员。

此复。

中共××大学委员会
二〇〇三年×月×日

第四节　函

一、函的含义和特点

1. 函的含义

2000年国务院发布的《国家行政机关公文处理办法》（以下简称《办法》）规定，"函，适用于不相隶属机关之间商洽工作，询问和答复问题，请求批准和答复审批事项"。

函作为公文中唯一的一种平行文种，其适用的范围相当广泛。在行文方向上，不仅可以在平行机关之间行文，而且可以在不相隶属的机关之间行文，其中包括对上级机关或者对下级机关行文。在适用的内容方面，它除了主要用于不相隶属机关相互洽工作、询问和答复问题外，也可以向有关主管部门请求批准事项，向上级机关询问具体事项，还可以用于上级机关答复下级机关的询问或请求批准事项，以及上级机关催办下级机关有关事宜，如要求下级机关函报报表、材料、统计数字等。此外，函有时还可用于上级机关对某件原发文件作较小的补充或更正，不过这种情况并不多见。

2. 函的特点

（1）沟通性。函对于不相隶属机关之间相互商洽工作、询问和答复问题，起着沟通作用，充分显示平行文种的功能，这是其他公文所不具备的特点。

（2）灵活性。表现在两个方面：一是行文关系灵活。函是平行公文，但是它除了平行行文外，还可以向上行文或向下行文，没有其他文种那样严格的特殊行文关系的限制。二是格式灵活，除了国家高级机关的主要函必须按照公文的格式、行文要求行文外，其他一般函，比较灵活自便，也可以按照公文的格式及行文要求办。可以有文头版，也可以没有文头版，不编发文字号，甚至可以不拟标题。

（3）单一性。函的主体内容应该具备单一性的特点，一份函只宜写一件事项。

二、函的分类和使用范围

1. 函的分类

（1）按性质分，可以分为公函和便函两种。公函用于机关单位正式的公务活动往来；便函则用于日常事务性工作的处理。便函不属于正式公文，没有公文格式要求，甚至可以不要标题，不用发文字号，只需要在尾部署上机关单位名称、成文时间并加盖公章即可。

（2）按发文目的分。函可以分为发函和复函两种。发函即主动提出了公事事项所发出的函。复函则是为回复对方所发出的函。

（3）另外，从内容和用途上，还可以分为商洽事宜函，通知事宜函，催办事宜函，邀请函，请示答复事宜函，转办函，催办函，报送材料函等。

2. 函的使用范围

根据新《办法》的规定，"函"的用途相当广泛，与原《办法》比，明显扩大了许多。

其一，从"函"的适用范围来看。新《办法》指出，"函，适用于不相隶属机关之间商洽工作，询问和答复问题，请求批准和答复审批事项"。与原《办法》比，多了一个"答复审批事项"。这一规定，使过去非隶属关系的机关之间答复审批事项也用"批复"的做法得到纠正，应当说，"答复审批事项"的"函"量是相当大的。

其二，从对"函"使用的特殊要求来看。新《办法》第十五条规定，政府各部门"除以函的形式商洽工作、询问和答复问题、审批事项外，一般不得向下一级政府正式行文。"但原《办法》第十三条中却规定，政府各部门"可以根据本级政府授权和职权规定，向下一级政府行文"。新《办法》中的"不得"和原《办法》中的"可以"，虽一词之差，其内容则完全相反。原《办法》的规定，是政府各部门在"根据本级政府授权和职权规定"的前提下，与下一级政府之间视为隶属关系，可以直接行文。所用文种当然不只局限于"函"了。新《办法》则是把本级政府各部门与下级政府之间视为不相隶属关系，行文只能用"函"。这一规定，又大大扩展了函的使用范围。

三、函的结构

由于函的类别较多，从制作格式到内容表述均有一定灵活机动性，下文主要介绍规范性公函的结构、内容和写法。

公函由首部、正文和尾部三部分组成。其各部分的格式、内容和写法要求如下。

1. 首部

其主要包括标题、发文字号、主送机关三个内容。

（1）标题。公函的标题一般有两种形式。一种是由发文机关名称、事由和文种构成。另一种是由事由和文种构成。

（2）发文字号。公函要有正规的发文字号，写法与一般公文相同，由机关代字、年号、顺序号组成。大机关的函，可以在发文字号中显示"函"字。如"国办函〔2009〕9号"。

（3）主送机关。即受文并办理来函事项的机关单位，于文首顶格写明全称或者规范化简称，其后用冒号。

2. 正文

其结构一般由开头、主体、结尾、结语等部分组成。

（1）开头。主要说明发函的缘由。一般要求概括交代发函的目的、根据、原因等内容，然后用"现将有关问题说明如下："或"现将有关事项函复如下："等过渡语转入下文。复函的缘由部分，一般首先引叙来文的标题、发文字号，然后再交代根据，以说明发文的缘由。

（2）主体。这是函的核心内容部分，主要说明致函事项。函的事项部分内容单一，一函一事，行文要直陈其事，要用简洁得体的语言把需要告诉对方的问题、意见表述清楚。如果属于复函，还要注意答复事项的针对性和明确性。

（3）结尾。一般用礼貌性语言向对方提出希望。或请对方协助解决某一问题，或请对方及时复函，或请对方提出意见或请主管部门批准等。

（4）结语。通常应根据函询、函告、函商或函复的事项，选择运用不同的结束语。如"特此函询（商）""请即复函""特此函告""特此函复"等。有的函也可以不用结束语，如属便函，可以和普通信件一样，使用"此致""敬礼"。

3. 结尾落款

一般包括署名和成文时间两项内容。署名机关单位名称，写明成文时间年、月、日；并加盖公章。

四、撰写函件应注意的问题

函的写作，要注意以下几点。

（1）行文简明，用语有分寸。撰写函件时，要注意行文简洁明确，用语把握分寸。无论是平行机关或者是不相隶属的行文，都要注意语气平和有礼，不要倚势压人或强人所难，也不必逢迎恭维、曲意客套。至于复函，则要注意行文的针对性，答复的明确性。

（2）注意时效性。函也有时效性的问题，特别是复函更应该迅速、及时。像对待其他公文一样，及时处理函件，以保证公务等活动的正常进行。

（3）要严格按照公文的格式写"函"。

（4）"函"的内容必须专一、集中。一般来说，一个函件以讲清一个问题或一件事情为宜。

（5）"函"的内容必须真实、准确。

（6）"函"的写法以陈述为主，只要把商洽的工作，询问和答复的问题，向有关主管部门请求批准的事宜写清楚就行。

（7）发"函"都是有求于对方的，或商洽工作，或询问题，或请求批准。因此，要求"函"的语言要朴实，语气要恳切，态度要谦逊。

（8）"函"的结尾，一般常用"即请函复""特此函达""此复"等惯用语，有时也不用。

五、与"函"易混文种的辨析

公文写作，文种正确选择和使用十分重要。与函最易混淆的文种主要有请示、通知、批复、意见等。

1. 请示和请求批准函的区别

二者都可用于请求批准，但使用时有严格的区别。

（1）类型不同。请示是上行文，函是平行文。

（2）主送机关不同。请示是向有领导、指导关系的上级机关行文；而函是向同一系统平行的和不相隶属的业务主管机关行文。

（3）内容范围不同。请示既可用于请求批准，又可用于请求指示。函主要用于请求批准涉及业务主管部门职权范围内的事项。

（4）受文机关复文方式不同。请示的受文机关以批复表明是否批准或作出指示。函的受文机关只能用函（审批函）表明是否批准或作出答复。

了解了上述区别，要注意不要把请求批准函误用为请示、报告。当然，也要注意不要将审批复函误用为批复。

2. 批复与函（审批函）的区别

这里的函专指用于有关主管部门发出的审批函。批复和审批函都可用于审批有关事项，但使用时有严格的区别。

（1）类型不同。批复是下行文，函是平行文。

（2）主送机关不同。批复是向有领导、指导关系的下级机关、单位行文；而函是向同一系统平行的和不相隶属的机关、单位行文。

（3）内容范围不同。批复既可用于作出批准，又可用于作出指示。函主要用于审批涉及业务主管部门职权范围内的事项。

了解了上述区别，要注意不要将审批复函误用为批复。

病文分析

请看以下几份公文的标题：

例1：××乡人民政府给县财政局的《关于解决修路所需经费的请示》；

例2：××县电业局给县直各单位的《关于近期停电的通知》；

例3：××市教育局给县政府《关于调整县职业教育结构的批复》；

例4：《关于对〈××市房产开发管理暂行办法〉修改意见的函》。

例1、例2和例3属文种错用。这三份文件标题的文种都应该用"函"，不应该用请示、通知和批复。因为例1中乡一级政府和上一级财政局，例2中县电业局和县直各单位，例3中市教育局和县政府，均属于不相隶属的关系，因此这些相关单位之间行文，只能用函。

例4有些特殊，在新《办法》中增加了一个"意见"文种。"意见"可以上行、下行，也可以平行。"意见"作为平行文，一般是在答复不相隶属机关询问和征求意见时使用。比如起草规范性公文时，往往需要有关部门对草拟的公文提出意见，有关部门在提意见时，过去用"函"回复，新《办法》发布后，就多用"意见"了。所以此例不宜用"函"，应该用"意见"。

第五节 会议纪要

一、会议纪要的含义和特点

1. 会议纪要的含义

会议纪要是行政公文和党的机关公文的主要公文文种。《国家行政机关公文处理办法》规定,会议纪要适用于记载、传达会议情况和议定事项。《中国共产党机关公文处理条例》规定,会议纪要用于记载会议主要精神和议定事项。

概括地说,会议纪要是记载和传达会议基本情况或主要精神、议定事项等内容的规定性公文,是在对会议讨论的事项加以归纳、整理的基础上,将其反映出来的一种实录性公文文种。

会议纪要产生于会议后期或者会后,属纪实性公文。会议纪要是根据会议情况、会议记录和各种会议材料,经过综合整理而形成的概括性强、凝练度高的文件,具有情况通报、执行依据等作用。任何类型的会议都可印发纪要,尚待决议的或者有不同意见的,也可以写入纪要。会议纪要是一个具有广泛实用价值的文种。

2. 会议纪要的特点

(1) 内容的纪实性。会议纪要如实地反映会议内容,它不能离开会议实际搞再创作,不能搞人为的拔高、深化或填平补齐。否则,就会失去其内容的客观真实性,违反纪实的要求。

(2) 表达的要点性。会议纪要是依据会议情况综合而成的。撰写会议纪要应围绕会议主旨及主要成果来整理、提炼和概括。重点应放在介绍会议成果,而不是叙述会议的过程,切忌记流水账。

(3) 称谓的特殊性。会议纪要一般采用第三人称写法。由于会议纪要反映的是与会人员的集体意志和意向,常以"会议"作为表述主体,"会议认为""会议指出""会议决定""会议要求""会议号召"等就是称谓特殊性的表现。

二、会议纪要的种类和作用

1. 会议纪要的种类

会议的内容和目的不同,产生的会议纪要性质、作用也有所不同。

有人按会议类型的名目来称呼会议纪要,将会议纪要分为办公会纪要、专题会议纪要、经验交流会纪要、学术会议纪要等等,这种分法重复了会议名称,对写作来说并无太大意义。本文根据会议是否作出决定或决议,是交流为主还是研讨为主,将会议纪要分为决策型纪要、交流型纪要、研讨型纪要三种类型,这三种不同类型的纪要,其写法是很不相同的。

(1) 决策型纪要。以会议形成的决定、决议或者议定事项为主要内容的会议纪要,称为决策型纪要。这种会议纪要的特点是指导性强,会议上确定的工作重点,对工作的步骤、方法和措施的安排,都要求与会单位共同遵守或执行。这种会议纪要的内容有些类似于指示和安排工作的通知，只是发出的指导性意见不是由领导机关作出的，而是由会议讨论议定的。这样的会议纪要，除大家共同遵守的内容外，还常常会有一些工作分工，每个与会单位除完成共同任务之外，还要完成会议确定自己承担的那些工作。如《关于改革北京、太原铁路局管理体制的会议纪要》，就议定了成立北京铁路管理局，下设北京、太原、天津、石家庄四个铁路局，不再设铁路分局；确定山西煤炭运输主要由北京、太原及相关的郑州铁路局承担，有一些具体的分工，并对各方如何协调工作进行了安排。由于最后议定的事项是与会单位的共识，这样的指导性公文落实起来应该是比较顺利的。

（2）交流型会议纪要。以思想沟通或情况交流为主要内容的会议纪要，属于交流性会议纪要。它的主要特点是：以统一思想、达成原则共识或树立学习榜样为目的，而不布置具体工作，有明显的思想引导性，但没有明显的工作指导性。一些理论务虚会、经验交流会形成的会议纪要，大多属于这种类型。这样的会议纪要，往往多处采用"会议认为"的说法来表达会议在原则问题上达成的共识。或者将会议上介绍的先进经验以及与会单位的评价、态度作为主要内容。

（3）研讨型会议纪要。这种会议纪要的鲜明特点是并不以共识和议定事项为主要内容，而是以介绍各种不同的观点和争鸣情况为主。研讨会和学术讨论会的纪要多是这种类型。会议开完了，各家的观点也发表过了，但是并没有形成统一意见，当然更谈不上确定什么议定事项，在这种情况下，仍然有必要发会议纪要，以便让更多的人了解会议的情况，了解不同的观点及其争鸣过程。这对启发和活跃思想，对百花齐放、百家争鸣的学术空气的形成是有促进作用的。

2. 会议纪要的作用

（1）上报上级机关的会议纪要，具有反映情况、汇报工作的作用。

（2）下发下级机关的会议纪要，具有统一认识、指导工作的作用。

（3）抄送平等机关或互不隶属机关的会议纪要，具有交流信息、沟通情况、知照事项的作用。

三、会议纪要的结构和写作要求

1. 会议纪要的结构

（1）会议纪要的标题和成文日期

①会议纪要的标题

会议纪要的标题与一般公文略有不同，因为会议纪要是以会议的名义发出的，而不是以领导机关的名义发出的，所以会议纪要的标题多是以会议名称、文种两个要素构成。如《东北三省四市工商行政管理工作第五次协作会议纪要》《××物理学会X射线专业委员会第三届学术交流会会议纪要》。

会议纪要的标题，也有采用一般公文标题写法的，由主要内容（事由）加文种组成，如《关于解决粮食购销体制改革后遗留问题的会议纪要》。

②会议纪要的成文日期

会议纪要的成文日期一般加括号标写于标题之下正中位置，以会议通过日期或领导人签发日期为准。也有出现在正文之后的。

（2）会议纪要的正文

会议纪要的正文分为前言、主体、结尾三大部分。
①前言
前言的写法与一般公文区别较大，主要用来记述会议的基本情况。包括：召开会议的时间、地点、会议名称、主持人、主要出席人、会议主要议程、讨论的主要问题等。

某会议纪要的前言

1994年7月28日至30日，东北三省四市工商行政管理工作第五次协作会议在沈阳召开。黑龙江省、吉林省、辽宁省工商局和哈尔滨市、长春市、大连市和沈阳市工商局的主要领导及有关处（室）的负责同志共58人参加了会议；应邀到会指导的有：国家工商局副局长杨培青、办公室副主任杨沫以及沈阳市委、市人大、市政府、市政协、市纪委的领导同志。杨培青等领导同志分别在会上讲了话。与会同志紧紧围绕国家工商局提出的"建立有权威的市场执法和监督机构"问题进行了研讨。

对会议基本情况的介绍，要根据需要把握好详略。这部分表达完毕后，可用"会议纪要如下"或"会议确定了如下事项"为过渡，转入主体部分。
②主体
主体是会议纪要的核心部分，会议的主要精神、会议议定的事项、会议上达成的共识、会议对与会单位布置的工作和提出的要求、会议上各种主要观点及争鸣情况等，都在这一部分予以表达。

决策型、交流型、研讨型的会议纪要，各自在主体部分的写作上有较大的不同，前面在分类时已有介绍。由于这部分内容复杂，多数情况下都需要分条分项撰写。不分条的，也多用"会议认为""会议指出""会议提出"等惯用语作为各层意思的开头语，以体现内容的层次感。
③结尾
结尾比较简短，通常用来强调意义、提出希望和号召等。

某会议纪要的结尾

改革铁路体制是一项复杂的工作，步子一定要稳妥。北京、太原铁路局管理体制的改革，作为全国铁路管理体制改革的试点，今年下半年做好准备，明年初开始实行。铁道部和有关省市要密切配合，加强领导，注意研究解决出现的问题，不断总结经验，把这项工作扎扎实实地搞好。

结尾处还可以对会议的情况作一些补充说明。
在不影响全文结构完整的前提下，也可以不写专门的结尾部分。

2. 会议纪要的写作要求

（1）要正确地集中会议的意见。没有取得一致意见的，一般不写入纪要。但对少数人意见中的合理部分，也要注意吸收。

（2）例会和办公会议、常务会议的纪要，重点将会议所研究的问题和决定事项逐条归纳，做到条理清楚，简明扼要。

（3）会议纪要用"会议"作主语，即"会议认为""会议确定""会议指出""会议强调""会议听取了""会议讨论了"等。

（4）会议纪要写成后，可由会议主办单位直接印发，也可由上级领导机关批转。有的会议纪要还可由会议主办单位加按语印发。

3. 会议纪要的写作注意事项

（1）做好会议积累，主要做好会议记录。

（2）把握会议主要精神和核心内容，突出会议纪要的纪实性、概括性特点，既要反映会议精神、领导讲话要义，又必须提炼概括，不能成为会议记录的副本。

（3）会议纪要的写作要有条理，逻辑性强，观点要鲜明，概括要完整，表达要准确精练。

（4）会议纪要实际上是传达与会者的共识，可以用"与会代表认为""会议听取了"等。

（5）通常把出席会议的人员名单放在结尾处，以便减轻开头部分的篇幅压力。

（6）会议纪要一般不加盖印章。

（7）不要把会议纪要写成会议记录或会议决议。

四、会议纪要和会议记录的区别

会议纪要容易和会议记录相混淆，其实，二者有着本质的不同，主要体现在以下三个方面。

首先，从文体性质上看，会议纪要是正式的公文文种，而会议记录只是会议情况的记录，只是原始材料，不是正式公文。

其次，从内容上看，会议记录无选择性、提要性，会议上的情况都要一一记录下来；而会议纪要有选择性、提要性，不一定要包容会议的所有内容。

最后，从形成的过程和时间方面看，会议记录是随着会议的进行过程同步产生的，而会议纪要则要在会议后期、甚至会议结束后通过选择归纳、加工提炼之后才能形成。

会议纪要通过记载会议基本情况、会议主要成果、会议议定事项，综合概括性地反映会议的基本精神，以便与会单位统一认识，在会后贯彻落实。会议纪要基本上是下行文，但与会单位不一定是召集会议机关的下属，有时是协作单位，所以它作为下行文是相对而言的。事实上，会议纪要有时要向上级机关呈报，有时向同级机关发送，有时向下级机关下发。

五、会议纪要与会议决议的区别

会议纪要与决议虽然都是会议的产物，两者之间的区别有三。

（1）会议纪要内容可轻可重，讨论事项可大可小；决议内容一定是单位或部门原则性的重大问题。

（2）会议纪要可以反映会议上不同观点或几种同时存在的不同意见；决议则只能反映多

数人通过的统一观点或意见。一份会议纪要可以同时写出不同方面互不关联的几项决定;而一份决议只能写某一方面、某一问题的决议。

(3) 形成过程不同。会议纪要是将会议内容、形成经过整理、撮其要点,记其重点并条理化,作为与会者共同遵守、执行的依据;而决议则是经过一致通过的程序。会议纪要按照性质和内容,可以分为工作会议纪要、代表会议纪要、座谈会议纪要、联席会议纪要、办公会议纪要、汇报会议纪要、技术鉴定会议纪要、科研学术会议纪要、现场会议纪要、会谈会议纪要等10种类型。

思考练习题

1. 请示与报告的区别和联系是什么?
2. 批复与什么文种对应?
3. 批复正文开头部分写作采用引据式写法,请举例分析。
4. 根据以下材料写一篇公文。具体要求:请以广州市进出口公司的名义向成都市进出口贸易公司发函,题目自拟。

王卫,男,35岁,注册会计师,现供职于成都进出口贸易公司。因工作需要,广州市进出口贸易公司打算将其调入。又因其父母及妻儿均在广州市,为了照顾家庭,王卫欣然同意。

5. 病文分析。请指出下文中存在的问题。

关于举办团干部培训班的请示报告

县委:

目前我县团干部队伍的现状与形势和任务的要求极不适应。据查,全县专职团干部中36岁以上的40名,其中41岁以上的28名,大大超过了有关规定。从文化水平来看,大专文化的仅占6%。而且近年来,团干部更新较快,每年平均30%左右。在新老交替过程中青黄不接的现象也较为突出。

为了改变这种状况,我们曾办过几期团干部培训班,很受欢迎。现在根据我们的师资能力,拟于今年10月至明年4月再办一至二期团干部培训班。具体意见如下:

(一) 培养目标:培养具有一定马列主义、毛泽东思想基础理论水平和党的政策思想水平,较全面地掌握青年工作理论和团的业务知识,热爱团的工作,思想正派的团委书记和专职团干部。

(二) 培训时间:3个月左右。

(三) 内容和安排:①马列主义、毛泽东思想基础理论,约占总课时的65%;②团的工作理论,约占总课时的30%;③其他方面知识,约占总课时的5%。考试及格者,发给毕业证书,承认学历。

(四) 学员条件:拥护党的三中全会以来的路线、方针、政策;作风正派;热爱团的工作,有创新和献身精神;具有一年以上的团的基层工作经验,有初中或相当于初中的文化;年龄不超过25岁;身体强健。

(五) 招收人数和报名办法:本次共招收40名,由各乡、直属单位、各系统的党委

（组）和团委推荐，报县团委批准，填写一式两份的报名表。报名 7 月 20 日截止。

为了适应飞速发展的新形势之需要，加强团干部队伍的政治素质，完成培养有理想、有道德、有文化、守纪律的一代共产主义新人的使命，关键是建设一支符合四化要求的团干部队伍。办这个培训班就是为了这个目的。

以上意见，如无不妥，请转发有关单位。

××县团委
××年×月×日

第六章 条例、规定和议案的写法

第一节 条　例

一、条例的含义和特点

1. 条例的含义

条例是由党政领导机关制定和发布的，系统规范某一方面工作、活动、行为等的法规性公文。

从定义中我们可以看出，条例的发布者是党政领导机关——党的中央机关（据《中国共产党机关公文处理条例》）、省会城市或国务院批准的较大的市的市级人民代表大会常务委员会（据《中华人民共和国地方各级人民代表大会和地方各级政府组织法》）；其功能是系统规范某一方面的工作；在类别上来说，它属于法规性公文。

条例用于规定某个机关的组织和职权的，叫组织条例；用于制定预计长期实行的调整国家生活某个方面规则的，叫单行条例。

条例的制发现已有明文规定，国务院办公厅颁发的《行政法规制定程序暂行条件》指出："国务院各部门和地方人民政府制定的规章不得称'条例'。"这说明条例的制发权只属于国家最高行政机关，它是对国家某一政策、政律、法令的补充与辅助规定。但这种制发权的规定似乎只用在行政方面，地方某些机关的组织规则，还是可以使用组织条例的，如《×城市街道办事处组织条例》等。

2. 条例的特点

（1）行文。党的机关系统，条例是正式公文，可以单独行文。在行政系统（各级政府、所有职能部门、各种机构和团体）不能单独行文，必须以"令""决定""通知"的形式发布，和它们同时行文。

（2）条款式的写法。条例的主要内容部分，采取逐章逐条的写法。条款的层次从大到小依次可分七级：篇、章、节、目、条、款、项。一般以章、条、款三层组成最为常见。这种条款式写法要求"章断条连""条连款不连"，即"章"的序号全篇通连；每章结束另起一章时，"条"的序号也依次通连下去。如第一章有三条，第二章的第一条应写"第四条"，其余类推；"条"下的"款"，在各条独立编次，如第一条有四款，写"（一）、（二）、（三）、（四）"，第二条款次复又从"（一）、（二）"开始，其余类推。"款"下的"目"，一般以分行形式标示，独立编次，并不通连。章、条、款的序数一律用汉字，不用阿拉伯数字。

（3）三分式结构。条例正文一般分为"总则""分则""附则"三部分。有些不标明"章"只标明"条"的，开头一条或一、二条就是总则，最后一条或一、二条就是附则，中间的几条就是分则。

（4）说明性的表述。条例一般采用说明的表达方式。其他公文有说明，也有叙述、议论，而条例几乎纯粹是以说明的方式来进行表达。它并不叙述有关情况，工作过程以及背景，也用不着一条一条去申述理由，议论条例有关规定的意见和作用。

二、条例的种类和作用

条例在种类上可分为党的中央机关制定的条例；国家行政机关制定的；地方权力机关制定的。

《中国共产党机关公文处理条例》规定：条例"用于党的中央组织制定规范党组织的工作、活动和党员行为的规章制度"。

《行政法规制定程序条例》规定："国务院各部门和地方人民政府制定的规章不得称'条例'。"

三、条例的结构和写作注意事项

1. 条例的结构

条例由标题、签署、正文构成。

（1）标题。标题有基本型和简化型两种。基本型标题由法定作者、事由、文种三者构成，如"《中华人民共和国地图编制出版管理条例》"；简化型标题由事由、文种组成，如"《退耕还林条例》"。

（2）签署。一般在标题下方，写明发布机关、会议日期和名称以及公布日期。还有一种，以令的方式发布。即在令中写明，如"《中华人民共和国出境入境边防检查条例》"，在前面的《中华人民共和国国务院令》中已写该条例"已经×××年×月×日国务院第×次常务会议通过，现予公布"。

（3）正文。分开头、主体、结尾或总则、分则、附则。开头说明制文意图，一般用"为了……特制定本条例"字样。再写一些综合性或独立于分则内容的条款。如果条例章断条连式写法，开头部分就是"总则"；如是条贯到底式，一般第一条就是开头。主体部分是条例的核心内容，是对有关工作或活动作出原则性规定。这部分要注意有"条"有"例"。"条"就是正面的说明和规定，即应该怎么办或不应该怎么办，都要提出规范要求。"例"不是指实例、例证，而是从反面加以强调说明的"例设"，即如果违反了正面的第几条规定，或"做不到"该怎么处理或处分，是惩戒性规定。条例的强制性，主要通过"例设"体现出来。撰写时"条"和"例"要分开，以主次而论，"条"主"例"辅；以次序而论，"条"前

"例"后；以关系而论，两者正好相辅相成。结尾又称附则，是对主体内容的延伸、补充和强调。它往往是对实施要求、施行"生效"日期、解释权和修订权、与原有文件的关系、有关事项的说明以及未尽事宜等作必要的说明。

2. 条例的写作注意事项

条例的写作，要注意以下几点。

(1) 条文的表述，要明确，不能含糊其辞、模棱两可；要具体，有针对性，不能太抽象；要写明实质性的规定不能空泛议论；要有严密的逻辑性，以保证理解和执行的单一性。

(2) 要特别注意写好以下条款：①立法依据，解释权和修订条款；②重要概念条款；③弹性条款；④统一性条款。

(3) 结构要完整、清晰。

(4) 语言要精当、庄重。

四、使用条例文种的注意事项

条例属于党和国家的法规性文件，是一个高级机关方可使用的文种。它用于调整党和国家生活某一方面的准则，规定有关政治、军事、经济、文化、教育、科技等一些重要事项，明确某一机关、组织的职责、任务和权限，具有很强的权威性。

《中国共产党机关公文处理条例》中，对条例的使用者已经做了十分严格的限定，应是"党的中央组织"，因此，除非特殊授权，显然不可使用。

条例又是国家行政机关的一个主要文种，它的制发者是国务院。条例也是地方性法规的一个主要文种，它作为公文，其制发主体基本上是省、自治区、直辖市的人大及其常委会，或省会城市、较大城市、计划单列市的人大及其常委会（发布前，须经省、自治区人大及其常委会批准方可发布施行）。

国务院于 1987 年 4 月 21 日在《行政法规规定程序暂行条例》中明确规定："国务院各部门和地方人民政府制定的规章不称'条例'"。

综观上述，不是任何一级党政机关都可以制发条例的，要正确理解、准确使用条例。

 例 文

中华人民共和国国务院令

第 617 号

《校车安全管理条例》已经 2012 年 3 月 28 日国务院第 197 次常务会议通过，现予公布，自公布之日起施行。

总理　温家宝
二〇一二年四月五日

校车安全管理条例

第一章　总　　则

第一条　为了加强校车安全管理，保障乘坐校车学生的人身安全，制定本条例。

第二条　本条例所称校车，是指依照本条例取得使用许可，用于接送接受义务教育的学生上下学的7座以上的载客汽车。

接送小学生的校车应当是按照专用校车国家标准设计和制造的小学生专用校车。

（下文略）

第二章　学校和校车服务提供者

第九条　学校可以配备校车。依法设立的道路旅客运输经营企业、城市公共交通企业，以及根据县级以上地方人民政府规定设立的校车运营单位，可以提供校车服务。

（下文略）

第七章　法律责任

第四十三条　生产、销售不符合校车安全国家标准的校车的，依照道路交通安全、产品质量管理的法律、行政法规的规定处罚。

（下文略）

第五十九条　发生校车安全事故，造成人身伤亡或者财产损失的，依法承担赔偿责任。

第八章　附　则

第六十条　县级以上地方人民政府应当合理规划幼儿园布局，方便幼儿就近入园。

（下文略）

第六十一条　省、自治区、直辖市人民政府应当结合本地区实际情况，制定本条例的实施办法。

第六十二条　本条例自公布之日起施行。

本条例施行前已经配备校车的学校和校车服务提供者及其聘用的校车驾驶人应当自本条例施行之日起90日内，依照本条例的规定申请取得校车使用许可、校车驾驶资格。

本条例施行后，用于接送小学生、幼儿的专用校车不能满足需求的，在省、自治区、直辖市人民政府规定的过渡期限内可以使用取得校车标牌的其他载客汽车。

第二节　规　定

一、规定的含义和特点

1. 规定的含义

规定是各级党政机关、社会团体、企事业单位规范某方面工作的规章性公文。规定的制定机关是各级党政机关、社会团体、企事业单位，其功能是规范工作。

2. 规定的特点

（1）从针对的问题和涉及的对象看，它们都是针对带有一般性和普遍性的问题，涉及的是大多数的人和事，并非少数或特定的人和事。

（2）从约束力和法定效力看，它们都具有极强的强制约束力，它们的效力是由法定作者的法定权限与规范的公文内容决定的，包括效力所及的时间、空间、人员、机关等。

（3）从产生程序看，它们产生的程序极为严格和规范，需要履行严格的审批手续和正式公布的程序。

（4）从公文语言的使用看，它们要求运用语言要讲究高度的准确、概括、简洁、通俗、规范。

（5）从效用原则看，一般实行"不溯既往"和"后法推翻前法"的原则，即公文效力所及只对文件正式成立后发生的有关人和事；与其规定不一致的"旧文件"即行废止，以新文件为准。

二、规定的分类

一般情况下，规定可分为以下几类。

（1）党内规定：党的中央机关制定，在较大范围内起规范作用。

（2）法规性规定：有条件制定法规的机构（省、直辖市人大及其常务委员会和自治区人大）制定，在较大范围内起规范作用。

（3）一般性规定：机关团体对某些工作作出的具体规定，不属法规性质，但在一定范围内有规范作用。

三、规定的内容和结构

规定一般由标题、签署、正文构成。

（1）标题。有两种写法：一种是发文机关、事由、文种齐全的标题，如《国务院关于职工工作时间的规定》；另一种是由事由、文种组成，如《关于实行党风廉政建设责任制的规定》。这两种标题都以使用"关于……"，这种介词结构为常见，也可以在事由前不写"关于"，如劳动部发的《重大事故隐患管理规定》。

（2）签署。规定的签署类似于条例的签署。

（3）正文。一般有两种形式：一是缘由加条款式，先写制文缘由，然后逐条作出规定；二是条款到底式，开始就是第一条，写到最后一条。正文在开头说明情况、缘由后，一般用"特作如下规定"之类的话领起下文。正文主体写规定的事项、要求或措施，采用分条列项式的写法。一般地说，原则性的规定先写，具体的要求后写；重要的先写，次要的后写。正文语言要求明确、肯定，语气决断，多用"应该""必须""可""不得"之类的词语。正文结尾常以一二条项来说明施行时间或解释权等，如"本规定自发布之日起施行"，"本规定由×××负责解释""各部门、各单位可根据本规定，制定具体实施办法"等。

四、条例与规定的区别

二者主要区别如下。

（1）二者在规范事项和范围上不同。条例规范的范围大（规范的工作具有全局性），在内容上条例多为"原则性"规定，制定和发布的机构级别高，制定的时候要求更加规范系统，相对复杂些；而规定的内容更接近实际事务性工作，规定规范的范围小，只对特定范围内的工作和事务作行为规范，比条例更具体一些，针对性更强更明确，制定和发布的机构级别可高可低。

（2）在党的机关系统，条例是正式公文，可以单独行文；在行政系统（各级政府、所有职能部门、各种机构和团体），不能单独行文，必须以"令""决定""通知"的形式发布，和它们同时行文。规定在党政公文系统以外，可以由领导机构单独发布。

（3）在制文机关上，条例由党和国家领导机关和权力机关制发，规定则可以由任何机关、社会团体、企事业单位在自己职权范围内制发。

 例 文

中华人民共和国农业部令

2012 年第 2 号

《农业植物品种命名规定》已经 2012 年农业部第 4 次常务会议审议通过，现予公布，自 2012 年 4 月 15 日起施行。

部长　韩长赋

二〇一二年三月十四日

农业植物品种命名规定

第一条　为规范农业植物品种命名，加强品种名称管理，保护育种者和种子生产者、经营者、使用者的合法权益，根据《中华人民共和国种子法》《中华人民共和国植物新品种保护条例》和《农业转基因生物安全管理条例》，制定本规定。

第二条　申请农作物品种审定、农业植物新品种权和农业转基因生物安全评价的农业植物品种及其直接应用的亲本的命名，应当遵守本规定。

其他农业植物品种的命名，参照本规定执行。

（文略）

第十九条　本规定施行前已取得品种名称的农业植物品种，可以继续使用其名称。对有多个名称的在用品种，由农业部组织品种名称清理并重新公告。

本规定施行前已受理但尚未批准的农作物品种审定、农业植物新品种权和农业转基因生物安全评价申请，其品种名称不符合本规定要求的，申请人应当在指定期限内重新命名。

第二十条　本规定自 2012 年 4 月 15 日起施行。

附件：

相近的农业植物属

（附表略）

第三节 议 案

一、议案的含义和特点

1. 议案的含义

1993年11月国务院办公厅发布的《国家行政机关公文处理办法》中，首次将议案列为国家行政机关法定公文文种。

议案是由具备议案提出权的机关或个人向全国人民代表大会、地方人民代表大会以及它们的常务委员会提请审议事项的建议性公文。

议案适用于各级人民政府按照法律程序向同级人民代表大会或人民代表大会常务委员会提请审议事项。

2. 议案的特点

（1）行文关系及办理程序的法定性。议案的提出者和受理者，法律和法规已经作了明确规定，任何其他机构或个人都无权提出或受理议案。议案提出后，经会议审议讨论，或通过、或修正、或否决。只有获得通过的议案，才能付诸实施；没有获得通过的议案，没有任何法定效力。

（2）制作主体的法定性、集体性。按国务院办公厅的规定，只有各级政府才能向同级人民代表大会提出议案，这是其制定作者的法定性。在提请人民代表大会审议时，只能以一级人民政府的名义行文，或30名以上代表联名行文，这是其集体性。

（3）行文内容的单一性和可行性。议案的内容必须单一，即一个议案提请审议一个事项，不能在一个议案中提出两个或两个以上的事项，否则就会给会议审议带来困难。提交会议审议的事项，必须是成熟的、可以实施的。不具备可行性的事项，不能作为议案提出。

（4）内容的特定性和法规性。所谓法定性，即宪法和人民代表大会组织法规定，议案的内容，必须是属于人民代表大会及其常委会职权范围之内的事项。超出人大职权范围的议案，不会被大会接受。

所谓法规性，一是指议案内容大多涉及法律法规以及政策性方面的重要问题，不是随便什么问题都可以形成议案。二是指要按照各级人民政府向"同级"人民代表大会及其常委会"职权范围"内这个特定的"法律程序"来提出议案。

（5）提请性、时效性。所谓提请性，就是提出请求审议性。一是因为议案的内容只有被人代会或人大常委会审议通过，才能生效或具体实施；二是议案具有建议性质，为使议案通过，不仅要写清提请的必要性和可行性，而且每份议案都应写上"现提请审议"的字样。

所谓时效性，必须在同级人民代表大会人大常务委员会举行期间及时提出。

二、议案的种类和作用

1. 议案的种类

按议案提出主体的不同，可以分为以下两类。

（1）由职能机构提出的议案。职能机构主要指国家权力机构的办事或执行机构如全国人大主席团全国人大常委会，全国人大各专门委员会，国务院、重要军事委员会、最高人民法院、最高人民检察院等。他们在人民代表大会期间提出的议案，经权力机关批准后，就成为马上可以实施的方案。

（2）由人民代表提出的议案。在实践中，要区别议案和提交审议的议案，二者是不同的。人民代表在会议期间，可集体或联名向大会提出议案。经会议专门机构研究后，有些可以作为正式议案，交大会审议，有些则作为建议、批评和意见，交有关部门处理。

另外，按照议案的主要内容不同，又可分为立法议案、预算议案、机构设置议案、批准条约议案、人事任免议案、重大事项议案等。

2. 议案的作用

（1）有利于加强执政党、政府与人民群众的密切联系，有利于人民群众提出合理化建议，也是人民群众行使民主权利和体现人民当家做主的一种方式。

（2）议案被通过后具有权威作用。各级人民政府提请审议的议案，一旦经同级人民代表大会或常委会过半数通过，便产生特定的权威性和法定的效力，同级人民政府和下级人民政府及辖区的公众必须遵守执行，否则便是工作失职或违法。

三、议案的结构和写作注意事项

1. 议案的结构

（1）标题。议案的标题也称案由，一般由"发文机关（提出议案机关名称）＋事由（议案事项）＋文种（议案）"构成。例如《国务院关于提请审议建立"教师节"的议案》。也有省略发文机关，如《关于提请审议修改后的国务院机构改革方案》。立法议案由于该法尚未得到权力机关的审议通过，因此必须在该法的名称后面用圆括号括上"草案"二字。

（2）主送机关。议案的主送机关，只能是同级人民代表大会及其常务委员会。只能写一个，应顶格写全称，加冒号。

（3）正文。正文主要包括案据和方案两部分。案据是指提出议案的依据，包括提出审议事项的目的、原因、意义等。方案提出需审议的事项，包括措施、办法及其产生经过等。

（4）结语。一般提出审议要求，如"请予审议""现提请审议""请审议决定""请审议批准"等。

（5）附件。根据正文需要附上需要具体审议的文件本身。

（6）落款。它制发此议案的一级人民政府的名称，或政府首长的职务、姓名。并签明日期，加盖公章。提议案人可以是机关，可以是机关首脑。签署日期是议案提出的日期。议案的运作程序和一般公文有所不同，所有议案没有发文号。

2. 议案的写作注意事项

（1）议案的提出必须以党和国家的路线、方针、政策与法律、法规为依据，并在同级人民代表大会及其常委会职权范围内。

（2）必须一事一议案，内容单一，主题集中，以便审议和处理。

（3）提出的问题要重要且已具备解决条件。人大会议审议的应当是全局性、影响大的事项；议而不能决的不提。

（4）注意提出的权限和时限。议案内容要在各级大会的审议权限范围内；在大会规定的截止日期前。

（5）要注意行文格式和办理程序。

例　文

全国人大常委会关于积极应对气候变化的决议草案的议案

全国人民代表大会常务委员会：

气候变化事关我国可持续发展，事关我国广大人民群众切身利益，事关我国发展的国际环境。积极应对气候变化，既是顺应当今世界发展趋势的客观要求，也是我国实现可持续发展的内在需要和历史机遇。按照第二十六次委员长会议决定精神，全国人民代表大会环境与资源保护委员会在办理全国人大代表有关议案的基础上，经进一步研究论证，认真听取和吸收有关方面意见，提出了《全国人民代表大会常务委员会关于积极应对气候变化的决议（草案）》。

草案已经十一届全国人民代表大会环境与资源保护委员会第十四次全体会议通过，现提请全国人民代表大会常务委员会审议。

全国人民代表大会环境与资源保护委员会
2009 年 8 月 10 日

思考练习题

1. 什么是条例？其作用是什么？
2. 什么是规定？其特点是什么？
3. 什么是议案？请简述其作用。

第七章 常用事务文书

第一节 计 划

一、计划的含义和特点

1. 计划的含义

计划是党政机关，企事业单位或个人在一定时期内，为了完成某项任务，事先制定的明确的、具体的行动安排，包括对数量和质量的要求，对时间的限定，对完成任务所采取的措施等。

2. 计划的特点

（1）预测性。计划是未来一定时期内需要完成的工作、生产或学习的安排，对未来的工作、生产或学习有较强的指导和推动作用。因此，计划应预先估计可能出现的情况，并预先制定措施，做好安排，才能取得工作的主动权。

（2）可行性。计划在很大程度上是人们工作、生产或学习的行动指南。制定的目标、措施应具可行性，否则计划就成了一纸空文。

（3）明确性。计划的目标、措施、指标必须明确、具体，才能保证工作、生产或学习的有序性、主动性。

二、计划的种类和作用

1. 计划的种类

计划从不同角度可以划分为以下几种类别：

（1）从内容方面看，有工作计划，学习计划，生产计划，科研计划等。

（2）从范围方面看，有国家计划，单位计划，小组计划，个人计划等。

(3) 从时间方面看，有长期规划，中期计划，短期计划等。

(4) 从内容综合或单一方面看，有综合性计划，专题计划等。

(5) 从表现形式方面看，有条文式计划，表格式计划，文件式计划等。

2. 计划的作用

(1) 计划是做好工作的基础，完成任务的保证。在进行一项工作之前要作出具体详细的安排，使全体参与人员明确自己该做些什么。在工作进程中，各司其职，各尽其责，使人力、物力、财力得到最大限度的利用，保证任务的完成。

(2) 计划具有指导作用。计划中的目标、任务、要求和措施是对全体参与人员集中意志、统一行动的根本要求，在总的目标下，分解任务；在总的措施下，明确任务。一个科学的计划是全体参与人员在工作、生产或学习中配合和协调的指南。

(3) 计划具有调节控制作用。计划不但要考虑计划范畴以内方方面面的问题，而且还须考虑计划范畴以外相关联的问题。这就要求计划的制订者及执行者必须根据复杂的实际情况，对计划的实施过程进行必要的调控，使计划具有较强的适应性。

三、计划的内容、结构和写作要求

1. 计划的内容

一份计划应该具备目标、措施、步骤"三要素"。其中计划的目标应具体列明"做什么""做到什么程度""完成时限"三个方面。

(1) 指导思想。指的是制订计划的原则和依据。一般包括两个方面：一是党和国家的方针政策、上级主管部门有关指导；二是本单位的实际情况。

(2) 情况分析。指对前一段工作情况的分析总结以及当前本单位制订计划的有利条件和具备因素的分析。这也是制订计划的基础和依据。

(3) 目标和任务。即"做什么"及"做到什么程度"。这是计划的核心部分。这部分要明确规定计划期限内，达到什么目标，完成什么任务。

(4) 措施、步骤和要求。措施，指用来达到目标、完成任务的方式方法。步骤，指达到目标、完成任务的程序，即先做什么，后做什么，主要抓什么，其次抓什么等。要求，是对当事部门或责任人职责的明确。措施、步骤和要求是计划的重要部分。

2. 计划的结构

(1) 标题。计划的标题一般包括制订计划的单位名称、计划期限和计划种类。如《××省财政厅2005年工作计划》。

(2) 正文。①前言。主要包括计划内容的第一、二部分，即指导思想和目的、情况分析。这两部分共同说明为什么要制订计划。②主体。包括计划内容的第三部分，第四部分，即目标和任务、措施、步骤和要求，也就是做什么，做到什么程度和怎么做。③结尾。用来提出希望或号召方式收束全文。也有的计划不另安排结尾，措施、步骤和要求述说完毕，全文也就结束了。

(3) 落款。指制订计划的单位名称及成文日期。写在正文结束后的右下方，并加盖公章。

3. 计划的写作要求

撰写计划时要注意以下五个方面（"五结合"）：

一是正确的指导方针与实际情况相结合，要实事求是，留有余地；

二是开拓精神与务实作风相结合；

三是领导意图与群众意见相结合；

四是明确性与灵活性相结合；要注意督促检查，及时调整和修改计划。

五是文字上的准确性与可读性相结合，语言和内容要简洁、精练、概括。

4. 计划的写作注意事项

（1）忌不明确、不具体。

（2）忌不实事求是。

（3）忌面面俱到，未突出中心和重点。

第二节　总　结

一、总结的含义

总结，是对已经做过、完成的工作和任务作系统的回顾，通过分析综合等方法，从中找出经验教训，引出规律性的认识，用以指导今后的实践，由此而成的书面材料。

二、总结的种类和作用

1. 总结的种类

（1）按内容的综合与单一分，可分为综合性总结、专题性总结。

（2）按对象不同分，可分为工作总结、学习总结、思想总结等。

（3）按时间分，可分为月份总结、季度总结、年度总结等。

（4）按范围分，可分为国家、地区、系统、部分、部门等的总结。

以上划分，常常是交叉的。在实际运用中，一般把总结分为两大类：综合性总结和专题性总结。

2. 总结的作用

（1）总结工作中的经验、教训，指导今后的工作。

（2）总结还是制订计划的基础，是制定政策的依据之一。

（3）总结是考核、奖惩的依据，也是提高工作能力的有效手段。

三、总结的内容、结构和写作要求

1. 总结的内容

在内容上，总结一般包括基本情况、成绩缺点、经验教训、不足和努力方向四个方面的内容。

（1）基本情况。这部分的作用是给读者一个总体印象，了解基本事实和情况。

（2）成绩和不足。成绩和不足，要实事求是，不夸大也不缩小。这是总结的重点之一。

（3）经验和教训。这是总结的重点。对取得的成绩和存在的缺点进行分析、研究，把它上升为理论，概括出规律性的东西，这些东西就是经验教训。严格地说，写总结的目的即指导性，是通过经验教训来实现的。因为总结出了经验，才可用以指导以后的工作找出了教训，才可以使今后工作少走或不走弯路。

（4）不足和努力方向。通过对经验和教训、成绩和不足的总结，最后要指出不足和今后的努力方向。

2. 总结的结构

（1）标题。标题包括综合性总结的标题，主题式总结的标题，问题式总结的标题和正副题结合式总结的标题。

①综合性总结的标题即完整式标题。主要包含：单位名称、时限和文种。如"×××单位××××年度工作总结"。

②主题式总结的标题。如"建设校园文化是加强和改进高校思想政治教育工作的必由之路"。

③问题式总结的标题。如"我们是怎样在市场经济条件下建设校园文化的"。

④正副题结合式总结的标题。如"加速技术改造，完善宏观调控——正确处理技术改造中的七个关系"（题目的前半部分是关于技术改造的目的性说明；题目的后半部分是加速技术改造的具体做法）。

（2）正文。正文有五种结构形式。

①三段式：三段式的具体内容包括工作概况、经验体会、今后打算。工作概况是开头，简要说明总结涉及的时间、背景、任务、效果、目的。经验体会是总结的主体和重点，要求点面结合，详略结合和叙议结合。今后打算是总结的结尾，要说明存在的问题，并根据经验教训，提出日后工作设想。

②两段式：即"情况＋体会"。首先集中摆情况（基本情况、主要做法、成绩与缺点等）；其次集中谈体会（经验总结、教训归纳、存在问题的认识、下一步打算等）。这种写法主要适用于问题比较集中的情况。

③阶段式：即根据工作发展过程中的几个阶段，按时间先后分部分来写。每一阶段要写明情况、做法，经验教训及存在的问题。它适用于综合性和全面性总结。各阶段的总结要注意特点并要保证各阶段之间的连贯性。

④总分式：首先概述总的情况，其次分若干项主要工作进行总结。其适用于全面总结。在每一项总结中，同样需要写做法、成绩、经验、教训等。各部分有机地结合一起，但一定要抓重点。

⑤体会式：即以体会而不是工作本身为中心进行写作。可以从几个不同的角度，夹叙夹议讲清问题。各部分之间要体现逻辑关系，或以主次、轻重、因果为序等。适用于各种类型的总结。

（3）落款。总结中常用的几种落款方式：一是以主要负责人署名的总结，署名在标题下；二是以单位或党政机关名义总结，署名可在标题下，也可以在文末；三是若标题上出现了署名，则在其他地方不再出现。

（4）日期。总结的日期可加括号放在标题下，也可不加括号放在文末。如系署名发表，署名和日期都在标题下时，要日期在前，署名在后；署名和日期都在文末时（向上呈报时采用的方式），则署名在前，日期在后，并上下分写。

3. 总结的写作要求

（1）提高认识，端正态度。要认识总结的重要性，要坚持以党的路线、方针、政策为指导，认真做好总结工作。

（2）找出规律，揭示本质。总结的目的，是面向未来，避免今后工作的盲目性。为此就必须总结出规律性的东西，这样的总结才具有指导今后工作的实际意义。

（3）主次分明，重点突出。进行总结时，对主要工作或有体会的工作要有所侧重，不能平铺直叙、面面俱到、不分主次、罗列现象、堆砌材料、玩文字游戏。

（4）有理有据，实事求是。总结要求内容真实。事实准，不走样；数字准，不笼统；论断准，无漏洞；文风正，不浮夸。不能凭想当然进行总结；不能以偏概全，夸大其辞；不能先入为主，主观臆断；不能张冠李戴，拼凑编造；也不能随意拔高，借题发挥。

（5）写出特色，写出新意。要总结新经验，突出特色。不能搞通用化、老一套、观点材料缺少新意的总结。

（6）条理分明，结构严谨。综合性总结，内容多，篇幅长。因此，安排结构一定要严谨，层次一定要分明，通篇一定要连贯。另外还要注意语言准确，修辞方法运用恰当。

病文分析

【原文】

××处2007年上半年工作总结

2007年上半年，在上级领导的关心、支持和悉心指导下，在全处同志的共同努力下，××处（1）圆满完成了各项工作任务，受到了上级领导的好评。上半年，××处（2）共接待来访团组8批，60人次；派出团组4批，20人次；举办大型活动两次，约200人参加。现将上半年工作总结如下。

一、开拓创新，努力开创我处工作新局面

今年年初，我处人员进行了大调整，（3）4名工作人员中，有3名属新调入人员。面对工作任务重、人员新（4）的不利局面，全处上下心往一处想，劲往一处使，提出了"人员新，局面新"的口号，利用没有多少历史包袱和习惯束缚的有利条件，大胆开拓，努力营造新的工作局面（5）。上半年，（6）我处第一次派出一位同志赴新西兰进行工作考察，对新中友协等友好组织的情况有了更为全面、深入的了解，为今后两组织（7）进一步开展有针对性的合作，奠定了良好的基础。经与新中友协商定，今后我会将每年派遣一位同志赴新考察，所有费用将由新方招待。这一共识的达成为我今后开展对新工作开辟了一条新的渠道。

经我会积极努力，（8）我处上半年还第一次接待了加拿大国际文化基金会代表团访华。经过积极努力，（9）该组织是一个相当有实力的对华友好组织。经过我们的积极努力，我会与该组织签署了合作备忘录。该组织（10）同时承诺，愿意在明后年（11），全额资助我会两名中层管理干部赴加进行为期3周的管理培训。该项目如能如期实施，将是××处近年来首次得到来自加拿大的专门针对中层管理干部的培训项目，为我处甚至我会中层干部的培训找开了一个新途径。（12）

二、服务外交全局，努力做南太岛国工作

(13) 近年来，南太岛国在我外交全局中的分量日益加重，已成为我大周边外交的一个重要组成部分。为配合我外交全局工作，我处今年也重点加强了对南太岛国的工作。李××副会长今年初 (14) 亲率友协工作小组访问库克群岛和萨摩亚，会见当地政要，建立各种联系，并积极寻求在当地成立我对口友好组织的可能性。李副会长的访问，得到了我驻外使馆的高度评价，为我今后进一步从民间角度做南太岛国工作奠定了良好基础。

三、着眼未来，努力做 (15) 外国青年朋友的工作

青年是世界的未来，也是中外友谊的传承者。做好青年的工作，也等于夯实了中外友谊的基础，确保了中外友谊的未来 (16)。今年上半年，经我会积极推动，新西兰一中学与北京市的一个中学达成了初步的交流意向，双方将互派学生往访对方 (17)。我会还与新方一家电视台达成合作意向，我会将邀请新方6名学生来华3周，与中国学生生活在一起，并用摄像机拍下他们在中国生活的点点滴滴，(18) 经编辑后在新电视台以"中国的学生生活"为题播放。节目如能按计划播出，对于增进新民众、特别是年轻人 (19) 对中国的兴趣和了解，必将大有益处。

今年上半年，我们虽然取得了一定的成绩，但也深感做得还很不够，离上级领导对我们的期望还有相当的差距。以下几方面是我们今后应着力解决的问题。(20) 首先是要加强调研。我们处大部分是新调入同志，对情况有一个熟悉的过程，这必然会对工作有一定的影响。因此，我们必须加大力度 (21) 搞好对主管地区的调研工作，做到知己知彼，百战不殆。(22) 其次，加强对加拿大的工作力度。虽然今年对加工作有所突破，但与主管的其他国家相比，对加工作明显偏弱，急待加强。我们目前 (23) 正与加一家企业商谈，争取在11月份联合举行一场中加企业家高层论坛。第三，(24) 加强与外交部等兄弟单位及各种 (25) 驻华使馆的沟通。我处虽然经常与外交部、商务部和各国驻华使馆有工作联系，但仅限于工作联系，私人关系没有很好地建立起来，这不利于提高我会这样的涉外单位工作的效率和成效性。今后应利用各种场合加强与这些单位相关人员的个人联系，建立一定的友谊，为工作更好地开展打下基础。(26)

【分析】

(1) 应改为"我处"，并置于"在上级领导……"之前。下文均应依此处理。

(2) 应将"上半年，××处"删去。

(3) 表述不完整，缺乏应有的依据和说服力。用语也不够顺畅。可改为"今年年初，按照会领导的决定，对我处人员进行了较大调整"。

(4) 语序不当，搭配也不够匀称。应将"人员"和"任务"对调，可改为"面对人员变化大、工作任务重"。

(5) 搭配不当，应将"局面"改为"氛围"。

(6) "上半年"的时间跨度太长，应写具体时间，不能一写就是半年。

(7) "两组织"应删去。

(8) 因是××处的工作总结，此句话没有必要写，应删去。

(9) 这句话与下文无关，应删去。

(10) 这几句中的"该"用的重复，而且似有贬义，可用简称"加基金会"。

(11) 这里的顿号应删去。

(12) 语句不通，什么叫"找开了"？可改为"开辟了"。(13) 此句与其他两个在形式上不够一致，应删去"外交"二字。

(14) 语序不对，应将"今年初"移至"李××副会长"之前。

(15) 应加一"好"字。

(16) 表意不畅，可改为"使中外友谊呈现出美好的发展前景"。

(17) 语句牵强，可表述为"双方将分别派出学生进行互访。"

(18) 用语欠妥，应当尽量实在一些。

(19) 应用"年青人"。

(20) 此过渡句的使用欠妥，而且是一独立的语句，显得前后无有着落。可改为"在今后的工作中，我们将着力解决好以下几个方面的问题："下面的"几个问题"也应单独成段，而不能连续表述，以便给人层次分明之感。

(21) 这里应加一个逗号。

(22) "知己知彼，百战不殆"用在此处不是十分确切，如用，也应加引号。

(23) 语序不对，应将"目前"移至"我们"之前。

(24) 序数的表述不够规范，"首先""其次""第三"，没有这种说法，应改为"首先""其次""再次"；或者用"第一""第二""第三"。

(25) "各种"一词令人难以理解，应用"各国"。

(26) 这段文字表述的问题较大。"建立私人关系"之类的观点和主张，虽然对开展工作有利，甚至也很有效，但似乎不能当作论据，堂而皇之地写入机关的正式文件之中，这样的论据是站不住脚的。"成效性"究竟是何意，令人费解。"为工作更好地开展"应改为"为更好地开展工作"，才显得顺畅。

第三节　调查报告

一、调查报告的含义和特点

1. 调查报告的含义

调查报告是为了了解客观规律，解决社会问题，在有中国特色社会主义理论的指导下，进行认真的调查研究，对调查对象获得了本质性和规律性的认识而写成的一种书面报告。

2. 调查报告的特点

调查报告的特点主要体现在：①调查的针对性；②事实的具体性；③报告的科学性；④表述的叙议性；⑤结构的完整性。

二、调查报告的类别

按调查报告的内容和作用分，可分为三类。

（1）典型调查（经验、事件和变化等）。典型调查一般分为三类。

一是典型经验的调查。其具体作用是：典型引路；以点带面；指导和推动各项工作。它是领导工作中的一种行之有效的方法。其写作要求是：写清楚做法和经验。

二是典型事件的调查。是指事件本身给人的教训带有一定的典型性。其具体作用是从反面给人以教益，对工作产生积极作用。其写作要求是：事件的前因后果；事件的经过；事件的教训；事件的处理意见。

三是典型变化的调查。其具体作用是：上级领导可从中发现规律，预测事情发展的趋势；其他单位从中得到启示。这种调查如是政治调查报告，关键在于把变化的过程勾勒清楚，并把规律性的东西揭示出来。

（2）新事物调查。新事物具有很强的生命力，对推动具体工作的开展有不可低估的引路作用。

①其主要内容：反映事物的产生过程；揭示事物的发展规律，并侧重于阐述它的特点、作用和意义。

②其具体目的：解决认识问题，让大家给予扶植和支持。

③写好新事物调查报告的要求：敏感性、主动性和及时性。

（3）问题调查。问卷调查一般分为三类：一是人民来信来访调查，这是数量最大的问题调查；二是专案调查；三是社会问题调查。

A. 人民来信来访调查

①在人民来信来访中，能够形成调查报告的情况是：问题比较典型、重大、复杂、长期难以解决。一般情况下，它的篇幅不长。

②报告的主要内容是：核对事实，揭露真相，判断是非，得出结论，最后提出处理意见。

③报告的目的是：报送领导审查解决。

B. 专案调查

①适用的范围：政工、组织和纪检等有关部门，且一般只限于内部使用。

②反映的特点：全面、深入式调查、分析；确凿的、无可辩驳的事实；做出定性结论（给某个案件及有关人员）。

③写作的要求：坚持以事实说话；少量必要的分析；不需要多发议论。

C. 社会问题调查

①意义：对社会问题进行广泛调查与综合分析，可得出一些带有普遍意义的结论，利于领导机关制定正确的方针政策、做出有关决策。它主要适用于机关工作。

②特点：篇幅较长；涉及面广；写作周期长；带有综合性。

③写作要求：材料要点面结合；问题要综合分析。

三、调查报告的内容、结构和写作要求

1. 调查报告的内容、结构

调查报告一般由标题、正文和结尾三部分组成。

（1）标题。调查报告的标题一般有三种形式：一是公文式"事由＋文种"。如《关于废旧物资回收利用问题的调查报告》。此处可略去"报告"二字。二是提问式。如《深圳中学

高考的新局面是如何开创的》。这是典型调查报告常用的标题写法，特点是具有吸引力。三是正副题结合式。该用法普遍。特别是典型经验的调查报告和新事物的调查报告。正题揭示主题或表明主要观点，副题标明调查对象及所调查的问题。其特点是：既以其所揭示的普遍意义而吸引人，又能使人对调查报告的中心内容产生一个整体印象。如《在竞争中求生存，在改革中求发展——深圳市土产日杂公司的发展情况调查》。

（2）正文。调查报告的正文部分包括前言和主体两部分。①前言。前言的要求及内容是：语言生动活泼，文字高度概括，写法灵活多样。它交代调查的目的、时间、地点、对象、范围，或概括介绍调查对象的基本情况，或概述主要问题，目的是引出下文。②主体。主体是前言的引申展开、结论的根据原由。这部分直接反映调查报告写作质量好坏。主体的内容主要包括：调查到的事实情况（事情产生的前因后果、发展经过、具体做法等）；研究这些事实材料所得出的具体认识或经验教训。整个报告要通过富有说服力或根据充分的事实的具体叙述，说明认识，分析引发，切实说明问题。

（3）结尾。结尾部分的重要性在于它反映一篇调查报告的价值。基本要求是：从前文中自然地引出来；在实事求是分析的基础上综合出一个有根据、恰如其分而又简洁、肯定、明确的结论，在事物所确实具有的本质意义上抽象升华出一个带有普遍意义的认识；把自己的新见解写出来。调查报告的结尾部分一般有以下几种：一是总结全文，深化主题；二是点明主题，强调意义；三是展望未来，提出希望；四是归纳问题，提出建议；五是把结论意见放在主体最后顺势写出，而不另加一段结尾。总之，结尾要简短有力，耐人寻味。

2. 调查报告的写作要求

一般而言，在做调查报告时，要注意以下要求：一是系统周密的调查；二是客观深入的研究；三是准确完善的表达。

（1）要深入细致的调查，占有大量的资料。这是写好调查报告的先决条件和基础。最重要的是掌握第一手材料，并且抓住中心、突出重点和鲜明特点，特别是那些最能反映事物本质及其发展变化规律的、具有普遍意义和现实意义的材料。

（2）采用正确的调查的方法。可采用的方法有个别访问、座谈、汇报、问卷反馈、实地察看、参与其中工作、阅读材料等。在调查过程中，要注意"口问手写"，做好调查笔记。

（3）坚持两点论，要进行全面、中肯的分析。对事物进行深入的调查研究，掌握丰富的第一手材料，还必须用正确的思想和科学的方法进行分析、研究，将丰富的感觉材料加以去粗取精，去伪存真，只有如此，才能揭示事物发展变化的特点，找出其规律，形成观点，得出结论。这样，我们所形成的观点才能成为调查报告的灵魂。

（4）要确立清晰、有序的结构。

拟制调查报告，通常在结构、层次安排上符合导语、主体、结论的三大块模式，但也不必拘泥于此，具体布局要根据具体调研内容和目的而定。一是根据基本经验或要突出的几个问题来安排层次结构。二是根据事物的不同方面或事物的发展顺序来安排层次结构。三是根据调查报告所需的各部分内容之间的逻辑关系来安排层次结构。四是逐点报告的结构形式。即围绕一个主题调查了几个点，就分几个部分来报告，第一个部分说明一个点的情况。可以每个点既讲成绩又讲问题，既讲经验又讲教训；也可以有的点讲成绩和经验，有的点讲问题和教训；还可以每个点只讲成绩和经验，然后总的讲问题和教训，最后讲意见和建议。当总结某一方面经验教训，或为研究某项工作提供依据而进行多点调查，又不便于把各个点的情况归纳成几个问题来写,才适宜于用这种结构形式。总之,从总体上讲要言之有序,结构清晰、紧凑,标题、层次、观点使人一目了然。

(5) 语言简洁,文笔生动。调查报告是一种应用文体,从群众中来,又要到群众中去发挥作用,应当言简意赅、准确,生动活泼,新鲜有力。语言要具体明确,有叙有议。语言朴实是基本,但还要有一定的文采,使其效果如锦上添花。因此,要注意吸收基层群众语言和生活中富有表现力的成语、典故、歌谣、顺口溜、俚语等,保持原有的鲜活的工作、生活气息,增强感染力。

第四节 述职报告

一、述职报告的含义和特点

1. 述职报告的含义

述职报告这一文种历史悠久,源远流长。早在《孟子·梁惠王下》中就出现了"述职"一词:"天子适诸侯曰巡狩。巡狩者,巡所狩也。诸侯朝于天子曰述职。述职者,述所职也。"意思是说:周天子到诸侯各国视察,叫巡狩。所谓巡狩,就是天子下去巡视检查诸侯守职的情况。诸侯去朝见天子叫做述职。所谓述职,就是陈述自己守职尽责的情况。这大概是最早的述职公务活动。

秦始皇统一中国后,开始要求朝廷大臣和地方郡县官吏用书面的形式向皇帝述职,这大概就是最早的述职报告。此制以后历代沿袭。

20世纪80年代以来,随着我国干部人事制度改革的深入发展,述职报告被作为组织人事部门和上级领导考核干部的重要依据之一。1988年6月6日,中央组织部制定了《关于试行地方党政领导干部年度考核制度的通知》。该通知规定,党政领导干部要进行年度"述职","被考核者向各自的选举任命机构和上级领导作个人述职"。

近几年来,不仅是干部、公务员、各类专业技术人员、生产经营管理等人员的考核,也增加了述职的内容,因而述职报告已成为一种使用频率较高、应用范围较广的应用文体。

综之,述职报告是担任一定职务的干部依据考核要求,就一定时期内自己职务的任期目标,向任命机构、上级领导以及本单位的干部群众,汇报自己履行岗位责任情况的书面报告。

2. 述职报告的特点

述职报告作为干部考核的常用依据,其独特性主要体现为以下几点。

(1) 从作者而言,由于述职报告的作者是写作者自身,针对自己在任职期间的德、能、勤、绩等方面向上级机关、领导或部属进行汇报,因此述职报告在写作对象上具有明确的唯一性。

(2) 从文书自身而言,述职报告既是考核的重要依据,又是民主评议的必要前提。它既要交给考核领导小组审核,又要向本部门或本单位的干部、群众宣读,以接受群众的监督和评议。因此它必须在一定范围内公开发表,具有告知、通报的特点和较强的透明度,可以促使陈述者实事求是,也可避免弄虚作假等不良风气的产生。

（3）从述职报告的内容而言，具有很强的现实针对性，主要报告任现职以来的工作情况，紧紧围绕职责本身开展的重点工作而不涉及职责外或其他时间段的工作。

（4）从述职报告的语言风格而言，讲究庄重、朴实和严谨，撰写述职报告必须注意语言的锤炼。在坚持严肃质朴基调的前提下，认真推敲锤炼语言，力求遣词准确、观点鲜明、语言通俗、文字洗练、叙述活泼。

二、述职报告的种类和作用

1. 述职报告的种类

述职报告的类别，可以从不同的角度来划分。

（1）按述职者的不同，可分为个人述职报告、工作集体或领导班子述职报告。

（2）按述职者的级别不同，可分为机关主要负责人述职报告、中层干部述职报告、一般干部述职报告。

（3）按报告的内容范围不同，可分为综合述职报告、专题或单项述职报告。

（4）按报告的时限不同，可分为任期述职报告、年度述职报告、阶段述职报告和临时述职报告。任期述职报告，即干部在任期届满时所作的述职报告。年度述职报告，即一年一度定期作的述职报告。阶段述职报告的"阶段"，可以是某季度或半年，也可以是某项工作过程的某一阶段。

（5）按报告的制度不同，可分为定期例行性述职报告、不定期指定性述职报告（如晋职述职报告）、个人或集体应急性述职报告。

2. 述职报告的作用

述职报告作为各级机关、企事业领导和人事管理部门考察干部的一种形式，它的作用主要有以下三个方面。

（1）有利于考核和使用干部。为完善干部考核制度，中共中央组织部曾发出《关于试行地方党政领导干部年度考核制度的通知》。该通知中规定，对党政领导干部要进行年度"述职"，"被考核者向各自的选举任命机构和上级领导作个人述职"。通过述职报告，组织人事部门可以全面、细致地定期了解、分析所使用干部及工作人员的任职情况，从而发现干部的长处和不足。这样做，不仅为合理选拔、调配干部提供了依据，有利于推行任人唯贤的干部路线，而且可以纠正用人方面的不正之风，使干部考察、选拔工作制度化、规范化和科学化。

（2）有利于群众对干部的监督评议。领导者定期向本单位的群众报告履行职责的情况，增加了单位、部门领导集体和领导者个人履行职责情况的透明度，不仅便于群众对干部的个性、品格、德行、才干等方面情况的了解，有利于群众监督评议，而且也可以增强群众对干部在工作中所遇到的困难的理解和谅解，得到群众的支持和信任。这是我国政治体制改革和管理民主化的一个具体体现。

（3）有利于干部自身素质的提高。写作或宣读述职报告的过程，是述职者自我检查、自我认识、自我提高的过程。通过撰写述职报告，述职人可以对照岗位职责及具体目标任务，定期地进行回顾、反思和总结经验教训，从而不断改进工作，进一步提高自身的政治与业务素质。

三、述职报告的内容、结构和写作要求

1. 内容和结构

干部个人的述职报告主要围绕自己的工作职责，对自己任职期间或一个时期内的德、能、勤、绩等加以综合概括，进行自我评估和总结。

述职报告主要阐述六个方面的内容：主要职责（应该干什么）；主要实绩（干了什么）；主要做法（怎么干的）；主要效果（社会效益、经济效益和群众反映如何）；主要问题（什么缺点、什么教训）；努力方向（如果继续干有什么措施）等。其写作结构通常分为标题、称呼、正文（引言、主体、结尾）、落款（述职人职务姓名和述职时间）四部分。

（1）标题。述职报告的标题有三种常用的写法。①文称式。直接以文体名称作为标题，只写出"述职报告"或"我的述职报告"。②公文式。"时限＋内容＋文称"，例如：《20××年至20××年任××职务期间的述职报告》。③文章式。这类标题常用主标题点明述职报告的主题（基本评价、经验、教训等），以副标题补充说明作者、文体等，例如：《以创新为基础开创××工作新局面——我的述职报告》。

（2）称呼。称呼，通常位于标题下空两行顶格书写，面向陈述对象，向什么人述职就向什么人称呼。如"尊敬的各位首长和战友们"。

（3）正文。正文结构一般分为三部分：引言，主体和结尾。①引言。引言即开头部分，概括为：任职时间，主要职责和履行职责概况。具体为概述基本情况，包括什么时间担任什么职务及其变动情况与背景、岗位职责、目标及个人认识（职责是否相称、能绩是否一致、有哪些主要成绩等）。②主体。主体部分概括为：工作实绩，主要问题和努力方向。首先具体、详细地写自己在任职期间做了哪些大事，取得了哪些成果、经验。这一部分要尽量采用事实说话，并做定性、定量分析。要注意以叙述本人履行工作职责的情况为主，以评价本人作用大小为辅，要突出本职工作的特色。然后概述存在的问题、应吸取的教训、改进的措施以及今后努力的方向等等。主体部分的结构，有的以时间为序，分条来写；有的则按工作性质分类，拟出小标题，分块来写。由于主体部分的内容是考核及评议的主要依据，也是决定述职成败的关键所在，所以一定要着力写好。③结尾部分。这一部分要表明本人的愿望和态度，应该对自己做出一个恰当的评价，请求领导和战友们严格审查评议、批评帮助并表示谢意。结尾常以"以上报告，请审查"，或"特此报告，请审查"结束。

（4）落款。此部分要标明述职人职务和姓名。如"五营六连政治指导员×××"。如有必要，可在姓名后面加盖本人印章。述职时间，通常空两行注明述职日期。

2. 述职报告的写作要求

（1）重在格式规范，切忌文体不伦不类。没有规矩不成方圆。述职报告有特定的文体格式，不能胡乱拼凑而成，更不可看起来不伦不类，似是而非。现实生活中有人写出的述职报告就不伦不类，有的像个人总结，有的像思想汇报，有的像领导讲话，有的像自我鉴定。

（2）重在"履行职责"，切忌写成"工作总结"。述职报告同个人工作总结既有联系，又有区别，在行文时不要把二者混淆起来，把述职报告写成了个人工作总结。述职报告与个人总结的相同之处在于，他们都可以谈经验教训，都要求事实材料与观点紧密结合。

（3）重在客观实际，切忌写成"领导报告"。述职报告绝不能写成领导报告的样子——一讲形势，二讲成绩，三讲问题，四讲任务。如果这样写就与述职报告的要求大相径庭了。

（4）重在中心突出，切忌平分秋色。写述职报告同写其他文章一样，必须抓住中心，突出重点。有一些述职者在写述职报告时，生怕遗漏了自己的工作成绩，像记流水账一样泛泛地罗列起来。这样会把所有的工作都平分秋色，毫无主次之分。

（5）重在语言朴实，切忌虚饰浮夸。述职者要有驾驭语言的能力，崇尚朴实，给听众以豁然开朗的感觉。朴实之美历来备受人们推崇。在述职时，用朴实的语言叙事说理，不仅可缩短与群众的距离，也可密切和群众的关系。述职报告的实用性，决定了它的语言必须具有真理般的自然质朴。述职者面对的听众文化层次有差异，这就要求叙述时语言表达通俗易懂，多采用质朴无华的群众性语言，直陈其意，决不哗众取宠，也不能用一些生僻的字眼，故作高深。

四、述职报告与个人工作总结的区别

在写作中，述职报告容易与个人工作总结混淆。这两种文书既相关联又有区别。

1. 二者的相同点

（1）写作形式相同，都需归纳做法和成果，找出问题，分析成功的经验和失败的教训。

（2）表达方式相同，都是运用叙述的语言概括主要工作过程和工作结果，运用夹叙夹议的语言谈体会，揭示工作规律。

2. 二者的区别

其区别主要体现在内容上，如下所述。

（1）回答的问题不同。个人工作总结要回答的是做了哪些工作，有哪些成绩，有什么经验，存在哪些不足，要吸取什么教训等问题。述职报告要回答的是有什么职责，自己是怎样履行职责的，称职与否等问题。

（2）侧重点不同。个人工作总结一般以归纳工作方法、汇总工作成绩为主，重点在于体现个人的主要工作实绩。述职报告则限于报告履行职责的思路、过程和履行职责的能力。

（3）反映成绩的范围不同。个人工作总结不受职责范围的限制，凡是自己做过的事情，取得的成果，都可以纳入其中。而述职报告则必须局限于职责的范围之内，围绕职责这个基点安排结构、提炼观点、精选材料。

例 文

2007年3月15日，我从市委研究室调到市经济环境监察中心工作。5月14日，市经济环境监察中心发出2007年1号文件《关于市经济环境监察中心领导成员分工的通知》，明确我分管"万人评机关"、和谐机关建设工作和市经济环境监察中心综合文字工作。7个多月来，围绕分工，按照职责，我尽心尽力开展工作，竭尽所能完成任务，成为科学发展观的积极倡导者和和谐社会的主动建设者。现将有关情况述职如下：

一、关于"万人评机关"工作

2007年的"万人评机关"工作，总体上沿袭了往年的做法，年中和年末各集中测评一次，方式方法基本不变，其目的，就是要稳妥推进机关作风建设，这一目的通过过去一年的努力已基本实现。实事求是地讲，去年的"万人评机关"工作，大量的工作都是在同事们帮助之下完成的。不过我是个闲不住的人，在工作中，我坚持理论联系实际，认真研究和观察"万人评机关"工作的基本规律，主动听取收集社会各界及方方面面的意见，酝酿成熟了新一年"万人评机关"工作的改革方案。这个方案的核心内容是：

（一）规范称呼。将"万人评机关"的名称更改为"社会评议机关"，千人也好，万人也罢，统称"社会评议机关"。

（二）下移重心。2008年，"社会评议机关"要丰富内容、扩大内涵。82个部门的作风建设由市作风建设领导小组组织评议，各个部门的职能科室由部门自己组织评议，重点部门和重点科室由专业部门或社会中介机构组织评议。按照市级机关作风建设长效机制的要求，将"社会评议机关"的范围覆盖至机关每一个角落和每一个人，使之真正成为2008年机关作风建设的三大抓手之一。

（三）改进方式。"社会评议机关"，侧重评议的是机关外部形象，主要通过群众评议来完成；日常考核，侧重考核的是机关内部管理，主要通过明察暗访来完成。2008年，社会评议机关不再与日常工作捆绑式考核，而是两条腿走路，用作风建设来统率。

（四）下放权力。"受群众监督、请人民评判"，充分尊重群众的选择和听取群众的意见，将评判权进一步下放给社会。在权重设计上尽量一致，一人一票，以人为本。

（五）运用结果。在精心组织、确保公正的前提下，"社会评议机关"的结果及时向社会公布，反映的问题及时向机关部门反馈并督促认真办理；相关人员的惩处要到位，特别提拔任用要与评议结果基本一致。

需要说明的是，这个方案纯粹是个人建议，是我为完善"社会评议机关"工作所尽的绵薄之力。

二、关于和谐机关建设工作

2007年，是全市机关作风建设开展集中整顿的第四个年头，这一年，市委、市政府根据党的十六届六中全会《关于构建社会主义和谐社会若干意见》的文件精神，将和谐机关创建列为今年机关作风建设的主题，在全市82个市级机关部门中组织开展了声势浩大的和谐机关创建工作。作为个人来讲，我主要做了如下工作：

一是构建正确的和谐理念，并尽最大可能推广之。我在反复学习中央和省市委关于构建社会主义和谐社会文件及理论文章的基础上，结合自己这么多年作为一名机关工作人员对机关作风的感受，形成了和谐机关创建的主流理念，概括起来四句话：①领导科学是机关和谐的"润滑剂"；②权力异化是机关不和谐的"始作俑者"；③自我革命是解决机关不和谐因素的"重要通道"；④人民认可是评价机关和谐的"基本尺度"。为了保证这些理念能够为广大机关工作人员特别是部门分管同志所接受，我采取了探讨的方式进行宣传，先后走访调研了59个市级机关部门，在一定范围内进行大力宣传，使和谐机关创建工作从一开始就有正确的理论指导，向着正确的方向前进。一年来，和谐机关创建工作既实实在在又富有成效，就是对上述和谐理念的首肯。

（文略）

三、关于综合文字工作

（文略）

往事不可改变，未来需要创造，新的一年，我将从头开始，超越自我，创造佳绩！

以上是我的2007年述职报告，请领导和同志们批评指正！

述职人：×××

××××年××月××日

第五节　会议记录

一、会议记录的含义和特点

1. 会议记录的含义

会议记录是如实记录会议的基本情况、会议中的报告、讲话、发言、决定、决议、议程以及各方面的意见等内容的一种重要的应用文。

2. 会议记录的特点

（1）综合性。会议记录是在对会议中各种材料、与会人员的发言以及会议简报等进行综合分析和概括提炼基础上形成的，它具有整理和提要的基本特点。

（2）指导性。这一特性包含两层含义：一是会议本身的权威性；二是会议记录集中反映了会议的主要精神和决定事项。因而记录一经下发，将对有关单位和人员产生约束力，起着类似于指示、决定或决议等指挥性公文的作用。会议记录还可以作为与会同志向单位领导汇报、向群众传达的文字依据。

（3）备考性。一些会议记录主要不是为了贯彻执行，而是向上汇报或向下通报情况，必要时可作查阅之用。

二、会议记录的种类和作用

1. 会议记录的种类

会议记录根据不同的标准，可以分为不同的种类。会议记录的主要分类依据不在记录上，而在会议的种类上。常见的分类方法有以下四种分法。

（1）按性质分，有党委会议记录、群众团体会议记录、企业、事业行政会议记录等。

（2）按内容分，有工作会议记录、座谈会议记录等。

（3）按范围分，有大会会议记录、小组会议记录等。

（4）按记录方法分，有摘要会议记录、详细会议记录等。

2. 会议记录的作用

会议记录是如实记录会议的基本情况、会议中的报告、讲话、发言、决定、决议、议程以及各方面的意见等内容的一种重要的应用文。会议记录的作用，有以下四点。

（1）重要依据。会议记录可作为研究和总结会议的重要依据。凡属大型会议，后期总要总结，有时"工作报告"和"讲话"等还要根据各组讨论的意见进行修改，这一切的重要依据，都是会议上的各种"记录"。同时，会议记录还可以作为日后分析、研究、处理有关问题时提供参照依据。

(2) 通报信息。会议记录有的可作为文件传达，以使有关人员贯彻会议精神和决议；有的可以向上级汇报，通报信息，使上级机关了解有关决议、指示的执行情况。

(3) 参考资料。会议记录是编写会议纪要和会议简报的基础和重要的参考资料。

(4) 档案凭证。会议记录是重要的档案资料，在编史修志、查证组织沿革、干部考核使用以及落实政策、核实历史事实等方面，起着无可替代的凭证作用。

三、会议记录的内容、结构和写作要求

1. 会议记录的内容、结构

会议记录的详细内容包括两个部分。

第一部分，是记录会议的基本情况。主要有：会议的名称、开会的时间、地点、出席人、列席人、主持人、记录人。这些内容要在宣布开会前写好。至于出席人的姓名，如会议人数不多，可一一写上；如会议人数多，可以只写他们的职务，如各校正副校长、教导主任；也可只写总人数。如是工作例会，可只写缺席人的名字和缺席原因。

第二部分，是记录会议的内容。它是会议记录的主要部分。主要有：主持人的发言、会议的报告或传达、与会者讨论发言、会议的决议等。内容的记录，有摘要和详细两种。①摘要记录。一般会议只要求有重点地、扼要地记录与会者的讲话和发言，以及决议，不必"有闻必录"。所谓重点、要点，是指发言人的基本观点和主要事实、结论。对一般性的例行会议，只要概括地记录讨论内容和决议的要点，不必记录详细过程。②详细记录。对特别重要的会议或者特别重要的发言，要作详细记录。详细记录要求尽可能记下每个人发言的原话，不管重要与否，最好还能记下发言时的语气、动作表情及与会者的反应。如果发言者是照稿子念的，可以把稿子收作附件，并记下稿子之外的插话、补充解释的部分。

2. 会议记录的写作要求

会议记录是进一步研究工作，总结经验的重要材料。因此会议记录有以下要求。

(1) 真实、准确。要如实地记录别人的发言，不论是详细记录，还是概要记录，都必须忠实原意，不得添加记录者的观点、主张，不得断章取义，尤其是会议决定之类的东西，更不能有丝毫出入。另外还要做到书写清楚，记录有条理，突出重点。

(2) 要点不漏。记录的详细与简略，要根据情况决定。一般地说，决议、建议、问题和发言人的观点、论据材料等要记得具体、详细。一般情况的说明，可抓住要点，略记大概意思。

(3) 始终如一。始终如一是记录者应有的态度。这是指记录人从会议开始到会议结束都要认真负责地记到底。

(4) 注意格式。格式并不复杂，一般有会议名称，会议基本情况和会议内容三部分。基本情况包括：时间、地点、出席人数、主持人、缺席人、记录人。会议内容，包括发言、报告、传达人、建议、决议等。

凡是发言都要把发言人的名字写在前。一定要先发言记录于前，后发言记录于后。记录发言时要掌握发言的质量，重点要详细，重复的可略记，但如果是决议、建议、问题或发言人的新观点要记具体详细。

3. 会议记录的记录技巧

会议记录的技巧，一般说来，有四点：快、要、省、代。

(1) 快，即书写运笔要快，记得快。字要写得小一些、轻一点，多写连笔字。可顺着肘、手的自然去势，斜一点写。

(2) 要，即择要而记。就记录一次会议来说，要围绕会议议题、会议主持人和主要领导同志发言的中心思想，与会者的不同意见或有争议的问题、结论性意见、决定或决议等作记录。就记录一个人的发言来说，要记其发言要点、主要论据和结论，论证过程可以不记。就记一句话来说，要记这句话的中心词，修饰语一般可以不记。要注意上下句子的连贯性、可读性，一篇好的记录应当独立成篇。

(3) 省，即在记录中正确使用省略法。如使用简称、简化词语和统称。省略词语和句子中的附加成分，比如"但是"只记"但"，省略较长的成语、俗语、熟悉的词组，句子的后半部分，画一曲线代替，省略引文，记下起止句或起止词即可，会后查补。

(4) 代，即用较为简便的写法代替复杂的写法。一可用姓代替全名；二可用笔画少、易写的同音字代替笔画多、难写的字；三可用一些数字和国际上通用的符号代替文字；四可用汉语拼音代替生词难字；五可用外语符号代替某些词汇等。但在整理和印发会议记录时，均应按规范要求办理。

4. 对会议记录者的要求

会议记录者在现代会议中是仅次于会议主持人的一个重要角色。因为，一名好的会议记录者可以增进议事效率，而一名不好的会议记录者不仅徒增误会，还浪费时间；一名称职的会议记录者不仅能仔细倾听发言，而且能准确陈述听到的内容，同时记录好几项发言而不失误。

所以，一名合格的会议记录者需要同时具有多项才能。①反应快。对于大家提到的问题，能够迅速反应、理解。②写字快。做会议记录，写字速度有一定要求。③知识面广。在做会议记录时，经常会听到一些专业术语，这要求记录者相对广的知识面。④记忆力特别强。会议记录者要能记住发言者所说事情的前因后果，遇到一个很复杂又冗长的问题时，更需要超强的记忆力，否则，很可能记到最后已经不知发言者所云了。⑤组织能力强。⑥倾听能力强。⑦总结能力强。

四、会议记录与会议纪要的区别

会议纪要有别于会议记录。二者的主要区别如下。

(1) 性质不同。会议记录是讨论发言的实录，属事务文书。会议纪要只记要点，是法定行政公文。

(2) 功能不同。会议记录一般不公开，无须传达或传阅，只作资料存档；会议纪要通常要在一定范围内传达或传阅，要求贯彻执行。

(3) 载体样式不同。会议纪要作为一种法定公文，其载体为文件，享有《中国共产党机关公文处理条例》《国家行政机关公文处理办法》（以下简称《条例》《办法》）所赋予的法定效力。会议记录的载体是会议记录簿。

(4) 称谓用语不同。会议纪要通常采用第三人称的写法，以介绍和叙述情况为主。会议记录中，发言者怎么说的就怎么记，会议怎么定的就怎么写，贵在"原汤原汁"不走样。

(5) 适用对象不同。作为公文的会议纪要，具有传达告知功能，因而有明确的读者对象和适用范围。作为历史资料的会议记录，不允许公开发布，只是有条件地供查阅利用。

（6）分类方法不同。会议纪要种类很多。按其内容，可分为决议性纪要，意见性纪要，情况性纪要，消息性纪要等；按会议的性质，可分为常委会议纪要，办公会议纪要，例会纪要，工作会议纪要，讨论会纪要等。而会议记录通常只是按照会议名称来分类，往往以会议召开的时间顺序编号入档。对会议纪要的分类，有助于撰写者把握文体特点，突出内容重点，找准写作角度；对会议记录的分类则主要是档案管理的需要。

例 文

××大学校长办公会议记录

时间：2006年×月×日上午10点—12点

地点：第一会议室

出席人：（姓名、职务、单位）

李×，（校长）

王××，（副校长）

陈××，（中文系主任）

……

缺席人：（略）

列席人：（略）

主持人：王××

记录人：魏×，李××

议题：（略）

发言内容、决定事项：（略）

散会

主持人：（签名）

记录人：（签名）

第六节　简　报

一、简报的含义和特点

1. 简报的含义

简报，从字义上说，就是情况的简明报道。它是党政机关、企事业单位、社会团体为及时反映情况、汇报工作、交流经验、揭示问题而编发的一种内部文件。

简报是一种比较古老的文体，它的起源可以追溯到汉代。汉武帝初年，就出现了名为"邸报"的手抄报，简明扼要地反映情况、交流信息。到了唐代，已经出现了印刷的邸报。邸报发展到现代，形成了公开出版的报纸和内部传阅的简报两种形式。

简报有很多种名称，可以叫"××简报"，也可以叫"××动态""××简讯""情况反映""××交流""××工作""内部参考"等。

2. 简报的特点

（1）新闻性。简报有些近似于新闻报道，特点主要体现在真、新、快、简四个方面。①"真"是内容真实，这是新闻的第一性征。简报所反映的内容、涉及的情况，必须严格遵循真实性原则，时间、地点、人物、事件、原因、结果，所有要素都要真实，所有的数据都要确凿。②"新"指内容的新鲜感。简报如果只报道一些司空见惯的事情，就没有多大价值和意义了。简报要反映新事物、新动向、新思想、新趋势，要成为最为敏感的时代的晴雨表。③"快"是报道的迅速、及时。简报写作要快，制作的发送也要简易迅速，尽量让读者在第一时间里了解到最新的现实情况。新闻界有个说法叫"抓活鱼"，时间拖久了，鱼不活了，味道也不鲜美了。④"简"是指内容集中、篇幅短小、提纲挈领、不枝不蔓。简报名目之前冠一"简"字，可以看出简洁对它来说是多么重要。

（2）集束性。虽然一期简报中可以只有一篇报道，但更多情况下，一期简报要将若干篇报道集结在一起发表，形成集束式形态。这样做的好处是有点有面、相辅相成，加大信息量，避免单薄感。此节后所附的范文是一期完整的简报，由四篇报道组成，体现了简报的集束性特点。

（3）规范性。从形式上看，简报要求有规范的格式，由报头、目录、编者按、报道正文、报尾等部分组成。其中报头、报道正文、报尾是必不可少的，而且报头和报尾都有固定的格式。

二、简报的种类和作用

1. 简报的种类

简报的种类繁多，按照不同的分类标准，可以划分为很多不同类型。按时间划分，简报可分为定期简报和不定期简报；按发送范围分，有供领导阅读的内部简报，也有发送较多、阅读范围较广的普发性简报；按内容划分，简报可以分为工作简报、生产简报、会议简报、信访简报、科技简报、教学简报、动态简报等。

下面主要介绍四种类型简报。

（1）工作简报。这是为推动日常工作而编写的简报。它的任务是反映工作开展情况，介绍工作经验，报告工作中出现的问题等。工作简报又可分为综合工作简报和专题工作简报两种。

（2）会议简报。这是会议期间为反映会议进展情况、会议发言中的意见和建议、会议议决事项等内容而编写的简报。一些规模较大的重要会议，会议代表并不能了解会议的整体情况，譬如分组讨论时的重要发言，有价值的提案等，需要依靠简报来了解会议的基本面貌。重要会议的简报往往具有连续性的特点，即通过多期简报将会议进程中的情况接连不断地反映出来。会议简报一般由会议秘书处或主持单位编写。

（3）科技简报。这是为反映最新科学技术研究成果、介绍推广新产品、新工艺、新技术、新理论、新动向而编写的简报。这类简报内容新、专业性强，有的属于经济情报或技术情报，有一定的机密性，必要时需加密级。

（4）动态简报。这是为反映本单位、本系统的思想、政治、经济、文化等方面情况、信息而编写的综合性简报。动态简报着重反映与本单位工作有关的正反两方面的新情况、新动向、新问题，为领导和有关部门研究工作提供鲜活的第一手资料，向群众报告工作、学习、生产、思想的最新动态。

2. 简报的作用

简报的作用主要体现在以下几个方面。

（1）向上级汇报工作、反映情况。简报可以上行，迅速及时地向上级反映本单位、本系统的日常工作、业务活动、思想状况等，便于上级及时了解情况、分析问题、作出决策，有效地指导工作。

（2）平级机关之间交流经验、沟通情况。简报也可以平行，用于平级单位、部门之间交流经验、沟通情况，以便于相互学习借鉴，促进工作。

（3）向下级通报情况，传达上级意图。简报还可以下行，用来向下级通报有关情况，推广先进经验，传达上级机关意图。

三、简报的内容、结构和写作要求

简报的格式一般包括报头、标题、正文和报尾。

1. 报头

它一般排在第一页的上方，约占全页 1/3 的位置，由以下六部分组成。

（1）名称。写在简报最前面的上端中央，以醒目的大字标出。一般套红，显得庄重。如内容特殊，需改变分发范围，又不必另出一种简报，可在原来的名称下加"增刊"字样。

（2）期数。"期数"也叫"期号"，写在名称下面，或按年度编号，或统一编号。属于"增刊"的，要单独编号，否则，得不到"增刊"的会以为正刊缺号而前来查询。

（3）编印单位。写在期号下面左侧。

（4）印发日期。写在期号下面右侧。

（5）密级。分绝密、机密、秘密、内部刊物等，写在名称的左上方。

（6）编号。印多少份就是多少号，每份一号，以便保存、查找。写在名称的右上方。

2. 标题

简报的标题一般要写得简短、点题、醒目。简报的标题跟新闻的标题有些类似，可分为单标题和双标题两种基本类型。

（1）单标题。将报道的核心事实或其主要意义概括为一句话作为标题，如：《后勤工作今年重点抓好五件事》《我校通过"211 工程"专家审查验收》《查摆突出问题，研究"三讲"教育方案》。标题中间可以用空格的方式表示间隔，也可以加用标点符号。

（2）双标题。双标题有两种情况。一是正题后面加副题。如：再展宏图创全国一流市场——××农贸市场荣获市信誉市场称号。其中前一个标题是正题，概括事实的性质，后一个标题是副题，补充叙述基本事实。二是正题前面加引题。如：尽责社会完善自身——华东师大团委开展"把知识献给人民"的活动。其中前一个标题是引题，指出作用和意义，后一个标题是正题，概括主要报道内容。

3. 正文

简报的正文部分一般包括前言和主体两部分。

（1）前言。前言一般要用极简洁、明确的一句话或一段话，总括全文的主题或主要事实

（含时、地、人、事、因、果六要素），给读者一个总的印象。其作用相当于消息的导语部分。写法一般有叙述式、提问式和结论式等。

（2）主体。主体是简报的主干，简报的主体部分需要用富有说明力的典型材料把前言展开，使其具体化。一般有以下四种叙述方法。①并列式：并列式是将选取的材料，在前言的统帅下，逐条排列，各条之间是并列关系。这适用于报告一件事情的几个横截面、多场面。②逻辑式：逻辑式即是根据事情的内在联系，如因果、主从、递进、正反、点面等来写。使用这种方法，注意不要把互不相关的事情扯在一起，以免造成混乱。③时间式：时间式即按事情的发生、发展和结果的自然顺序来写。这适用于报告一件完整的事情。这种方法的特点是有头有尾，脉络清楚，适合于我国人民的欣赏习惯。④数据式：数据式就是用准确的数据来说明问题，简洁而又具有说服力。简报正文的主体，如篇幅较短，可一气呵成；如篇幅较长，为求眉目清楚，可采用小标题、序数法等方式来展开。

4. 报尾

简报只要报告完一个事实或情况即可，一般不必专门加上一个结尾部分。只有需连续性地作报告时，可在结尾处说明："事情正在进一步发展""发展情况下期再续""事情正在进行处理"等。正文之后，页码底部画两条水平横线。两线空白处写明发送对象——报、送、发或加发的单位名称或个人职务姓名。末行右下角注明本期印发份数，以备查考。

5. 按语

按语是简报的编者围绕所编发的稿子，提出看法，表明态度，或提供背景材料，让读者加深对问题的理解。按语应当简洁、精练，以事实说话，要讲究艺术，切忌以领导者自居，居高临下，更不能以势压人、以教要压人。

简报的按语分编者按和编后两种。

（1）编者按。编者按属评论性文章，是编者代表简报的主办机关对一些重要事实表明态度、看法，或介绍有关情况。编者按，同其他文章相比，较为正规，不能随便发言表态，并且要精、要简，不能拖泥带水。其功能概括起来主要有两个方面：一是根据上级有关精神或当前工作中需要注意的问题，对有关重要事实表明态度和看法，明确提倡什么，否定什么，哪些经验值得推广，哪些问题应当引起人们的注意，对工作有明显的指导意义。二是对简报中文章的背景、有关情况加以交代，或对某些问题作补充性说明。简报编者按的功能和写法，同新闻编者按的功能和写法基本相同。编者按大多放在文前，也可放在文中。编者按没有题目，在其开头用比正文稍大一点的字"按语""编者按"或"编者按语"加以显示。

（2）编后。简报的编者，在编完一篇文章之后，感到有话可讲，就可以将其整理成文，形成编后。编者按较为正规，不可盲目使用，而编后相比之下则较为随便，有触景生情、借题发挥之意。编后可单独成篇，放在文章之后，可有题目，也可以不要题目。尽管编后较为灵活、随便，但也要有的放矢，旗帜鲜明，要善于分析问题，阐述道理，要善于谋篇布局，创新求精。

6. 简报的写作要求

简报的写作要求是"快""新""简""实"。"快"指的是时间；"新"指的是内容；"简"兼指取材和语言表达；"实"既指内容真实无误，又指态度实实在在，不可弄虚作假。

 例文

××大学"三讲"教育简报

××大学"三讲"教育领导小组办公室编　第×期　1999年×月×日

目　录

★编者按
★党委开展调研活动，征集对学校工作的意见和建议
★查摆突出问题，研究"三讲"教育方案
★化学化工学院加大改革力度勇于开拓创新
★计算机系抓突出问题加紧制定青年教师培养计划

编者按： 在县级以上党政领导班子、领导干部中深入开展以"讲学习、讲政治、讲正气"为主要内容的党性党风教育，是中央和省委进一步落实党的十五大精神，推动深入学习邓小平理论，加强领导班子建设，提高领导干部素质的一项重要举措。我校被省委确定为全省"三讲"教育试点单位之一，承担了重要的责任。为了切实搞好我校的"三讲"教育，宣传"三讲"教育的重大意义、指导思想和具体做法，交流经验，我们特编辑了《××大学"三讲"教育简报》。《简报》将及时报道我校"三讲"教育的工作情况。欢迎各部门、各单位惠赐稿件，并对我们的工作提出宝贵的意见。

党委开展调研活动，征集对学校工作的意见和建议

1999年×月×日，学校党委召开由中层领导干部、专家学者、优秀中青年教师和离退休职工代表参加的调研会，全面征集对学校党政工作和班子成员的意见和建议。到会代表共77人，收回调研表74份。参加调研的同志以对学校工作高度负责的精神，结合学校的工作实际和个人的切身感受，对学校近年来取得的进展和党政班子的工作给予了充分肯定，同时也对学校工作中存在的问题提出了许多中肯的、建设性的意见和建议。这些意见和建议为学校领导班子查找自身存在的突出问题，并通过"三讲"教育切实予以解决，提供了重要的基础和依据。

查摆突出问题，研究"三讲"教育方案

1999年×月×日和×日，党委书记×××同志两次主持召开党政联席会议。会议认真听取了关于"三讲"教育调研情况的汇报。

班子成员结合学校的工作实际，根据省委关于开展"三讲"教育试点工作的要求，全面分析了广大群众对学校党政工作的意见和建议，实事求是地查摆了工作中存在的突出问题和不足。特别是针对伙食处存放私宰肉问题，班子成员进行了深刻的检查和反省。大家认为，这一事件暴露了我校管理工作中存在的突出问题，是不讲政治、不讲纪律的表现。这一事件给我们的教训是十分深刻的。班子成员一致表示，一定要从这一事件中汲取教训，举一反三，全面检查工作中的问题和不足。经过认真讨论，大家一致认为，在"三讲"教育中，校级领导班子要解决的突出问题是：理论学习不深入；深入改革的意识不强；坚持民主集中制不力；工作作风欠实；管理落后等。班子成员表示，一定要从自己做起，以办好××大学的高度的政治责任心和解决突出问题的决心，把这次"三讲"教育搞好。

学校领导对"三讲"教育方案进行了认真的研究,就开展"三讲"教育的意义、指导思想、目标要求、基本原则、方法步骤和组织领导工作等内容进行了深入的探讨,对工作方案草案进行了许多补充和修改,为在全校开展"三讲"教育提出了重要的指导性意见。

化学化工学院加大改革力度勇于开拓创新

(文略)

计算机系抓突出问题加紧制定青年教师培养计划

(文略)

报：中共××省委"三讲"教育领导小组办公室
送：中共××省委高校工作委员会、省直有关单位、校领导
发：各党总支、直属党支部、党委各部门

四、正确认识简报

简报不是一种文章的体裁。因为一份简报,可能只登一篇文章,也可能登几篇文章。这些文章,可能是报告、专题经验总结、讲话、消息等,故此,把简报说成一种独立的文体,或只说是报告,是不妥当的。

简报不是一种刊物。因为有些简报可装订成册,像一般"刊物",但更多的是只有一两张纸,几个版面,像一份报纸。更重要的是简报具有一般报纸的新闻特点,特别是要求有很强的时效性。而刊物的时效性则远不及报纸。故此,简报不是"刊",而是"报",说它是刊物,不如说是"小报"更恰切些。

综观各种工作简报、会议简报、动态简报,再拿这些简报同一般的报纸、刊物相对照,可以得出这样的看法:简报不再单纯是下级向上级汇报工作的简要书面报告,不能看作是一种独立文体,也不是一种刊物,而是一种专业性强的简短的内部小报。

知识拓展

人代会简报工作的改进与规范

简报,顾名思义就是内容简明的报道。它是一种古老的文体,其起源可追溯到西汉初期,那时名为邸报。到了唐代,开始出现雕版印刷的邸报。简报发展到现在,已经成为一个通报情况、交流信息、介绍经验、指导工作的文种。人代会简报是在人民代表大会会议期间由各代表团编写,经大会秘书处统一审核和印发的一种会议材料。

一、关于简报的定位和作用

人大作为国家权力机关,主要是通过会议的形式来讨论决定重大事项。人代会简报是反映人大代表审议意见的重要载体,也是会议成果的重要体现。简报工作是大会组织和会务工作的重要方面,是为大会和代表服务的重要内容。对于全国人大和一些地方人大来说,编印人代会简报还是一项法定工作。全国人民代表大会议事规则规定,代表大会会议期间,代表在各种会议上的发言,整理简报印发会议。一些地方人大也在自己的

议事规则中对简报工作作出相应规定。对于已把简报工作写入法律法规的人大来说，简报是有法律定位的，整理简报印发会议是法律赋予的职责，也是开好大会和服务代表的要求。

简报的作用，见仁见智。有的认为简报十分重要，有的认为简报可有可无，也有的认为简报会中是宝，会后是草。笔者认为，简报的作用是由人大和人大代表的作用决定的，简报有着重要的功能和作用：

一是交流审议意见。我国各级人大为了体现代表的广泛性，代表人数都比较多。越是高层的人大，代表人数越多。由于代表众多，代表们不可能在代表大会全体会议上审议各项报告和议案，只能在各代表团全团会议或者分组会议上进行审议。大会编发的简报，就起到反映审议情况、传递审议信息、交流审议意见、引导会议进行的作用。

二是汇集重要民意。人大代表是人民的代言人。人大代表的审议发言，体现代表智慧，反映社情民意。简报汇集代表们的真知灼见，就如珍珠集于玉盘，这些汇集而成的智慧是十分珍贵的，是治理国家的最重要民意信息。

三是记载会议状况。简报可以如实记载会议审议状况和代表审议发言，便于归档存查。人代会期间，各位代表都要审议发言。各代表团的简报记录人员所作的记录，不便存档，真正留给历史查考和代表存藏的是大会编印的简报。

四是推动工作改进。大会主席团和各位人大代表通过简报及时了解和掌握大会审议情况和代表审议意见，有利于科学决策和民主决策。人大常委会和一府两院通过简报了解代表对其工作的意见和建议，有利于改进各项工作。大会期间，通过简报了解代表的修改意见，有利于及时修改完善会议文件。

二、关于简报存在的问题和成因

简报工作年年做，年年有新的要求，年年有新的改进，但仍然存在一些矛盾和问题：

一是简报绝对数量太多。全国人大有近3 000名代表，简报刊登每位代表一段审议发言，就要刊登3 000段审议发言；简报刊登每位代表提出的一条建议，就要刊登3 000条建议。若全国人代会编印简报280期，按每期2 000字计算，就有56万字。人代会期间代表需要阅读会议文件、准备议案建议和审议发言，无法充分阅读这些简报。

二是简报相对数量太少。简报绝对数太多和相对数太少形成的矛盾，使得代表一方面认为简报总量太多，阅读不完，要求压缩；另一方面认为自己的重要审议意见刊登太少，言犹未尽，希望多登。这个矛盾越是高层的人代会越是突出。

三是简报质量参差不齐。普遍存在"几多几少"现象：即表态性内容多，实质性内容少；表扬性意见多，批评性意见少；领导代表意见多，基层代表意见少；讲本地工作内容多，站位全局内容少；编写成分意见多，原汁原味意见少。

四是简报作用未充分发挥。在代表大会期间，许多代表因为时间关系，只能阅读前几期简报、刊登重要领导发言的简报和本代表团的简报，其他的简报则随手翻翻。代表团领导最关心本团出了多少期简报，有无差错。代表最关心本人发言是否上了简报，有无不妥。会中，简报应起到的作用没有得到充分发挥。会后，有的国家机关没有很好地研究简报内容，简报没有充分发挥出推动工作改进的作用。

三、关于简报的取消和保留

据悉，1999年，江苏省扬州市人代会不再编发简报。2005年，浙江省温岭市取消人代会简报。2009年，江苏南京、四川眉山等市也取消人代会简报。要不要取消简报已成为一个讨论和争议的话题。

提出取消的观点，笔者归纳起来主要有三种。一是"就坡下驴"。随着人代会公开性和透明度的提高，广播、电视、报纸、网络等传媒全方位、多层次图文并茂的宣传报道，使得简报的作用日渐弱化，不如顺势消失。二是"卸磨杀驴"。编写高质量的简报需要耗费大量人力、精力和时间。一些地方人代会会期较短，人手有限，做好简报工作确有难度，不如主动放弃。三是"以马换驴"。有的地方在报纸上刊登代表的审议发言，每天发给代表；有的地方在网络上公开代表的审议发言，欢迎网民点击。这些做法能够增强代表的责任感和使命感，有利于代表接受人民监督。

要求保留的观点。一是人代会的简报有着独特作用，只能加强，不能削弱，更不能取消。二是全国人代会和有的地方人代会的简报工作还是一项法定工作，必须认真对待。三是简报是会议材料，与广播、电视、报纸、网络功能不同，不能被其完全替代。

对于简报的存留问题，笔者认为：第一，依然重要。简报有着交流情况、集中民意、记载会议、推进工作的重要作用，目前仍然要发挥其积极作用。第二，允许探索。必须用发展眼光看待和研究简报工作媒体化和网络化的发展趋势。各级人大都有权决定自己保留或者取消简报。要允许探索创新，允许走出一条新路。第三，仍要办好。与时俱进改进简报工作，进一步发挥简报作用，仍然是一种共识。目前仍然要按照有关要求办好简报。

四、关于简报工作的改进和规范

各级人代会、各地人代会的简报工作要求不同、做法不同，简报的质量和作用也不同。随着人大制度的不断完善、人大工作的不断加强，必须研究简报工作固有的特点、共有的要求和应有的作用，进一步改进和规范人代会的简报工作。有条件的人大应该尝试制定人代会简报工作办法。简报工作环节很多，在现阶段，改进和规范简报工作也有许多工作要做。

1. 抽调精干力量以加强简报工作

简报是人编写的，编写人员的素质决定简报的质量。人代会简报质量参差不齐，不同代表团的简报质量有很大差别，甚至同一代表团不同期的简报质量也有差别，这与不同人员编写不无关系。各代表团的简报编写人员一般都是临时抽调组成的，有的是老手，有的是新手。有的记录快、编写快，有的抓不到代表审议发言重点，编写缺乏深度，甚至无从下手。因此，各级人代会、各个代表团要选派综合素质高、文字能力强、熟悉简报业务的同志从事简报工作。

2. 实行以会代训以明确简报要求

人代会开幕前，要集中编写人员进行培训，帮助简报人员掌握编写的基本要求和基本方法，掌握专用名词、数字、常用缩简词语的规范提法和统一写法，提高抓住重要审议意见和反映深度问题的能力和水平。新参加简报工作的人员，要认真学习研究以往人代会的简报。简报人员还要尽快熟悉各项报告内容。要明确简报工作"快、简、精、准"的基本要求。快，即速度要快。要讲究方法，轮流记录，轮流整理，提高编写效率。简,即文字要简。简报"姓"简,要求文字要精练、简洁,不说废话。精,即意见要精。要突出重点,撷取精华。准,即内容要准。简报反映的审议意见一定要真实、准确,不能杜撰。

3. 认真记录编写以提高简报质量

记录是简报工作的基础。编写人员要原汁原味记录代表发言,尽量保持代表的语言风格,减少编写痕迹。要如实准确记录代表发言。会后,对记录不全和不准的地方,要及时核对。编写是简报工作的关键环节。编写简报时要重点反映重要的审议意见,注意多反映不同的意见,特别是中肯的批评意见和有价值的建议。审编是简报工作的重要环节。审编重点是对简报内容的政治导向、语言文字、数据、代表名字等方面进行把关。审编人员不能根据自己的好恶而对代表的审议意见进行随意取舍,切忌进行大量的文字调整。简报标题,是简报点睛之处,要体现时代特色、体现大会主题、体现会议特点、体现审议内容。

4. 修改简报名称以提升简报地位

简报是个很通俗的名称,各行各业都有自己的简报。人代会的简报作为国家权力机关议事的重要载体,有其独特的定位和作用,必须与一般性的简报区别开来。"审议意见"四个字已经写入监督法。人代会上的审议发言与常委会上的审议发言性质相同。人大常委会提出审议意见并督促办理的做法值得人代会学习和效仿。人代会简报的属性是会议材料,而人大常委会"审议意见"的属性是会议文件。因此建议把人代会的"简报"的名称改为"审议简报"或"审议意见简报"。

5. 公开简报内容以扩大简报影响

公开人大代表审议发言,有利于人大代表接受人民监督,也有利于扩大简报工作影响。监督法规定,各级人大常委会行使监督职权的情况,向社会公开。公开的原则已成为人大常委会依法履职的重要原则。公开的原则也应该成为人代会依法履职的重要原则。国外电视台直播议员在议会上的发言的做法由来已久。国内一些地方尝试电视和网络直播人大代表审议发言,反响良好。简报公开是发展的必然趋势。各级人大要进一步研究简报公开问题,积极试办网络版简报。

公开简报内容还是解决简报绝对量太多与相对量太少的矛盾的有效办法。在解决这一矛盾时,笔者认为,绝对量要服从相对量。每位代表的审议意见都应该得到必要的反映,这既是对每位代表所代表民意的一种尊重,也是发挥代表作为国家权力机关组成人员作用的必然要求。我们不能通过控制绝对量而限制相对量,而应该通过保证必要的相对量来确定合理的绝对量。简报是代表看不完,群众看不到,公开了就能解决这一问题。

6. 处理审议意见以发挥简报作用

简报在会中发挥了重要作用,会后是不是废纸、垃圾?能否继续发挥作用?监督法对各级人大常委会处理审议意见作出规定。人代会上简报反映的审议意见会后要不要研究,要不要处理?值得研究探讨。某省人大常委会近年来在省人代会后,根据人代会简报整理出"代表对常委会工作意见和建议",供常委会和机关研究处理的做法效果不错。建议有关机关要根据人代会简报,分别整理出代表对政府工作、对法院工作、对检察院工作的意见和建议,认真研究处理,并将结果报同级人大常委会。

(资料来源:陈书侨,www.npc.gou.cn)

思考练习题

1. 计划的三要素是什么？计划的特点是什么？
2. 简报的格式是哪三部分？
3. 什么是简报的报头？
4. 简报的编写要求是什么？
5. 调查报告的特点是什么？调查报告的标题的写法有哪些？
6. 联系实际，写一份大学生手机消费状况的调查报告。
7. 下文是一篇总结的开头部分，请修改。

金秋送爽的十月，正是瓜果成熟和收获的季节。苹果那么红，葡萄像水晶，好一派欣欣向荣的丰收景象！在这丰收的季节，我们秘书专业一年的学习胜利结束，也获得了丰收。我们带着丰收的喜悦，遥谢春城里的老师，真是"丰收果里有你的甘甜，也有我的甘甜"。静思我们学习中有哪些收获，还存在哪些不足，该是认真总结的时候了。

第八章 常用会议公文写作

第一节 开幕词

一、开幕词的含义和特点

1. 开幕词的含义

开幕词是会议讲话的一种,是党政机关、社会团体、企事业单位的领导人,在会议开幕时所作的讲话,旨在阐明会议的指导思想、宗旨、重要意义,向与会者提出开好会议的中心任务和要求。它以简洁、明快、热情的语言阐明的大会宗旨、性质、目的、任务、议程、要求等,对会议起着重要的指导作用。

2. 开幕词的特点

(1) 简明性。开幕词要简洁明了、短小精悍,最忌长篇累牍,言不及义,多使用祈使句,表示祝贺和希望。

(2) 宣告性和引导性。不论召开什么重要会议,或开展什么重要活动,按照惯例,一般都要由主持人或主要领导人致开幕词,这是一个必不可少的程序,标志着会议或活动的正式开始。

(3) 口语化。它的语言应该通俗、明快、上口。

二、开幕词的分类和作用

1. 开幕词的分类

按内容可以分为侧重性开幕词和一般性开幕词两种。

(1) 侧重性开幕词。这种类型的开幕词往往对会议召开的历史背景、重大意义或会议的中心议题等,作重点阐述,其他问题一带而过。

（2）一般性开幕词。这种类型的开幕词则只对会议的目的、议程、基本精神、来宾等作简要概述。

2. 开幕词的作用

开幕词的主要作用是确定会议的基调和内容。开幕词通常要阐明会议或活动的性质、宗旨、任务、要求和议程安排等，集中体现大会或活动的指导思想，起着定调的作用，对引导会议或活动朝着既定的正确方向顺利进行，保证会议或活动的圆满成功，有着重要的意义。

三、开幕词的内容、结构和写作注意事项

1. 开幕词的内容、结构

开幕词由首部、正文和结束语三部分组成，各部分的内容与写作要求如下。

（1）首部。包括标题、时间、称谓三项。

①标题。一般由事由和文种构成，如《中国共产党第十二次全国人民代表大会开幕词》；有的标题由致词人、事由和文种构成，其形式是《××同志在××会上的开幕词》；有的采用复式标题，主标题揭示会议的宗旨、中心内容，副标题与前两种标题的构成形式相同，如《我们的文学应该站在世界的前列——中国作家协会第四次会员代表大会开幕词》；也有的只写文种《开幕词》。

②时间。标题之下，用括号注明会议开幕的年、月、日。

③称谓。一般根据会议的性质及与会者的身份确定称谓，如"同志们""各位代表、各位来宾""运动员同志们""尊敬的××先生，各位代表，朋友们"等。

（2）正文。包括开头，主体和结尾三部分。

①开头部分。一般开门见山地宣布会议开幕。也可以对会议的规模及与会者的身份等作简要介绍，如"参加这次大会的代表有××人，其中有来自……"，并对会议的召开及对与会人员表示祝贺。需要说明的是，开头部分即使只有一句话，也要单独列为一个自然段，将其与主体部分分开。

②主体部分。这是开幕词的核心部分。通常包括以下三项内容。

A. 阐明会议的意义，通过对以往工作情况的概括总结，和对当前形势的分析，说明会议是在什么形势下，为了解决什么问题和达到什么目的召开的；

B. 阐明会议的指导思想，提出大会任务，说明会议主要议程和安排；

C. 为保证会议顺利举行，向与会者提出会议的要求。

③结尾部分。提出会议任务、要求和希望。

（3）结束语。开幕词的结束语要简短、有力，并要有号召性和鼓动性。写法上常以呼告语领起一段，如用"预祝大会圆满成功"。

2. 开幕词的写作注意事项

（1）有的放矢。掌握会议或活动的精神，了解会议或活动的全面情况，明确会议或活动要达到的预期目的，这是写好开幕词的前提。

（2）主次分明。要主旨集中，突出会议或活动的中心内容，把握会议或活动的主要特点，只对会议或活动的主题和有关重要问题作必要的说明，不可面面俱到，眉毛胡子一把抓。

（3）富有号召性。开幕词的态度要热情洋溢，富号召性和鼓动性。

（4）短小精悍。开幕词的文字要简练，条理要清晰，篇幅不宜过长。

例 文

开幕词的格式

××××（称谓）：

　　××××会议隆重开幕了。首先，请允许我代表××××向会议致以热烈的祝贺！向××××表示衷心的感谢！（情感）

　　出席这次大会的领导（嘉宾、代表）有……（人员介绍）

　　这次会议的召开，是××××，对于××××，必将××××，××××（目的、意义）

　　这次大会的主要任务是……（议题、议程）

　　希望各位与会代表会议期间……（与会要求，情意）

例文评析

【原文】

中华人民共和国第一届全国人民代表大会
第一次会议开幕词
毛泽东
一九五四年九月十五日

各位代表：

　　中华人民共和国第一届全国人民代表大会第一次会议，今天在我国首都北京举行。

　　代表总数一千二百二十六人，报到的代表一千二百十一人，因病因事请假没有报到的代表十五人，报到了因病因事今天临时缺席的代表七十人。今天会议实到的代表一千一百四十一人，合于法定人数。

　　中华人民共和国第一届全国人民代表大会第一次会议负有重大的任务。

　　这次会议的任务是：

　　制定宪法；

　　制定几个重要的法律；

　　通过政府工作报告；

　　选举新的国家领导工作人员。

　　我们这次会议具有伟大的历史意义。这次会议是标志着我国人民从一九四九年建国以来的新发展的里程碑。这次会议所制定的宪法将大大地促进我国的社会主义事业。

　　我们的总任务是：团结全国人民，争取一切国际朋友的支援，为了建设一个伟大的社会主义国家而奋斗，为了保卫国际和平和发展人类进步事业而奋斗。

　　我国人民应当努力工作，努力学习苏联和各兄弟国家的先进经验，老老实实，勤勤恳恳，互勉互助，力戒任何的虚夸和骄傲，准备在几个五年计划之内，将我们现在这样

一个经济上文化上落后的国家，建设成为一个工业化的具有高度现代化程度的伟大的国家。（热烈鼓掌）

我们的事业是正义的。正义的事业是任何敌人也攻不破的。（热烈鼓掌）

领导我们事业的核心力量是中国共产党。（热烈鼓掌）

指导我们思想的理论基础是马克思列宁主义。（热烈鼓掌）

我们有充分的信心，克服一切艰难困苦，将我国建设成为一个伟大的社会主义共和国。（热烈鼓掌）

我们正在前进。

我们正在做我们的前人从来没有做过的极其光荣伟大的事业。

我们的目的一定要达到。（鼓掌）

我们的目的一定能够达到。（鼓掌）

全中国六万万人团结起来，为我们的共同事业而努力奋斗！（热烈鼓掌）

我们的伟大的祖国万岁！（热烈的长时间的鼓掌）

（选自《中华人民共和国第一届全国人民代表大会第一次会议文件》，人民出版社，一九五五年二月第一版，第3～4页。）

【评析】

本开幕词的标题、称谓、正文均符合文体格式的要求。

这是一篇经典的开幕词。至今，其中的不少语句人们仍耳熟能详。这些语句的思想鼓舞和教育了几代人。语言不仅精练，而且极富号召力和鼓舞性，不少语句当场赢得听众的热烈鼓掌。开幕词的第一层意思是宣布大会开幕（包括会议名称、开会地点、到会人数、合法性等基本情况）；第二层意思是讲这次会议的任务（共四项）；第三层意思是讲本次会议的意义；第四层意思是讲我们的总任务以及如何完成总任务，并强调了我们事业的正义性；第五层意思是讲我们事业的领导力量和我们思想的理论基础，因此我们充满信心；第六层意思是指出我们正在前进，我们的目的一定能够达到，极富鼓动性和号召力，并以口号结束开幕词，获得人们长时间的热烈鼓掌，与会者的情绪被激发至高潮。以短小的篇幅获得如此巨大的效果，非文字巨匠莫能为之。

第二节　闭幕词

一、闭幕词的含义和特点

1. 闭幕词的含义

闭幕词是党政机关、社会团体、企事业单位召开的重要会议或举办的重大活动将要结束时，为有关领导人或德高望重者讲话所准备的文稿。

2. 闭幕词的特点

凡重要会议或重要活动，与开幕词相对应，一般都有闭幕词，这是一道必不可少的程序，标志着整个会议或活动的结束。闭幕词具有以下特点。

（1）总结性。闭幕词是在会议、活动的闭幕式上使用的文种，通常要对会议、活动作出正确的评估和总结，充分肯定会议、活动所取得的成果，强调会议、活动的主要精神和深远影响，激励有关人员宣传会议、活动的精神实质和贯彻落实有关的决议或倡议。

（2）概括性。闭幕词应对会议进展情况、完成的议题、取得的成果、提出的会议精神及会议意义等进行高度的语言概括。因此，闭幕词的篇幅一般都短小精悍，语言简洁明快。

（3）号召性。为激励参加会议的全体成员实现会议提出的各项任务而奋斗，增强与会人员贯彻会议精神的决心和信心，闭幕词的行文充满热情，语言坚定有力，富有号召性和鼓动性。

（4）口语化。闭幕词要适合口头表达，写作时语言要求通俗易懂、生动活泼。

二、闭幕词的种类

闭幕词的种类同开幕词一样，分为侧重性和一般性两类，其写作要求类似。

三、闭幕词的内容、结构和写作注意事项

1. 闭幕词的内容、结构

闭幕词的结构与开幕词大体相同。其中，标题只需将"开幕词"换成"闭幕词"即可，署名、称谓也完全一样，只是正文的内容有所区别。

闭幕词的正文同样包括开头、主体和结尾。

（1）开头。先说明会议或活动已经完成预定的任务，现在即将闭幕，接着简述会议或活动的基本情况，恰如其分地对其收获、意义和影响作出总的评价。

（2）主体。主体是正文的重点所在，主要总结会议或活动的主要成果或收获，向出席者提出具体的要求。要从理论的高度上进行概括归纳，做到层次清楚，重点突出，言简意明，具有逻辑性和深刻性。

（3）结尾。结尾展望未来，发出号召，提出希望，表示祝愿，使出席者在激动、振奋中离去；还可以用诚恳热情的词语，向为大会或活动圆满成功而辛勤服务的工作人员表示谢意。

2. 闭幕词的写作注意事项

（1）要针对会议或活动的中心内容，作简明扼要的综述。评价要中肯恰当，并与开幕词前后呼应。

（2）对会议或活动中没有展开但已认识到的重要问题，可在闭幕词中适当予以强调，作出必要的补充。

（3）语言富有感染力和号召力，真正起到促人奋进的作用，切忌空洞单调的说教。

（4）篇幅宜短不宜长。

例 文

××市科学技术协会第×次代表大会闭幕词
（××××年×月×日）
×××

各位代表、各位来宾，同志们：

××市科协第×次代表大会，在市委、市政府和省科协的亲切关怀下，在与会同志们的共同努力下，已经圆满地完成了预定的各项任务，今天就要胜利闭幕了。这是我市科技界具有历史意义的大会，是继往开来、团结奋进的大会，也是动员××特区广大科技工作者为我市率先基本实现社会主义现代化建功立业的大会！

这次代表大会得到了市领导和上级科协的重视和关怀，市五套班子领导在百忙中莅临大会，悉心指导。省委常委、市委书记×××同志，市委副书记×××同志代表市委、市政府在大会中作了重要讲话，市委常委、宣传部长×××为全体代表作了一场生动的形势报告。他们深刻论述了市场经济条件下，科学技术是第一生产力的地位和作用，尤其是科技进步对我市经济发展的重要作用；对××特区广大科技工作者在深化改革中的奋斗、献身精神给予了高度评价；同时也对科协在我市进入改革攻坚阶段，为率先实现社会主义现代化建设中所面临的机遇和挑战，提出了新的工作任务和殷切的希望。市领导亲临会议并讲话，给予我们极大的鼓舞和鞭策。我们决不辜负市委、市政府对我们的期望，决心紧紧团结全市广大科技工作者，自觉肩负起历史的重任，为把××早日建成现代化国际性港口城市建功立业！

全体代表经过认真地讨论和审议，一致通过了×××同志所作的工作报告；一致通过了《××市科学技术协会章程》；大会还表彰了全市科协系统先进集体和先进工作者；向第×届全市自然科学优秀论文获奖者颁奖；向全市广大科技工作者发出了倡议书；大会选举产生了××市科学技术协会第×届委员会；聘请了一批德高望重的两院院士、专家学者担任市科协名誉主席、顾问和荣誉委员。大会圆满完成了各项预定的任务。

原×届委员会中部分老专家、学者由于年事已高或其他原因，这次没有参加市科协新的领导机构。他们多年对我市科技工作和科协工作做出了突出的贡献，赢得了广大科技工作者的爱戴和信赖。在这里，我们谨向他们表示崇高的敬意！我们也希望老前辈们能一如既往地关心市科协事业的发展，指导和帮助我们的工作。

同志们，我们即将进入一个新的世纪和关键的历史发展时期，回顾过去，令人鼓舞；展望未来，令人振奋！我们的使命艰巨而光荣，我们任重而道远。×届科协，恰逢世纪之交和千年交替，正处在我国进入全面建设小康社会，加快推进现代化建设的新的发展阶段，我们×届委员会要更加努力地学习邓小平关于"科学技术是第一生产力"的理论，在市委、市政府的领导下，进一步弘扬"献身、创新、求实、协作"的精神，满腔热情地为我市的广大科技人员服务，加强××特区科技工作者的团结、协作，做好"三主一家"工作，在改革开放和社会主义现代化建设中，奉献才智，再立新功，再创辉煌！

最后，我代表全体与会人员向为本次会议提供热情、周到服务的全体工作人员和有关单位的同志们表示衷心的感谢!

现在,我宣布××市科学技术协会第×次代表大会胜利闭幕!

(资料来源:《应用写作》杂志 2004 年第 5 期)

第三节 讲话稿

一、讲话稿的含义和特点

1. 讲话稿的含义

讲话稿是指为领导在会议上讲话并与会议报告协调,紧扣会议内容,带有表态性、指导性、宣传性和鼓动性而写成的文稿。

要写好讲话稿,使其既体现集体决策,又适合讲话者的口味,并不是件容易的事情。如果没有掌握讲话稿的写作规律,平时又不注意积累和锻炼,到写作讲话稿时,就会即使动了不少脑筋,下了不少工夫,写出的讲话稿也难以让领导满意。

2. 讲话稿的特点

(1) 发表的口头性。讲话稿主要应用于口头发表,这是讲话稿不同于其他应用文体的最显著的特征。讲话稿是讲话人直接用口头表述出来,靠有声语言来实现其写作目的。而其他应用文主要是通过文字表述和书面传递来实现写作目的。

(2) 受体的当面性。讲话人用讲话稿作口头表述时是面对听众的,这时讲话者(主体)和听众(受体)是在进行面对面的思想情感交流。听众会对讲话人的态度、表情和讲话内容及时作出反应,讲话人也可以随时根据听众的情绪反应对讲话内容和自己的讲话姿态作适当调整。而其他应用文主要是通过文字媒介进行书面传递或公布,发文主体同阅读受体是背对背进行信息传输和交流的。

(3) 场合的特定性。人们一般的日常讲话并不需用讲话稿,只有准备在某个会上或比较隆重的公开场合发表讲话,而且要讲的内容又较为重要、复杂,才会把要讲的话写成讲话稿(有的由别人代写),而后再依据讲话稿去临场讲话。所以,讲话是否需要讲稿,主要是根据讲话的场合和讲话的内容确定的,而场合对内容又是起决定作用的,正所谓到什么山上唱什么歌,在什么场合说什么话。

二、讲话稿的内容和结构

1. 标题

标题是讲话稿不可缺少的组成部分。好的标题,是讲话稿的点睛之笔,与会者一看(听),就或能知其要领,或能受到深刻的启发、激励、教育和感染,引起强烈的兴趣。

标题,既包括讲话稿的总标题,也包括讲话稿正文中每一部分、每一段落的大小标题。当然,在领导的即席讲话中,通常情况下是没有总标题的,但只要留心倾听,正文中的大小标题还是听得出来的。

（1）三种讲话稿的总标题

①体现讲话场合及讲话内容的叙事性标题。主要用于小型会议、一般性工作会议或公务活动，如"在×××会议或活动上的讲话"。这类标题往往要在后面标识讲话人姓名、职务和讲话时间；有的在写作中省略了"在……上"这两个字，直接写"×××大会开幕词""×××会议主持词""×××活动欢迎辞"。

②体现会议主题及讲话内容的观点性标题。主要用于庄重场合或大型会议、大型活动。如邓小平同志的《解放思想、实事求是，团结一致向前看》，十六大报告《全面建设小康社会，开创中国特色社会主义事业新局面》。这类标题有的还在后面加设副标题，说明什么场合、什么人的讲话，如《咬定目标、迎难而上，迅速掀起工业原料林建设新高潮——在全市林业大会上的讲话》。

③固定标题。如各级人代会上的政府工作报告、法院工作报告、检察院工作报告，从中央到地方，沿用几十年不变，成为一种法定标题。

（2）四种正文中各部分的大标题

①用"要"字统领各标题。如某领导在全省领导干部树立和落实科学发展观与构建社会主义和谐社会专题研讨班上的讲话，三个部分的标题是：（一）要深刻认识创新理论；（二）要正确把握创新理论；（三）要全面贯彻创新理论。这种写法的优点是，标题所显示的观点简洁明了，语势短促有力，各部分之间的衔接也很紧密，整个文章显得很紧凑。一般来说，这种写法更适用于非主体报告的强调性讲话，而且在论述各部分中的观点时不宜太展开，也不宜用过多的散句，而必须用高度概括性的语言来进行高屋建瓴、简明扼要的阐述，使这种简短有力的文风体现得更淋漓尽致。

②用带观点的祈使句作为各部分的标题。这是最常见的写法。句子有长有短，短的如江泽民同志在全国再就业工作会议上的讲话，三个标题是：（一）充分认识就业再就业工作的极端重要性；（二）集中力量做好下岗失业人员再就业工作；（三）全面做好扩大就业的各项工作。长的如某副省长在全省发展农民专业合作组织工作电视电话会议上的讲话，三个标题是：（一）统一思想，提高认识，进一步增强加快发展农民专业合作组织的紧迫感；（二）正确分析形势，认真总结经验，进一步增强加快发展农民专业合作组织的主动性；（三）加强领导，积极扶持，进一步推动我省农民专业合作的发展。这种写法便于在各部分中装进较多的内容，充分展开来讲，适用于主体讲话。

③用不带观点的短语作标题。如温家宝总理2005年12月在中央农村工作会议上的讲话，六个标题依次是：（一）关于农村基础设施建设问题；（二）关于农村综合改革问题；（三）关于粮食问题；（四）关于土地问题；（五）关于农民工问题；（六）关于农村社会事业发展问题。又如某领导2003年在全省一季度经济形势通报会上的讲话，三个标题是：（一）一季度全省经济形势；（二）各市（州）指标完成情况；（三）下阶段工作意见。

④不带序号的写法。前面介绍的三种标题法都带有序号"一、二、三、四"，标识很明显。即标题置于文中，以设字体和空格提行来体现。如某省领导2004年在全省市州和省直单位负责人会议上的讲话，开头先申明"讲三个问题"，紧接着是：第一个问题讲发展——主要是讲在宏观调控形势下加快发展的问题；第二个问题讲稳定——主要是讲积极主动地调处人民内部矛盾的问题；第三个问题讲作风——主要是讲坚持依法行政、依法办事的问题。这种写法使整个文章显得浑然一体，层次划分不露痕迹，形式新颖，值得借鉴。

2. 称谓

讲话一开始首先是对听众的称呼，以唤起听众的注意，拉近讲话者与听众的感情距离。用什么样的称呼要看场合、接受对象而定。有的用一种称呼，如"各位代表""同志们"；有的可以用几种称呼，如"女士们，先生们，来宾们"等。称谓除在开头出现外，在讲话的过程中也可适当穿插出现。

3. 正文

（1）开头

开头，是指讲话稿的开始话。开头是讲话思路的起点，其意义在于提领整个讲话，起着定调的作用，使与会者了解会议（活动）的情况和讲话者的意图。

好的开头，可以先声夺人，先入为主，给人以深刻的印象，把听众吸引住。它既可以是一个句子，也可以是一个自然段，还可以是几段。

常见的开头方法有以下5种。

①总体概括法。从介绍情况入手，说明会议召开的背景、目的、议题和任务。这是目前普遍采用的方法，例子很多。

②提出问题法。即提出问题，吸引听众，引发思考。如毛主席1942年5月23日《在延安文艺座谈会上的讲话》之开篇："第一个问题，我们的文艺是为什么人的？"

③开篇点题法。即一开始便把讲话的意图简明扼要地说出来。如毛主席《整顿党的作风》之开篇："今天我想讲一点关于我们党的作风"的问题。

④表明态度法。即开门见山地表明讲话者对所谈问题的态度。如毛主席《改造我们的学习》之开篇："我主张将我们全党的学习方法和学习制度改造一下"。

⑤欢迎感谢法。即由抒写讲话者的心情、感受导入正题。如某市领导2005年6月与湖南大学部分专家座谈会上的讲话之开篇："非常感谢湖南大学的盛情款待和周到安排。我们这次来主要是学习、请教的"。不管是哪一种方法，都应做到开门见山，切入主题，简明扼要，吸引听众。

（2）正文主体

正文是指讲话稿的主体。主要是讲述工作和活动的中心思想、思路和要求，表明讲话者的立场、观点、意见和方法、措施，以及希望和要求。

正文的内容，要视讲话人的身份、会议的背景、讲话的主题以及听众的差异而定。但是不管怎样，都必须内容充实、分析透彻，主题鲜明、观点正确，材料充实、详略得当，层次分明、条理清晰，要言不烦、概括精辟，逻辑严密、言之有序。正文由于篇幅较长，往往需要用序号分出几个部分。

正文常见的划分方式如下。

①两块式。即整个讲话分两大部分。

第一部分要么总结成绩，要么分析形势，要么认识意义，要么指出问题，或兼而有之，最后归结为"×××事或×××工作事关重大，各级各部门务必统一思想，增强紧迫感、责任感，把这项工作抓紧抓好"，云云。

第二部分主要指出工作思路、目标任务，具体要求和政策措施等。措辞上无非明确任务、强化措施、加强领导、狠抓落实之类。如某副省长2004年4月在全省林业工作会议上的讲话，就采用了这一方式。第一部分是"充分肯定我省林业建设取得的成绩，认真总结林业工作的基本经验"，第二部分是"全面落实中央《决定》和省委、省政府贯彻《决定》的意见，促进林业建设再上新台阶"。这种结构适用于阐明简单事理或安排单项工作。用于论述复杂的事物或部署牵涉面较广的综合性工作时，由于只有两大部分，每一部分下面势必会论述几个问题（观点），而每一个问题（观点）下面又势必还有分论点，因而很容易形成"大观点套小观点，小观点套更小的观点"的复杂结构，不便于听者理解和接受，甚至会造成混乱。所以领导即席讲话时要慎用。

②三块式。这种结构可以说是对"两块式"的进一步拓展。

第一部分通常也是总结成绩、认识意义、认清形势、统一思想等。

第二部分主要讲工作任务、要求、思路和重点。

第三部分主要讲组织领导、工作措施等。如某省领导2005年9月在湘西地区开发工作汇报会议上的讲话，三个部分依次是：肯定成绩，总结经验，进一步重视湘西地区开发；明确任务，突出重点，进一步加快湘西地区开发；强化措施，落实责任，进一步支持湘西地区开发。这种结构实际上是按照提出问题、分析问题、解决问题的逻辑顺序，或者说是按照"为什么开展这项工作、如何开展这项工作、如何才能保证把这项工作搞好"的思路来组织安排的，符合大多数人的思维习惯，因而被广泛采用。"无三不成文"的说法恐怕也是来自这个道理。

③多块式。一般在四块以上，多的达十块，如毛主席1956年4月在中共中央政治局扩大会议上的讲话（即《论十大关系》）。这种结构适用于大型综合报告。一般工作会议讲话也可采用。其惯用做法是：将某个事物中的关键问题或某项工作中的关键环节"抽"出来，独立成一部分，依次阐述。

相对于两块式、三块式结构而言，这种结构比较单纯一些，与会者听起来也不那么费劲。如温家宝总理2006年在全国科学技术大会上的讲话，就用五个部分讲了五个问题，依次是：深刻认识制定《科技发展规划纲要》的重大意义、准确把握科技发展的指导方针和目标、明确我国中长期科技发展的重点任务、落实推进科技发展的政策措施、实施《规划纲要》需要把握的几个重大关系。

这种结构还适合于即席讲话。比如，假设某领导要在工业园区建设现场会议上作一个即席讲话，围绕工业园区建设主题，可讲的东西无非：深化认识，统一思想；认清形势，自加压力；坚定信心，明确目标；搞好规划，科学定位；扩大投入，强化基础；突出中心，全力招商；改善环境、优化服务；加强领导，狠抓落实。不妨根据需要抽五点或六点，随机适当展开讲一讲。

④不设标题的整块式。适用于篇幅短小的讲话，如在各类会议（活动）上的致辞、献辞、欢迎词、离、任职讲话等。有时也用于篇幅较长的讲话。如胡锦涛总书记2006年6月在纪念中国人民抗日战争暨世界反法西斯战争胜利60周年大会上的讲话。由于篇幅较长，此类讲话往往用一些反复出现的标志性语言来划分层次。先后用了八个"同胞们、同志们、朋友们"来引首每一个层次，分别总结回顾历史、分析中国抗战胜利的原因、概述中国抗战胜利的伟大意义、评述中国抗战和世界反法西斯战争的性质、阐明当今中国维护世界和平与发展的立场、论述新世纪新阶段中国的历史任务、表明我国处理中日关系的主张，最后结尾。虽然不设标题，但讲话依然显得层次十分清楚。

安排结构有一定的技巧，但并非纯技巧性的问题。因为，结构的实质是客观事物本来面目以及作者对客观事物认识理解的思路在讲话稿表现形式上的体现。如果作者对事物认识、理解透彻，思维脉络清楚，就不愁找不到较好的结构方式。

4. 结尾

结尾，是指讲话稿的结束语。其任务是托负全篇。

好的结尾具有画龙点睛的功能，可以让听众余兴未尽，回味无穷，鼓舞斗志，振奋精神。同开头一样，它可以是一个句子，也可以是一个自然段，还可以是几段。

常见的结尾方法有七种。

（1）总结法。即在讲话结束时简要地对前面讲过的内容进行总结，进一步概括主题，加深听众印象。如列宁1921年在全俄运输工人代表大会上的讲话之结尾："对于你们这些铁路和水运员工的代表们来说，结论只有一个，而且也只应有一个，这就是百倍加强无产阶级的团结和无产阶级的纪律。我们无论如何都应当做到这一点，无论如何都要争取获得胜利。"

（2）号召法。即用一些精悍有力、调子高昂、催人奋进的话语对听众进行号召或呼吁，使与会者为实现既定目标而奋斗。如毛主席1945年4月在第七次党代会上的报告之结尾："同志们，有了三次革命经验的中国共产党，我坚决相信，我们是能够完成我们的伟大政治任务的。成千成万的先烈，为着人民的利益，在我们的前头英勇地牺牲了，让我们高举起他们的旗帜，踏着他们的血迹前进吧！"

（3）展望法。即通过展望性、预示性的语言，引起听众对美好未来的憧憬与向往。如毛主席1940年1月在陕甘宁边区文化协会第一次代表大会上的讲话（即《新民主主义论》）之结尾："新中国站在每个人民的面前，我们应该迎接它。新中国航船的桅顶已经冒出地平线了，我们应该欢迎它。举起你的双手吧，新中国是我们的。"

（4）希望法。即以对听众提出带希望性、鼓励性的话语作为结尾。如江泽民同志2002年5月在纪念中国共产主义青年团成立八十周年大会上的讲话之结尾："全国的共青团员、青年朋友们！实现中华民族的伟大复兴，需要你们去奋斗。希望你们……谱写出更加壮美的青春之歌！向着祖国更加美好的明天，前进！"

（5）祝愿法。即以祝福性的话语作结尾。如周恩来同志1957年访问尼泊尔时在加德满都市民欢迎会上的讲话之结尾："在我要结束我的讲话的时候，我祝中国和尼泊尔的友谊像联结着我们两国的喜马拉雅山那样巍峨永存。"

（6）口号法。即以高呼口号结束全文，引申讲话主题，引起听众共鸣，达到情感高潮。如江泽民同志2001年7月在庆祝中国共产党八十周年大会上的讲话之结尾："伟大的祖国万岁！伟大的中国人民万岁！伟大的中国共产党万岁！"

（7）本位收束，自然煞尾。如某副省长2004年4月在全省林业工作会议上的讲话，在最后谈到加强对林业工作的领导时，以"要充分调动各方面的积极性，万众一心，群策群力，进一步开创林业建设的新局面"结束全文。

无论采用哪种方法结尾，都必须做到简洁有力，"如截奔马"，干净利落，切忌拖泥带水，画蛇添足，或者草草收兵，软弱无力。

三、讲话稿的写作注意事项

1. 要准确把握领导意图和受众心理

对领导意图和受众心理把握得怎样，要看自己的悟性。当然，这种悟性不是凭空而来的，一是长期工作的积累，二是丰富的生活历练。实际工作中，对领导的意图把握得越准确、越及时、越深刻，稿子在领导那里就越容易通过，工作就越容易得到领导的肯定。那么，如何准确把握领导的意图呢？一般来讲，领导对讲话稿的期望值非常高，这也是写作人员"为伊憔悴"的缘由所在。但领导由于工作繁忙，一般情况下只给起草文稿的同志提供个主题，甚至放手让写作人员去自由发挥，这就要求写作人主动对领导意图进行挖掘、研究和把握。

（1）要了解领导"为什么要讲"。也就是要弄清楚领导为什么需要这篇讲话稿，领导讲这个话想解决什么问题。把这些问题弄清楚了，就可以少走弯路，写出的讲话稿就能有的放矢，而不致离题甚远。

（2）要了解领导"想讲些什么"。了解领导想讲什么，说难也难，说易也易。一些跟随领导多年的同志，思想上能与领导高度契合，准确地领会领导意图，表达出领导的思想，甚至"发展领导的意图"，就是因为平时能做有心人，把握住了其中某些规律性的东西。领导的思想和意图往往是从他的工作、调研、思考、学习中产生和体现出来的，只要平时多听、多记、勤归纳，及时把领导零星分散的意见和思想火花归纳起来，用条线贯穿起来，领导的思想脉络就出来了，想讲什么的问题也就解决了。

（3）要了解领导"想怎么样讲"。写文章没有公式，领导讲话却有其风格，因此，领导"怎样讲"还是大有讲究的。有的领导喜欢紧扣形势，结合实际，不绕弯子，不搞形式，单刀直入，切中要害；有的领导擅长说理，深入浅出，层层剖析，平和亲切，鞭辟入里；有的领导喜欢理论分析，逻辑缜密，语言严谨，观点鲜明；有的领导喜欢用基层事例说话，生动真切，通俗简洁，干净利落。因此，我们写讲话稿一定要研究领导的风格，否则领导讲起来不顺口，下面听起来不顺耳，写作人员的辛苦也多半会白费。

除了能准确把握领导意图，有经验的写作人员还能了解听众心理，即要吸引人听得下去，要使人能听得懂，要能说服人、打动人。衡量领导讲话稿的优劣也是同理。不同的听众由于身份、阅历、文化层次的不同，对领导讲话的要求也有所不同。对基层老百姓来讲，他们要求领导讲话多些群众语言，尽量通俗点，多关注些他们关心的问题；如果听众是机关干部，各方面素质都比较高，讲话稿就要思想深刻、观点新颖、论据充分，讲究表达艺术；如果听众来自各个层面，众口难调，就要善于抓住主要矛盾，兼顾最大多数人的口味。

但无论如何，大家听领导讲话，都希望听到新鲜的东西，都不希望浪费宝贵的时间，所以领导讲话就要尽量涉及些大家关心的问题，多用些鲜为人知的材料，扩大知识面，加大信息量，给人耳目一新的感觉。

2. 要深入挖掘材料和吃透情况

领导讲话稿要做到内容准确、观点精辟新颖，就要最大限度地占有材料，吃透方方面面的情况。如果不付出时间和精力深入搜集挖掘，则很难获得有价值的材料。一般来讲，领导讲话稿所需要的材料应该包括三个方面。

（1）"上情"材料。主要是上级文件、会议材料、调研报告等。要通过对这些材料的细心研读，从中深刻领悟、准确把握上级精神的要点和实质，看有哪些新精神、新要求、新提法，对起草领导讲话稿有什么借鉴意义，在起草中如何吸收和体现。

（2）"外情"材料。包括国内外相关方面的发展趋势、研究动态、最新观点，各地一些好的经验做法和政策举措等，主要从各种报刊、广播电视、信息网络和其他渠道获取。

（3）"下情"材料。领导讲话一般都是为了解决问题。把当地主要情况和存在问题搞得越清楚，讲话稿就越有针对性，就越能击中靶心。更为重要的是，只有深入挖掘下情，研究新鲜的例证、总结新鲜的观点，采撷新鲜的语言，才能远离书生气，解决东拼西凑的毛病，讲出自己的话，充满时代气息，讲话稿的味道才能出来。搜集和掌握材料只是基础，根本之处还是要吃透情况，提炼观点，这是项创造性的工作，也是检验写作人员"功力"的关键。

提炼有价值的观点，应把握好三点。

（1）观点要"高"。要善于从全局的高度观察和思考问题。胸中有大局，形成的观点才会更加全面，更有权威，更加有战略性，起草的讲话稿才能从工作的大方向上着眼，才能把一些全局性问题讲深讲透。

（2）观点要"新"。一般来讲，领导不喜欢讲老话，不喜欢人云亦云，总希望提出高人一等的见解来。因此，写作人员要善于为领导提供新思想、新理念、新策略、新方法，而不能墨守成规、沿袭积习，总是老腔老调老面孔。当然，提炼新观点要建立在宏观大背景之下，政策法规基础之上，决不能为了追求标新立异、轰动效应而步步踩"地雷"，处处碰"高压线"。

（3）观点要"实"。提炼观点要站在本地工作实际上思考问题，做到"不唯上，不唯书，只唯实"，立足于解决问题，推动工作，这样提炼出的观点才服当地水土，才能在工作中得到贯彻落实，不至于"听听激动，想想难动，抓落实时没法动"。

3. 要加强平时写作基本功的训练

领会了领导意图，掌握了各方面的材料，接下来就进入了拟稿阶段。起草领导讲话稿，是个从循序渐进到厚积薄发，再到游刃有余的过程。

（1）勤学

①要加强对文字基本功的训练。写作人员既要加强思维训练，又要加强辞章修养，提高遣词造句、布局谋篇的能力，这样才能写出准确而优美的文章。

②要广泛涉猎各种知识。要扩大自己的阅读范围，增加自己的阅读量，博览政治理论、市场经济、文学、哲学、历史、法律、科技等方面的书籍，兼收并蓄，融会贯通，从中找到规律性的东西。在很多时候还是要结合工作学，学习的东西"要精、要管用"。

③要加强实践学习锻炼。实践出真知，实践中能学到许多书本上没有的知识。要获得真知，就要经常深入基层，深入社会生活的各个领域，这样才能听到群众最真实的语言，了解群众最真实的面，掌握解决问题的最真实有效的办法。

掌握了这些知识，就能极大地提高自身的综合素质，增强实际工作水平和能力，对写好讲话稿大有裨益。

（2）勤思

写作人员要养成思考的习惯，这也是获得真知灼见、走向成功的基石。勤思要结合现实生活和遇到的问题展开，要为解决问题提供理论依据，为指导实践提供理论武器。只有平时勤思，接到文稿任务时，写作人员才能较快地进入写作状态，在较短的时间里提炼出观点，完成文稿布局，丰富文稿内容，缩短成文时间。

（3）勤练

一篇好的讲话稿往往需要写作人员付出很多的精力和心血。但现实情况是，写作人员从接到拟稿任务到成文交稿，往往时间非常紧，根本不可能有从容斟酌的修改时间。如果平时不勤练，就很难担负写作重任。因此，写作人员定要在写作上下足工夫，经常练习，毫不懈怠。只有这样，才能增进笔力，较快写出好稿子。

此外，我们还要认识到，文稿的起草是项艰苦的系统工程，是体现耐心、恒心、责任心的系统工程，这就要求写作人员耐得住寂寞、守得住孤灯、坐得住板凳、经得起委屈，这样才能写出高水平文章。

4. 反复修改，贴近群众

讲话稿要领导到会上去讲，定稿由讲话的领导拍板，这样即使使撰写者已经认为成稿，也还可能面临修改、再修改的命运。撰写者要有这样的思想准备和正确的认识，做到反复修改，力求贴近听众。

（1）虚心听取讲话领导的修改意见和意图。一般来说，领导是会赏识好文章的，尽管他是讲稿撰写的参与者，但在草拟过程中仍是以旁观者的身份出现，因此在审阅过程中就会对讲话稿看得比较清楚、比较客观。

（2）广泛听取职工群众的修改意见。在单位内外，写文章的人不太多，而懂文章的人却到处可见，要做"求教者"，甘当小学生，不耻下问、多问，只要对方说得在理，对讲话稿有益，就虚心采纳，按其意见修改润色。久而久之，就会提高撰写讲话稿的水平。

例 文

在延安文艺座谈会上的讲话

毛泽东

一九四二年五月二日

同志们！今天邀集大家来开座谈会，目的是要和大家交换意见，研究文艺工作和一般革命工作的关系，求得革命文艺的正确发展，求得革命文艺对其他革命工作的更好的协助，借以打倒我们民族的敌人，完成民族解放的任务。

在我们为中国人民解放的斗争中，有各种的战线，就中也可以说有文武两个战线，这就是文化战线和军事战线。我们要战胜敌人，首先要依靠手里拿枪的军队。但是仅仅有这种军队是不够的，我们还要有文化的军队，这是团结自己、战胜敌人必不可少的一支军队。"五四"以来，这支文化军队就在中国形成，帮助了中国革命，使中国的封建文化和适应帝国主义侵略的买办文化的地盘逐渐缩小，其力量逐渐削弱。到了现在，中国反动派只能提出所谓"以数量对质量"的办法来和新文化对抗，就是说，反动派有的是钱，虽然拿不出好东西，但是可以拼命出得多。在"五四"以来的文化战线上，文学和艺术是一个重要的有成绩的部门。革命的文学艺术运动，在十年内战时期有了大的发展。这个运动和当时的革命战争，在总的方向上是一致的，但在实际工作上却没有互相结合起来，这是因为当时的反动派把这两支兄弟军队从中隔断了的缘故。抗日战争爆发以后，革命的文艺工作者来到延安和各个抗日根据地的多起来了，这是很好的事。但是到了根据地，并不是说就已经和根据地的人民群众完全结合了。我们要把革命工作向前推进，就要使这两者完全结合起来。我们今天开会，就是要使文艺很好地成为整个革命机器的一个组成部分，作为团结人民、教育人民、打击敌人、消灭敌人的有力的武器，帮助人民同心同德地和敌人作斗争。为了这个目的，有些什么问题应该解决的呢？我以为有这样一些问题,即文艺工作者的立场问题,态度问题,工作对象问题,工作问题和学习问题。

立场问题。我们是站在无产阶级的和人民大众的立场。对于共产党员来说,也就是要站在党的立场,站在党性和党的政策的立场。在这个问题上,我们的文艺工作者中是否还有认识不正确或者认识不明确的呢?我看是有的。许多同志常常失掉了自己的正确的立场。

态度问题。随着立场,就发生我们对于各种具体事物所采取的具体态度。比如说,歌颂呢,还是暴露呢?这就是态度问题。究竟哪种态度是我们需要的?我说两种都需要,问题是在对什么人。有三种人,一种是敌人,一种是统一战线中的同盟者,一种是自己人,这第三种人就是人民群众及其先锋队。对于这三种人需要有三种态度。对于敌人,对于日本帝国主义和一切人民的敌人,革命文艺工作者的任务是在暴露他们的残暴和欺骗,并指出他们必然要失败的趋势,鼓励抗日军民同心同德,坚决地打倒他们。对于统一战线中各种不同的同盟者,我们的态度应该是有联合,有批评,有各种不同的联合,有各种不同的批评。他们的抗战,我们是赞成的;如果有成绩,我们也是赞扬的。但是如果抗战不积极,我们就应该批评。如果有人要反共反人民,要一天一天走上反动的道路,那我们就要坚决反对。至于对人民群众,对人民的劳动和斗争,对人民的军队,人民的政党,我们当然应该赞扬。人民也有缺点的。无产阶级中还有许多人保留着小资产阶级的思想,农民和城市小资产阶级都有落后的思想,这些就是他们在斗争中的负担。我们应该长期地耐心地教育他们,帮助他们摆脱背上的包袱,同自己的缺点错误作斗争,使他们能够大踏步地前进。他们在斗争中已经改造或正在改造自己,我们的文艺应该描写他们的这个改造过程。只要不是坚持错误的人,我们就不应该只看到片面就去错误地讥笑他们,甚至敌视他们。我们所写的东西,应该是使他们团结,使他们进步,使他们同心同德,向前奋斗,去掉落后的东西,发扬革命的东西,而绝不是相反。

工作对象问题,就是文艺作品给谁看的问题。在陕甘宁边区,在华北华中各抗日根据地,这个问题和在国民党统治区不同,和在抗战以前的上海更不同。在上海时期,革命文艺作品的接受者是以一部分学生、职员、店员为主。在抗战以后的国民党统治区,范围曾有过一些扩大,但基本上也还是以这些人为主,因为那里的政府把工农兵和革命文艺互相隔绝了。在我们的根据地就完全不同。文艺作品在根据地的接受者,是工农兵以及革命的干部。根据地也有学生,但这些学生和旧式学生也不相同,他们不是过去的干部,就是未来的干部。各种干部,部队的战士,工厂的工人,农村的农民,他们识了字,就要看书、看报,不识字的,也要看戏、看画、唱歌、听音乐,他们就是我们文艺作品的接受者。即拿干部说,你们不要以为这部分人数目少,这比在国民党统治区出一本书的读者多得多。在那里,一本书一版平常只有两千册,三版也才六千册;但是根据地的干部,单是在延安能看书的就有一万多。而且这些干部许多都是久经锻炼的革命家,他们是从全国各地来的,他们也要到各地去工作,所以对于这些人做教育工作,是有重大意义的。我们的文艺工作者,应该向他们好好做工作。

……(文略)

最后一个问题是学习,我的意思是说学习马克思列宁主义和学习社会。一个自命为马克思主义的革命作家,尤其是党员作家,必须有马克思列宁主义的知识。但是现在有些同志，却缺少马克思主义的基本观点。比如说，马克思主义的一个基本观点，就是存在决定意识，就是阶级斗争和民族斗争的客观现实决定我们的思想感情。但是我们有些同志却把这个问题弄颠倒了，说什么一切应该从"爱"出发。就说爱吧，在阶级社会里，也只有阶级的爱，但是这些同志却要追求什么超阶级的爱，抽象的爱，以及抽象的自由、抽象的真理、抽象的人性等等。这是表明这些同志是受了资产阶级的很深的影响。应该很彻底地清算这种影响，很虚心地学习马克思列宁主义。文艺工作者应该学习文艺创作，这是对的，但是马克思列宁主义是一切革命者都应该学习的科学，文艺工作者不能是例外。文艺工作者要学习社会，这就是说，要研究社会上的各个阶级，研究它们的相互关系和各自状况，研究它们的面貌和它们的心理。只有把这些弄清楚了，我们的文艺才能有丰富的内容和正确的方向。

今天我就只提出这几个问题，当作引子，希望大家在这些问题及其他有关的问题上发表意见。

思考练习题

1. 开幕词、闭幕词的主要内容有何不同？
2. 如何才能写好讲话稿？

第九章 日常文书的写作

第一节 启 事

一、启事的含义和特点

1. 启事的含义

"启"字含有"陈述"的意思。"事"即"事情"。启事，就是公开陈述事情。单位或个人将需要向大众说明并请求予以支持的事情简要写出，通过传媒公开，这样的应用文书就是启事。

2. 启事的特点

（1）主要用于向社会各界公开陈述或说明某些事项，目的在于吸引和招徕公众参加。

（2）具有鼓动性、刺激性，而不具备法令性和政策性，更没有强制性或约束力。

（3）常借助广播、电视、报纸、期刊等新闻媒介广为传播；也可以在人们活动频繁的场所或人员聚集地区公开张贴。

（4）形式多样，篇幅短小精悍。

二、启事的种类

启事可分为三大类。这三大类启事大都与经济活动相关。

（1）征招类启事。包括招生、招聘、招标、招工、招领、征稿、征婚、换房等启事。

（2）声明类启事。包括遗失、作废、解聘、辨伪、迁移、更名、更期、开业、停业、竞赛、讲座等启事。

（3）寻找类启事。包括寻人、寻物启事等。

例文

征婚启事

今有南清志士某君,北来游学,此君尚未娶妇,意欲访求天下有志女子,聘定为室。其主义如下:一要天足,二要通晓中西学术门径,三聘娶仪节悉照明文通例,尽除中国旧有之陋俗,如有能合以上诸格及自愿出嫁,又有完全自主权者,毋论满汉新旧、贫富贵贱、长幼妍媸均可。请即邮寄亲笔复函,若在外埠能附寄大著或玉照,更妙。

背景介绍:

1902年6月26日,天津的《大公报》和上海的《中外日报》上,同时登出了这则堪称中国第一条的征婚启事。1901年,清翰林院庶吉士蔡元培的原配夫人王昭病逝,不少好心的朋友都来为他做媒续弦。大家闺秀、小家碧玉不乏其人,但都被他一一拒绝了。不久,这位朝廷高官一反封建礼教,别出心裁地在自己的居室贴出一张《征婚启事》。这张《征婚启事》无疑是对封建礼教的一次迎头痛击。一年多之后,终有江西南昌黄尔轩先生之千金黄仲玉应征。黄小姐一双天足,知书识礼,思想开朗,长相秀丽。蔡黄二人于1902年冬在杭州举行了新式婚礼,结为伉俪。

三、启事的主要内容和结构

尽管启事种类繁多,但其结构大体相同,通常由标题、正文、落款三部分组成。

1. 标题

标题有多种写法:一是以文种作标题,如"启事""紧急启事";二是以事由作标题,如"招聘";三是以启事单位和文种作标题,如"××公司启事";四是以事由和文种作标准,如"招标启事";五是由启事单位、事由、文种构成标题,如"××商城开业启事"等。

2. 正文

正文具体说明启事的内容,必须将有关事项一一交代清楚。正文一般包含启事目的、原因、具体事项、要求等。如果内容较多,可分条列项,逐一交代明白。正文部分是体现各种启事不同性质和特点的关键部分,应依据不同启事的内容和要求,变通处置,注意突出启事的有关事项,不可强求一律。如寻物启事应着重交代丢失物品的名称、特征、时间、地点、失主姓名、住址或单位名称、地址,发现后交还的办法和酬谢方式等;开业启事则应写明开业单位的名称、概况、性质、地点、经营项目和开业时间等内容。招聘启事一般包括招聘基本情况、招聘对象、应聘条件、招聘待遇、招聘方法等内容。文末可写上"此启"或"特此启事",亦可略而不写。

3. 落款

落款写明启事单位名称或个人姓名、启事日期。如果标题或正文中已写明单位名称,此处可以省略。有的启事还需要写明单位地址、时间、电话、电子邮箱、联系人等。凡以机关、团体、单位的名义张贴的启事,应加盖公章,以示负责。

四、启事的写作注意事项

1. 标题要简短、醒目

启事标题应力求简短、醒目，主旨鲜明突出，高度概括，能抓住公众的阅读心理。尤其是广告性、宣传性的启事，标题更要注意艺术性。

2. 内容要严密、完整

启事的事项一定要严密、完整，不遗漏应启之事，且表述清楚。要求内容单一，最好一事一启，便于公众迅速理解和记忆。联系方式等都要一一交代清楚。

3. 用语要热情、恳切、文明

启事的文字要通俗、浅显、简洁、集中，态度庄重、平易，而又热情、恳切、文明礼貌，以使公众产生信任感，达到预期效果。

例文

楚女启事

　　本报有楚女者，绝非楚楚动人的女子也，而是身材高大，皮肤黝黑并略有麻子之大汉也！

背景介绍：

　　肖楚女是我党早期的思想宣传家和革命刊物的创办者。1922年，他受党的委派去四川开展宣传工作，担任《新报》主笔，并用"楚女"之名经常在《新报》上发表文章。他的文章笔锋犀利，"字夹风雷，声成金石"，很快名声大振。不少青年读者对"楚女"一名很感兴趣，有的猜测他是"湖南妹子"，有的则认为他是"楚楚动人之女子"。于是，许多求爱信寄到了《新报》编辑部。为了避免类似情况发生，肖楚女只好在《新报》上登了这则《楚女启事》。

第二节　海　报

一、海报的含义和特点

1. 海报的含义

海报是国家行政机关，企事业单位或社会团体向群众公布，预报有关文化体育或者商务方面的比较大型的活动，以期吸引和鼓动公众参与的应用文体。

海报这一名称，最早起源于上海。旧时，上海的人通常把职业性的戏剧演出称为"海"，而把从事职业性戏剧的表演称为"下海"。作为剧目演出信息的具有宣传性的招徕顾客性的张贴物，也许是因为这个关系的缘故，人们便把它叫做"海报"。

"海报"一词演变到现在,它的范围已不仅仅是职业性戏剧演出的专用张贴物了。变为向广大群众报道或介绍有关戏剧、电影、体育比赛、文艺演出、报告会等消息的招贴,有的还加以美术设计。

因为它同广告一样,具有向群众介绍某一物体、事件的特性,所以,海报又是广告的一种;但海报具有在放映或演出场所、街头广以张贴的特性,加以美术设计的海报,又是电影、戏剧、体育宣传画的一种。

招贴又名"海报"或"宣传画",属于户外广告,分布在各街道、影剧院、展览会、商业闹区、车站、码头、公园等公共场所。国外也称之为"瞬间"的街头艺术。招贴相比其他广告具有画面大、内容广泛、艺术表现力丰富、远视效果强烈的特点。

2. 海报的特点

(1) 广告宣传性。海报希望社会各界的参与,它是广告的一种。有的海报加以美术的设计,以吸引更多的人加入活动。海报可以在媒体上刊登、播放,但大部分是张贴于人们易于见到的地方。其广告性色彩极其浓厚。

(2) 商业性。海报是为某项活动作的前期广告和宣传,其目的是让人们参与其中,演出类海报占海报中的大部分,其出发点是商业性目的。当然,学术报告类的海报一般不具有商业性的。

二、海报的种类和作用

根据预报的内容不同,海报一般可分为三类。

(1) 预报学术性活动的海报。
(2) 预报娱乐性活动的海报。如电影、文艺晚会、体育比赛等的海报。如下图北京奥运海报。

图 9.1 北京奥运海报"天坛与水立方"　　图 9.2 北京奥运海报"故宫与鸟巢"

(3) 预报商务性活动的海报。

三、海报的内容和结构

海报无固定格式，写法较自由，可根据不同的内容安排生动活泼的形式。常见的结构有：标题，正文，署名和日期。

1. 标题

①文种名称型，即只写"海报"二字。
②大体事由型，如"球讯""好消息"等。
③具体事由型，如"第九届中国国际家具展览会"等。

2. 正文

可运用叙述的方法，将所涉及的消息内容（包括时间、地点、人物、事件等）交代清楚。正文的文字不宜多，应简洁明了。正文之后可另起一行，以"欢迎参加""敬请莅临指导"等做结束语。

3. 署名和日期

在正文右下方署名，并写上日期，比较重要的应加盖公章。

四、海报的写作注意事项

写作海报时，一是语言要注重鼓动性，特别要注意诱导语的设计；二是制作形式要注意对公众视觉的冲击力，可配以图案、图画等内容，图文并茂，相得益彰。

五、海报与公告的区别

国务院2000年8月24日发布、2001年1月1日起施行的《国家行政机关公文处理办法》，对公告的使用表述为："适用于向国内外宣布重要事项或者法定事项。"其中包含两方面的内容：一是向国内外宣布重要事项，公布依据政策、法令采取的重大行动等；二是向国内外宣布法定事项，公布依据法律规定告知国内外的有关重要规定和重大行动等。然而，公告在实际使用中，往往偏离了《国家行政机关公文处理办法》中的规定，各机关、单位、团体事无巨细经常使用公告。公告的庄重性特点被忽视，只注意到广泛性和周知性，以致使公告逐渐演变为"公而告之"。

海报是人们极为常见的一种招贴形式，多用于电影、戏剧、比赛、文艺演出等活动。海报中通常要写清楚活动的性质，活动的主办单位、时间、地点等内容。海报的语言要求简明扼要，形式要做到新颖美观。

总之，二者的区别就是公告适用于向国内外宣布重要事项或者法定事项，而海报则是人们极为常见的一种招贴形式，多用于电影、戏剧、比赛、文艺演出等活动。

第三节　感谢信

一、感谢信的含义和特点

1. 感谢信的含义

感谢信是得到某人或某单位的帮助、支持或关心后答谢别人的书信。感谢信对于弘扬正气、树立良好的社会风尚，促进社会主义精神文明建设有着重要意义。

2. 感谢信的特点

（1）公开感谢和表扬。
（2）言语感情真挚。
（3）内容表达方式多样。

二、感谢信的种类

根据寄送对象不同，感谢信可以分为三种。
（1）直接寄送给感谢对象。
（2）寄送对方所在单位有关部门或在其单位公开张贴。
（3）寄送给广播电台、电视台、报社、杂志社等媒体公开播发。

三、感谢信的内容和结构

感谢信的结构一般由标题、称谓、正文、结语、署名与日期五部分构成。

1. 标题

标题可只写"感谢信"三字；也可加上感谢对象，如"致张子鸣同学的感谢信""致平安物业公司的感谢信"；还可再加上感谢者，如"赵明康全家致××社区居委会的感谢信"。

2. 称谓

写感谢对象的单位名称或个人姓名。如"××交警大队""刘自立同志"。称谓要顶格写，有的还可以加上一定的限定、修饰词，如"亲爱的"等。

3. 正文

主要写两层意思，一是写感谢对方的理由，即"为什么感谢"，二是直接表达感谢之意。

（1）感谢理由。首先准确、具体、生动地叙述对方的帮助，交代清楚人物、时间、地点、事迹、过程、结果等基本情况；然后在叙事基础上对对方的帮助作恰切、诚恳的评价，以揭示其精神实质、肯定对方的行为。在叙述和评价的字里行间要自然渗透感激之情。

（2）表达谢意。在叙事和评论的基础上直接对对方表达感谢之意，根据情况也可在表达谢意之后表示以实际行动向对方学习的态度。

4. 结语

一般用"此致敬礼"或"再次表示诚挚的感谢"之类的话，也可自然结束正文，不写结语。"此致"可以有两种正确的位置来进行书写,一是紧接着主体正文之后,不另起段,不加标点;二是在正文之下另起一行空两格书写。"敬礼"写在"此致"的下一行,顶格书写。后应该加上一个惊叹号,以表示祝颂的诚意和强度。

5. 署名与日期

写感谢者的单位名称或个人姓名和写信的时间。写信人的姓名或名字,写在祝颂语下方空一至二行的右侧。最好还要在写信人姓名之前写上与收信人的关系,如"儿×××、父×××、你的朋友×××"等。再下一行写明日期。

四、感谢信的写作注意事项

许多人写感谢信,只知道罗列感谢的材料,最后说几句感谢之类的客套话,只是"意思意思"一下而已,给人的印象不深,也流于一般的客套形式。一封好的感谢信应该一要有个性;二要有真情。

例文评析

【原文】

感谢信

金鸡中学全体师生:

日出金鸡红胜火,春来武水绿如蓝。在这大好春光的日子里,我们踏着春的旋律,和着京广线上列车的节奏,来到了地灵人杰的金鸡中学练兵。

"金鸡"的翅膀保护着我们这些刚刚学步的"小鸡"。一个月来,我们的教育实习工作得到了你们的大力支持和关怀。教育,需要一定的物质条件作保证,尊敬的领导和工友为我们创造了很好的生活、工作条件;教学,是"教"和"学"的双边活动,亲爱的同学们密切地配合了我们;教艺,是永远遗憾的艺术,敬爱的指导老师不厌其烦地对我们悉心指导;班主任工作,是培养人的全方位的系统工程,各班主任老师亲切地教我们如何"施工"……如果说,我们取得一点点成绩的话,那都是与你们的支持和关怀分不开的。

一个月来,我们深深地感到咱们学校具有名实相符的"金鸡"特色——注重磨砺师生红的政治思想、硬的业务翅膀、"敢啼敢鸣"的学风、不断"抓食"的进取精神以及吃的是糠、是泥,生的是蛋、是生命的精华的奉献品格。我们在这里,分享到了幸福,也受到了陶冶。

我们多么想再在"金鸡"的翼护下学习、生活和工作啊!但京广线上列车的汽笛又呼唤我们归队、奔赴新的征途。在这依依惜别之际,让我们深深地道一声——感谢你们!现在乃至将来,我们都会说:我们教师生涯的列车的第一站是从"坪石"开出!以后,我们还会托北上的列车捎来我们对你们的问候和祝福——

祝全体师生的人生旅途像京广线一样通畅!

祝咱们学校与金鸡齐鸣(名),共坪石长寿!

韶关教育学院中文系赴金鸡中学教育实习队

××××年×月×日

【评析】

　　有一年春天，韶关教育学院中文系的师生到乐昌坪石镇金鸡中学进行教育实习，实习结束前夕，实习队给金鸡中学写了这封感谢信。

　　这封感谢信，首先在时令特征和地域特色中渲染感情，寻找独特的东西，使"感谢"有所依托、铺垫，"感谢"出来的东西也有个性和真情。开头，"日出金鸡红胜火，春来武水绿如蓝"，是从白居易的《忆江南》中"日出江花红胜火，春来江水绿如蓝"的句子中化出，换入"金鸡"和"武水"，融入地域特色，使全文的抒发在时令和地域特色中得到渲染和烘托。后面行文中的"练兵""金鸡""京广线""列车""坪石"等词，都抓住地域特色，并融入了双关的含义，力求少说"普通话"，力求写出个性和真情。"一个月来……"一段，在地理人文中，挖掘该校的办学特色，用"分享""咱们学校"等词，使感情的抒发更为亲切和融洽。结尾部分，紧扣"京广线""金鸡""坪石"，化"祝颂"的抽象为具体，化客套为亲切。

　　其次，避免套话、空话，避免常规格式的呆板，在个性中寓真情，在真情中见个性。这封感谢信把"教育""教学""教艺"的属性与该校领导、教师、学生对我们工作的关怀和支持结合起来，既避免了材料的罗列，又增加了一点理性色彩，并使"关怀"和"支持"不流于空泛，使"感谢"的主题得到拓展，不至于"直奔主题"。由于前面的铺垫和蓄势，结尾之前的"让我们深深地道一声：感谢你们！"就自然而然地抒发出来，同时，也使感情得到强化。最后的"祝……"属于"祝颂语"，但又不像常规书信为了格式而添上去的"尾巴"。实际上，它是全文感情的一个升华。

第四节　慰问信

一、慰问信的含义和特点

1. 慰问信的含义

慰问信是以组织或个人的名义，向有关单位或个人表示慰藉、问候、致意的专用书信。

2. 慰问信的特点

慰问信有以下三个特点。

（1）发文的公开性。慰问信可以直接寄给本人，但大多是以张贴、登报，在电台、电视上播放的形式出现的。公开性是慰问信的一个特点。

（2）情感的沟通性。无论是对有突出贡献者的慰问还是对遭遇困难者的慰问，情感的沟通是支撑慰问信的一个深层基础。慰问正是通过这种或赞扬表达崇敬之情，或同情表达关切之意的方式来达成双方的情感交流和相互理解的。节日的慰问，尤其是为某一群体而设的节日的慰问，更是起着相互沟通情感的作用。如"三八妇女节""教师节"等的节日慰问。

（3）书信体的格式。慰问信采用书信体格式。

二、慰问信的种类和作用

1. 慰问信的种类

根据慰问对象的不同,慰问信有三种类型。

(1) 对取得重大成绩的集体或个人表示慰勉。

(2) 对由于某种原因而遭到暂时困难和严重损失的集体或个人表示同情、安慰。

(3) 在节日之际对有贡献的集体或个人表示慰问。

2. 慰问信的作用

无论是哪种类型,好的慰问信无不充盈着同声同气的深切关怀,寄托着重重的敬意和勉励,让被慰问者切实感受到组织的温暖,同志的关心,亲人般的怜爱,从而进一步树立克服困难、再创佳绩的信心。

 例 文

致邹韬奋夫人沈粹缜的慰问信

(一九四五年九月十二日)

周恩来

粹缜先生:

　　在抗战胜利的欢呼声中,想起毕生为民族的自由解放而奋斗的韬奋先生已经不能和我们同享欢喜,我们不能不感到无限的痛苦。您所感到的痛苦自然是更加深切的了。我们知道,韬奋先生生前尽瘁国事,不治生产,由于您的协助和鼓励,才使他能够无所顾虑地为他的事业而努力。现在,他一生光辉的努力已经开始获得报偿了。在他的笔底,培育了中国人民的觉醒和团结,促成了现在中国人民的胜利。中国人民一定要继续努力,为实现韬奋先生全心向往的和平、团结、民主的新中国而奋斗不懈。韬奋先生的功业在中国人民心目中永垂不朽,他的名字将永远是引导中国人民前进的旗帜。想到这些,您,最亲切地了解韬奋先生的人,一定也会在苦痛中感到安慰的吧!您的孩子——嘉骝,在延安过得很好,他的品格和勤学,都使他能无负于他的父亲,这也一定是可以使您欣慰的事吧!谨向您致衷心的慰问,并祝您和您的孩子们健康!

周恩来 启
卅四年九月十二日

三、慰问信的内容和结构

慰问信通常有标题、抬头、正文、结尾、落款五部分构成。

1. 标题

标题通常由以下三种方式构成:

(1) 单独由文种名称组成。如《慰问信》。

(2) 由慰问对象和文种名共同组成。如《给抗洪部队的慰问信》。

（3）由慰问双方和文种名共同组成。如《朱德致抗美援朝将士的慰问信》。

2. 抬头（称呼）

开头要顶格写上受文者的名称或姓名称呼。如果是写给个人的，应在姓名之后，加上"同志""先生"等字样，后加冒号。如"郑州市人民政府："鲁迅先生："。

3. 正文

另起一行，空两格写慰问的内容。慰问的正文一般由发文目的、慰问缘由或慰问事项等几部分构成。

（1）发文目的。该部分要开宗明义，写清楚发此信的目的是代表何人向何集体表示慰问。如"中共杭州市委慰问驻杭部队军烈及转业军人"的开头：

例 文

值此1999年新春佳节即将到来之际，中共杭州市委、市人大常委会、市人民政府、市政协代表全市人民，真诚地向你们及亲属表示亲切的慰问，并致以崇高的敬意。

（2）慰问缘由或慰问事项。本部分要概括地叙述对方的先进思想，先进事迹，或战胜困难、舍己为人、不怕牺牲的可贵品德和高尚风格；或者简要叙述对方所遭受的困难和损失，以示发信方对此关切的程度。要表现出发信方的钦佩或同情之情。

4. 结尾

结尾表示共同的愿望和决心。如"让我们携手并进，为早日实现祖国的四个现代化而共同奋斗"，又如"……困难是暂时的，最后的胜利一定属于我们！"等。接着写祝愿的话，如"祝你们取得更大的成绩。""祝节日愉快"等等，但"祝"字后面的话应另起一行，空两格写，不得连写在上文末尾。

5. 落款

慰问信的落款要署上发文单位或发文个人的称呼，并在署名右下方署上成文日期。

四、慰问信的写作注意事项

慰问信的出发点是安慰、激励对方。在写作慰问信时，要注意以下几点。

（1）安慰。不是悲悯，是理解，是感同身受。要理解对方的处境、困难，向对方表示出无限亲切、关怀的感情，使对方有一种温暖如春的感觉。

（2）激励。要看到慰问对象所付出的努力，要较全面地概括对方的可贵精神，并提出希望，勉励他们继续努力工作，刻苦奋斗，取得胜利。

（3）诚恳。行文要诚恳、真切，措辞要恰切。

（4）言简意赅。语言要凝练，篇幅要短小。

 例文评析

【原文】

致全省战斗在防治"非典"第一线医务人员慰问信

全省战斗在防治非典型肺炎第一线的广大医疗卫生工作者：

你们好！自我省局部地区先后出现非典型肺炎病例以来，该病严重威胁着人民群众的身体健康和生命安全。面对突如其来的疫情，在党中央、国务院的高度重视和亲切关怀下，在卫生部的指导下，按照省委、省政府的果断决策和统一部署，全省各级医疗卫生部门和医务工作者临危受命实践"三个代表"重要思想，依靠科学精神，依靠拼搏精神，依靠集体智慧，沉着应对，采取行之有效的对策和措施，取得了有效控制非典型肺炎的显著效果。

在我省全力以赴抗击非典型肺炎的战斗中，各级各类医疗卫生机构发扬救死扶伤的人道主义精神和集体主义精神，精诚合作知难而上，勇挑重担。广大医疗卫生工作者，面对天灾临危不惧，视人民健康重于泰山，争先恐后勇挑重担，前仆后继，救死扶伤，抢救患者，控制疫情，查找病原，表现了不畏危难、舍生忘死的非凡勇气、良好的医德医风和高尚的情操，涌现了许许多多像叶欣同志一样的英雄和将危险留给自己、把健康送给患者的可歌可泣的感人事迹，你们为广东人民提了气，为广东争了光。广东人民不会忘记我们的白衣天使，更不会忘记像叶欣同志这样为救治患者而献出自己宝贵生命的优秀医务工作者。

正是由于你们的顽强拼搏和不懈努力，使发生在我省的非典型肺炎得到了有效的控制，新发病例不断减少，治愈病例不断增加，治愈率不断提高。实践证明，我省广大医疗卫生工作者是一支作风硬、业务精、经得住考验、富有战斗力、能打硬仗的队伍，是党和人民可以充分信赖的队伍。

你们以无畏的精神和科学的态度，为广东，为全国，乃至为全球防治非典型肺炎作出了贡献。你们是和平年代的英雄，是无私奉献的楷模，是坚守在抗击非典型肺炎这一没有硝烟的战场上的勇士，是护卫人民群众身体健康和生命安全的白衣天使。

你们的贡献远远超出了医学和医务工作的领域，也为全社会弘扬高尚精神树起了一面旗帜。

你们卓有成效的工作，得到了中共中央总书记、国家主席胡锦涛同志，得到了党中央、国务院的充分肯定和高度赞誉。你们用鲜血和生命探索总结出来的非典型肺炎治疗防控经验，得到了世界卫生组织的高度评价。省委、省政府和全省人民为有像你们这样一支医疗卫生工作者队伍，感到无比高兴和自豪。省委、省政府代表全省人民向你们致以衷心的感谢、崇高的敬意和最亲切的慰问！

在我省防治非典型肺炎的关键时刻，中共中央总书记、国家主席胡锦涛同志亲临广东考察，到省疾病防控中心慰问并与医务工作者座谈，就全面控制非典型肺炎工作作了重要讲话，极大地坚定了全省上下攻克非典型肺炎的信心。希望全省各级医疗卫生机构和全体医疗卫生工作者，以胡锦涛总书记讲话精神为动力，认真贯彻落实"三个代表"重要思想，总结经验，再接再厉，进一步动员起来，彻底战胜疫魔，夺取非典型肺炎防治工作的全面胜利！

中共广东省委　广东省人民政府

二〇〇三年四月二十日

【评析】

在防治"非典"的关键时刻,有"中共中央总书记、国家主席胡锦涛同志亲临广东考察","就全面控制非典型肺炎工作作了重要讲话";有"党中央、国务院的高度重视和亲切关怀";有"卫生部的指导";有"省委、省政府的果断决策和统一部署";有"全省人民"的支持,上下一心,众志成城,这必然会极大地增强全省战斗在防治非典型肺炎第一线的广大医疗卫生工作者的必胜信心,"以胡锦涛总书记讲话精神为动力,认真贯彻落实'三个代表'重要思想,总结经验,再接再厉,进一步动员起来,彻底战胜疫魔,夺取非典型肺炎防治工作的全面胜利!"

中共广东省委、广东省人民政府于2003年4月20日发出的《致全省战斗在防治"非典"第一线医务人员慰问信》,在社会上特别是在第一线的医护人员中引起了很大的反响,收到了很好的效果。广东许多一线医护人员激动得流出了热泪,也倍感振奋。是啊,在夜以继日的与病魔的战斗中,有着太多的酸甜苦辣,有着太多不为人知的艰辛与危险,看到如此情深义重的慰问信,能不激动得流泪吗?同时,广大的医护人员也感受到了党和政府战胜病魔的决心,感受到了党和政府的殷切期待。战斗在防治"非典"第一线的医务人员纷纷表达了战胜疾病的信心,非一线的医务人员也纷纷请战,希望投身到这场抗击战中。

人非草木,孰能无情。把话说到人的心坎上,就能打动人,感化人。慰问信只有表达出感同身受的理解和关怀,看到对方的努力和成绩,寄寓着重重的敬意和勉励,才能让被慰问者感受到组织的温暖,同志的关心,亲人般的怜爱,从而进一步树立克服困难、再创佳绩的信心,发挥慰问信强大的情感和精神的感召力。

第五节 请 柬

一、请柬的含义和特点

1. 请柬的含义

请柬又称请帖,是人们在节日和各种喜事中请客用的一种简便邀请信。请柬是为邀请宾客参加某一活动时所使用的一种书面形式的通知。一般用于联谊会、与友好交往的各种纪念活动、婚宴、诞辰或重要会议等,发送请柬是为了表示举行的隆重。

请柬通常也称作请帖。在古代,柬与帖有一定的区别。请柬的"柬"字,本为"简"。造纸术发明以前,简一般是较普遍的写作材料。简是将木材或竹木经过加工后制成的狭长的片。简一般指竹简,木制的写作材料古人称"牍"。人们把文字刻在简上用来记事,由于书写面积有限,篆刻也有些难度,所以用简书写文字容量是较小的。人们把简连缀在一起而成"册"。到了魏晋时代,"简"就专门用来指一种短小的信札,这一说法沿用至今。

2. 请柬的特点

(1) 请柬不同于一般书信。一般书信都是因双方不便或不宜直接交谈而采用的交际方式。请柬却不同,即使被请者近在咫尺,也须送请柬,这主是表示对客人的尊敬,也表明邀请者对此事的郑重态度。

(2) 语言上除要求简洁、明确外,还要措辞文雅、大方和热情。

二、请柬的分类

请柬,按内容分,大致上可以分为两类。

(1) 庆典请柬。如公司开业庆典。
(2) 会议请柬。下图为1959年国庆庆祝大会请柬。

1949——1959

为庆祝中华人民共和国成立十周年定于一九五九年九月二十八日下午三时半和二十九日下午二时半在人民大会堂举行庆祝大会

敬请

光　临

毛泽东　刘少奇　宋庆龄
董必武　朱　德　周恩来

图 9.3　1959 年国庆庆祝大会请柬

三、请柬的内容和结构

请柬从形式上又分为横式写法和竖式写法两种。竖式写法从右边向左边写。但从内容上看请柬,作为书信的一种,又有其特殊的格式要求。

请柬一般有标题、称呼、正文、结尾、落款五部分构成。

1. 标题

在封面上写的"请柬"(请帖)二字,一般要做一些艺术加工,可用美术体的文字,文字的色彩可以烫金,可以有图案装饰等。需说明的是,通常请柬已按照书信格式印制好,发文者只需填写正文而已。封面也已直接印上了名称"请柬"或"请帖"字样。

2. 称呼

要顶格写出被邀请者(单位或个人)的姓名名称。如"某某先生""某某单位"等。称呼后要加上冒号。

3. 正文

要写清活动内容，如开座谈会、联欢晚会、生日派对、国庆宴会、婚礼、寿诞等。写明时间、地点、方式。如果是请人看戏或其他表演还应将入场券附上。若有其他要求也需注明，如"请准备发言""请准备节目"等。

4. 结尾

要写上礼节性问候语或恭候语，如"顺致崇高的敬意""敬请光临"等，在古代这叫做"具礼"。

5. 落款

署上邀请者（单位或个人）的名称和发柬日期。

知识拓展

常见的敬谦词

汉语中用来表示对人示敬、对己示谦的敬谦词总量是很大的（《中国交际辞令》收有 4 500 多条辞条，其中属于敬谦词的约有 4 000 条），要全部掌握这些词语并非易事，但如果能寻找其中的规律，然后遵循这些规律去学习，实现目标也并不是一件太难的事。

敬谦词中有一类构词能力很强的语素如"尊""贵""高""宝""令""卑""鄙""敝""拙"等，以这些语素领起的敬谦词，少则十几条，多则几十、上百条。掌握了这些语素，可以起到提纲挈领、事半功倍的作用。

（1）令。用于称呼对方的所有亲属的敬辞。如令爱、令媛、令郎、令宠、令阁、令闻、令亲、令妹、令嗣、令尊、令堂、令正等。

（2）尊。多用于称呼跟对方有关的人，多为尊长或平辈。如尊甫、尊公、尊慈、尊眷、尊闻、尊上、尊章、尊正、尊萱等。

（3）垂。用于他人（多为尊长或上级）对自己行动的敬辞。如垂爱、垂采、垂顾、垂护、垂教、垂询、垂怜、垂示、垂听、垂荫、垂宥、垂誉等。

（4）芳。称人的敬辞。如芳庚、芳龄、芳名、芳命、芳容、芳颜、芳誉等。

（5）奉。用于自己的动作涉及对方时的敬辞。如奉白、奉禀、奉茶、奉陈、奉烦、奉还、奉教、奉贺、奉告、奉敬、奉陪、奉劝、奉让、奉送、奉央、奉议、奉诣、奉赠、奉正等。

（6）清。用于对方的情意、仪表、举动等的敬辞。如清标、清尘、清范、清诲、清梦、清听、清望、清闻、清问、清心、清训、清颜、清誉等。

（7）家。对人称自己的辈高或年纪大的亲属。如家父、家母、家严、家慈、家君、家兄、家姐等。

（8）舍。用于对人称自己的辈分低或年纪小的亲属。如舍弟、舍妹、舍眷、舍亲、舍侄等。

了解同一称谓对象的不同敬谦词，可以为使用时提供多种选择，从而为自如地运用敬谦词打下基础。如称别人的妻子的敬词有宝眷、德配、阁正、贵眷、贵室、钧眷、令阁、令阃、令妻、令室、令正、令政、贤阁、贤内助、贤配、贤阃、瀛眷、尊阁、尊眷、尊阃、尊正等；称他人儿子的敬词有公子、少爷、令郎、令嗣、令似、少君、贤郎、贤嗣、哲嗣等。

四、请柬的写作注意事项

请柬主要是表明对被邀请者的尊敬，同时也表明邀请者对此事的郑重态度，所以邀请双方即便近在咫尺，也必须送请柬。凡属比较隆重的喜庆活动，邀请客人均以请柬为准，切忌随便口头招呼，顾此失彼。

（1）请柬的款式。请柬是邀请宾客用的，所以在款式设计上，要注意其艺术性，一帧精美的请柬会使人感到快乐和亲切。选用市场上的各种专用请柬时，要根据实际需要选购合适的类别、色彩、图案。

（2）请柬要在合适的场合发送。一般说来，举行重大的活动，双方又是作为宾客参加，才发送请柬。寻常聚会，或活动性质极其严肃、郑重，对方也不作为客人参加时，不应发请柬。

（3）措辞。措辞务必简洁明确、文雅庄重、热情得体；要理解谦敬词，不要误用、错用。

例文评析

【原文】

请柬例文一

×××女士/先生：

兹定于9月12日晚7：00—9：00在市政协礼堂举行仲秋茶话会，届时敬请光临。

此致

敬礼！

××市政治协商会
××年9月10日

请柬例文二

××电视台：

兹定于五月四日晚八时整，在××大学学习堂举行"五四"青年诗歌朗诵会，届时恭请贵台派记者光临。

××大学团委会
五月二日

【评析】

以上两篇例文，第一篇是政协邀请有关人士仲秋聚会发份请柬，既庄重严肃，又显得喜庆和对知名人士的尊重。时间、地点和具体内容在短短的一句话中全部表达出来，显得简洁明确。范文二也是以团体的名义发出的，所不同的是该文的请邀对象不是要作为客人参加会议或聚会，而是要前往进行采访工作。这份请柬实际还起到了提供某种新闻信息的作用。语言上也是用语不多，却将所要告知的信息全部说出，简洁明快，不拖泥带水。所用格式采用竖排形式，典雅不俗。

第六节　邀请函

一、邀请函的含义和特点

邀请信是邀请亲朋好友或知名人士、专家等参加某项活动时所发的请约性书信。它是现实生活中常用的一种日常应用写作文种。在国际交往以及日常的各种社交活动中，这类书信使用广泛。在应用写作中邀请函是非常重要的，而商务活动邀请函是邀请函的一个重要分支。

二、邀请函的主要内容

商务礼仪活动邀请函的主体内容符合邀请函的一般结构，由标题、称谓、正文、落款组成。

例　文

网聚财富主角阿里巴巴年终客户答谢会
邀　请　函

尊敬的××先生/女士：

过往的一年，我们用心搭建平台，您是我们关注和支持的财富主角。

新年即将来临，我们倾情实现网商大家庭的快乐相聚。为了感谢您一年来对阿里巴巴的大力支持，我们特于2006年1月10日14：00在青岛丽晶大酒店一楼丽晶殿举办2005年度阿里巴巴客户答谢会，届时将有精彩的节目和丰厚的奖品等待着您，期待您的光临！

让我们同叙友谊，共话未来，迎接来年更多的财富，更多的快乐！

阿里巴巴（中国）网络技术有限公司
2006年元月

一、答谢会主题：网聚财富主角

二、答谢会安排：

1. 时间：14：00—16：30

2. 内容：

(1) 阿里巴巴集团董事局主席兼首席执行官马云先生演讲；

(2) 阿里巴巴山东大区经理演讲；

(3) 网商论坛；

（4）穿插歌舞演出、趣味游戏、抽奖活动。

三、参会回执（略）

1. 标题

标题由礼仪活动名称和文种名组成，还可包括个性化的活动主题标语。如例文，"阿里巴巴年终客户答谢会邀请函"及活动主题标语——"网聚财富主角"。活动主题标语可以体现举办方特有的企业文化特色。例文中的主题标语——"网聚财富主角"独具创意，非常巧妙地将"网"——阿里巴巴网络技术有限公司与"网商"——"财富主角"用一个充满动感的动词"聚"字紧密地联结起来，既传达了阿里巴巴与尊贵的"客户"之间密切的合作关系，也传达了"阿里人"对客户的真诚敬意。若将"聚"和"财"连读，"聚财"又通俗、直率地表达了合作双方的合作愿望，可谓"以言表意""以言传情"，也恰到好处地暗合了双方通过网络平台实现利益共赢的心理。

2. 称谓

邀请函的称谓使用"统称"，并在统称前加敬语。如"尊敬的×××先生/女士"或"尊敬的×××总经理（局长）"。

3. 正文

邀请函的正文是指商务礼仪活动主办方正式告知被邀请方举办礼仪活动的缘由、目的、事项及要求，写明礼仪活动的日程安排、时间、地点，并对被邀请方发出得体、诚挚的邀请。

正文结尾一般要写常用的邀请惯用语。如"敬请光临""欢迎光临"。

在上述例文中，正文分为三个自然段。其中第二段写明了"2005年终客户答谢会"举办的缘由、时间、地点、活动安排"。第一段开头语"过往的一年，我们用心搭建平台，您是我们关注和支持的财富主角"和第三段结束语"让我们同叙友谊，共话未来，迎接来年更多的财富，更多的快乐"，既反映了主办方对合作历史的回顾，即与"网商"精诚合作，真诚为客户服务的经营宗旨，又表达了对未来的美好展望，阿里巴巴愿与网商共同迎接财富，共享快乐。这两句话独立成段，简要精练，语义连贯，首尾照应，符合礼仪文书的行文要求，可谓是事务与礼仪的完美结合。

4. 落款

落款要写明礼仪活动主办单位的全称和成文日期。如例文中的"阿里巴巴（中国）网络技术有限公司 2006 年元月"。

如果礼仪活动包含较多的单元专题活动，可以将这部分内容作为附文（也称为随文）紧随邀请函主体内容单独进行列示。如上述例文中"二、答谢会安排"部分。

为了保证商务礼仪活动的顺利举办，确保宾主双方在活动期间愉快地交流，使活动取得圆满成功，邀请函既要向被邀请方告知礼仪活动的有关信息，还要通过"回执"来确认被邀请方是否有参与活动的意愿和要求。

邀请函回执有两个作用，一是确认对方能否按时参加活动，二是可以根据回执了解被邀请方参会人员的详细信息，如参会企业、参会人员姓名、性别、职务级别、民族习惯等，便于在礼仪活动中制定合理、适当的礼仪接待标准和规格，安排相应的礼仪接待程序，避免因安排不周、礼仪失范而造成不良影响。

回执常采用表格的形式，将需要被邀请方填写的事项逐项列出。一般包括参会企业名称、参会人员姓名、性别、职务、民族习惯、参会要求（如参与某项专题活动）；被邀请方的联系人、联系电话、电子邮件地址等。礼仪活动组织部门的名称、联系人、联系电话、电子邮件地址、企业网址等。回执要随邀请函同时发出，并要求按时回复。如例文中的"参会回执"。

商务礼仪活动邀请函，除了清晰、完整地表述礼仪活动的事项、要求等内容外，活动的举办方还可充分利用邀请函这一媒介和载体，展示自身独特的"企业文化"，即将邀请函文本内容打印（或输入）在印有企业标识（Logo）、企业理念及企业联系方式的专用信纸或电子模板中，以展示企业独特的文化和亲和力，提升礼仪活动的整体形象和影响力。

三、邀请函的写作注意事项

在邀请函写作时，要注意以下几点。
（1）被邀请者的姓名应写全，不应写绰号或别名。
（2）在两个姓名之间应该写上"暨"或"和"，不用顿号或逗号。
（3）应写明举办活动的具体日期（几月几日，星期几）。
（4）写明举办活动的具体地点。

四、邀请函与请柬的区别

邀请函和请柬，均属于对客人发出邀请时使用的专用礼仪信函。在当今社会组织的公共关系活动中，邀请函和请柬的应用非常广泛和频繁，是社会礼仪交际的重要媒介和平台，但二者有着重要的差异，写作时不可混淆使用。

1. 内涵性质差异

邀请函，也称邀请信，是各级行政机关、企事业单位、社会团体或个人邀请有关人士前往某地参加某项会议、工作或活动的一种专用书信形式，发出邀请函是为了表示正规和重视。

请柬，也称请帖，是各级行政机关、企事业单位、社会团体或个人在活动、节日和各种喜事中邀请宾客使用的一种简便邀请函件，一般用于社会组织友好交往活动、座谈会、联欢会、派对、联谊会、纪念仪式、婚宴、诞辰和重大庆典等，发送请柬是为了表示庄重、热烈和隆重。

邀请函和请柬在内涵性质上的差异在于：邀请函一般是为具有实质性工作、任务或事项发出的，如学术研讨会、科技成果鉴定会等；而请柬一般是为礼仪性、例行性、娱乐性活动发出的，如上述的"庆典""娱乐""晚会"等。

2. 邀请对象差异

邀请函一般由社会组织出面，邀请对象的范围往往不能确指，而是某个行业或较大的范围，被邀请的人员较多，使用称谓大多为泛指。当被邀请人员较多时，邀请函的称谓可以不确指某人，而是组织，如"各培训机构""各煤矿企业"；当被邀请人员较少时，可以确指"张三李四"，如"尊敬的××老师""××同志"等。

请柬可以由社会组织出面发出，也可由个人发出，邀请对象一般都是上级领导、专家、社会名流、兄弟单位代表、友好亲朋等。请柬的称谓一定要确指，如"尊敬的××教授""敬爱的××总经理"等。

邀请函和请柬在邀请对象上的差异在于：邀请函的邀请对象与主人是宾主关系，而非上下级关系或管理与被管理的关系；而请柬的邀请对象与主人有时存在着上下级关系或管理和被管理的关系。

3. 身份礼仪差异

邀请函和请柬的相同之处在于两者均属于礼仪文书，文首文尾处须使用敬语来表达礼仪，但由于二者在邀请对象身份上的差异，对于邀请对象的礼仪表达存在着相当大的不同。使用敬语有称谓和结束语两处。邀请函为了表示对被邀请者的尊重，可以使用重要的敬语，也可以使用一般的敬语。在使用称谓敬语时，可以直呼其名，如"尊敬的××女士""××先生""××教授"等。有时，由于邀请函发送对象的不确指性，当向某个行业范围发送邀请时，使用的称谓还可以不用填写姓名，如"各专家组织""各培训机构"等。在结语处，邀请函使用一般敬语或问候语即可，如"此致""专此奉达，并颂秋祺""敬请光临"等。

请柬，既可以表示对被邀请者的尊重，又可以表示邀请者对此事的郑重态度，因此请柬一定要使用重要的敬语，如"尊敬的×××女士/先生""敬爱的×经理"" 亲爱的×小姐"等。由于请柬发送对象的确指性，在使用称谓敬语时，一般不能直呼其名，往往采用"敬语＋职务（长辈）"的模式。在请（结）语处，请柬必须使用特殊的典雅敬语，如"致以敬礼""顺致崇高的敬意""恭候莅临""敬请出席""敬请光临指导"等，敬语是请柬的重要标志。

邀请函和请柬在身份礼仪上的差异在于：邀请函的邀请对象与邀请者无上下级关系或管理与被管理的关系，可使用一般性敬语；而请柬的邀请对象与邀请者或是存在着上下级关系或管理和被管理的关系，或是专家、社会名流、友好亲朋等，感情色彩较浓，要使用重要性敬语。

4. 结构要素差异

邀请函往往对事宜的内容、项目、程序、要求、作用、意义做出介绍和说明，结构复杂、篇幅较长。文尾还要附着邀请者的联络方式，且以回执的形式要求被邀请者回复是否接受邀请，文尾处邀请者需要加盖公章表示承担法律意义上的责任。

请柬内容单一、结构简单、篇幅短小，可用三两句话写清活动的内容要素。一般可使用统一购买制作的成品，有时也可自行制作随意化、人性化的精美作品，不要求被邀请者回复是否接受邀请，邀请者不必加盖印章。

邀请函和请柬在结构要素上的最大差异在于：邀请函可用信封通过邮局寄出，或通过电子邮件发送；请柬大多由"里瓤"和"封面"构成，属于折叠并有封面的形式，封面写上"请柬"或"请帖"两字，要求设计美观、装帧精良，可用美术体的文字和烫金，图案色彩装饰以鲜红色的居多，表示喜庆。

5. 语言特征差异

邀请函的文字容量大于请柬。从整体而言，对事宜的内容、项目、程序、要求、作用、意义做出详细的介绍和说明，务必使被邀请者明确其中的意思，达到正常交流交际的效果，最终做到表意周全、敬语有度、语气得体。

请柬的文字容量有限，要十分讲究对文字的推敲。语言务必简洁、庄重、文雅，但切忌堆砌辞藻；语气尽量达到热情和口语化，但切忌俚俗的口语；请语以文言词语为佳，但切忌晦涩难懂。最终做到话语简练、达雅兼备、谦敬得体。

邀请函和请柬在语言特征上的差异在于：由于二者在邀请对象和身份礼仪上的差异，因此，邀请函的语言要准确、明白和平实；而请柬的语言务必简洁、庄重和文雅。

鉴于邀请函和请柬具有上述五种重要的差异，在应用两种礼仪文书时，就应酌情慎重行文，以求"文""意"相匹配，实现社会组织准确无误地传达有关信息，确保社会交际礼仪作用的充分发挥，以最大限度地激发有关组织或个人的兴趣，从而展示自身良好形象和达到预期的理想交际效果。

第七节　申请书

一、申请书的含义种类

申请书是日常应用文。申请是私人对公的请求批准的行为。要求在写作时，申请目的明确，理由充分。申请书的格式，一般标题为"×××申请书"，其他为信函格式。

在种类上，常见的有入党申请书、办理营业执照申请书等。

二、申请书的内容和结构

申请书的写作格式一般来讲都是固定的，它的内容主要包括五个部分：标题、称呼、正文、结尾、落款。

1. 标题

申请书一般由申请内容和文种名共同构成。题目要在申请书第一行的正中书写，而且字体要稍大。

2. 称呼

通常称呼要在标题下空一两行顶格写出接受申请的人名称，并在称呼后面加冒号。如"敬爱的××老师："。

3. 正文

正文部分，动机、理由要重点写。申请的理由比较多，则可以从几个方面、几个阶段来写。如可以写所申请的项目的意义和对其认识等。最后还要表达自己的决心。

4. 结尾

申请书可以有结尾，也可以没有。结尾一般写上"此致敬礼"之类表示敬意的话即可。

5. 落款

落款要署上申请人姓名和成文日期。

 例文评析

【原文】

分房申请书

厂分房委员会：

  我是三车间老技工马××，值厂房改最后一次福利分房之际，我请求领导考虑我的实际困难，分给我一套2居室。

  我来厂已经工作三十年了，现临近退休，两鬓花白，多年来我厂分房均以我为有房户而未分给我。现老母八旬、女儿二十有余，三代同室，居住在××街××号一间10平方米的平房内，因年久失修，夏天漏雨，冬天后墙有裂缝灌风。目前全厂居住环境如此之差者，不知还有几人？据厂分房条例，我早已符合三代分居的标准，符合居住面积不足的分房标准，恳请领导此次批准我的请求。

申请人：马××
××××年××月××日

【评析】

  该申请较短，要求明确，情辞恳切，理由充沛，话语中饱含期待和痛苦。

三、申请书的写作注意事项

  申请书写作时，要注意以下事项。

  （1）一文一事。申请书像所有应用文一样，主旨单一，一文一事，篇幅简短，以说明为主，不必长篇大论，不必抒情不必议论，不要节外生枝，不能在一份申请书中罗列几件事情。

  （2）明确受文方。申请书的称谓，也就是受文方，一定是申请书写作者的直接上级，不可以越级或多级，要求作者在写之前，查明准确的受文方。

  （3）单头主送。申请书的受文方（上级单位或上级领导）最好只写一个，单头主送，不可多头申请（如果因具体需要须向其他部门申请自当别论，例如刻印章、修开锁等行业，开业除了向工商主管部门申请外，还须向公安局申请）。

  （4）注意申请事项、申请理由的写法。申请书的主体部分由两个内容组成，其中"申请事项"要简明扼要，开门见山地说明申请什么事项（如申请加入何组织、申请助学贷款、申请转专业等），不可拖泥带水，意思含糊。紧接着写明"申请理由"，"申请理由"乃是申请书写作的核心，这部分的写作要实事求是、态度谦恭、合情合理，既要符合政策，又要考虑到实际情况，条理清晰，简洁流畅，既要有主观因素又要有客观条件。申请书能否被顺利批准，关键就看"申请理由"的表述。

  （5）注意态度和措辞。最后，还需要注意的是，态度要客气，适时地用"请"，不可颐指气使、盛气凌人或者咄咄逼人。

第八节　条　据

一、条据的含义和特点

1. 条据的含义

条据是当事人借到、领到、收到或归还钱时留给或收到对方的有效凭证。如借条、欠条、收条和请假条、留言等。

2. 条据的特点

条据的特点是功能单一，针对性强，简洁明了。凭证性条据具有法律上的证据作用，一定要慎重对待。

二、条据的种类

条据分为说明性条据和凭证性条据。

（1）说明性条据。说明性条据是一方向另一方说明事实、陈述请求或交代事情所写的简单书信。

说明性条据可分为请假条、留言条二种。

①请假条。请假条是向领导、老师说明原因请求准假的一种便条。递交请假条是请假的正式手续，一般应提前送达，如时间紧急，也可事后补送，以完善手续。

②留言条。因各种原因不能见到对方，可将要交代的事情写成便条，留给对方或托人转交。

（2）凭证性条据。凭证性条据有借据、收据、欠条、领条等。在生活中人们常常要使用单据，比如借到、收到、领到钱或物品时，往往要写张条子给对方作凭证，以便对方作为收入、支出、报销、保存、查考的根据。这种作为凭证用的条子，就是单据。

写单据应该在双方互相信任的条件下进行，它不同于便条，应妥善保存，有的即使在办完事情后仍需要保存。事关重大的单据，如经手大笔的款物还要有担保人参与签名，有的需要办公证手续，使它具有法律效力。

三、条据的内容和结构

1. 请假条

请假条由标题、称谓、正文、致敬语、落款几部分组成。

（1）标题。一般写"请假条"，居中。

（2）称谓。此处称谓是指对接受请假条的人的称谓，要顶格写，加冒号。

（3）正文。正文一般要写明缘由和请求。

（4）致敬语。致敬语一般用"此致""敬礼"。"此致"在正文下一行空两格写，"敬礼"在"此致"下一行顶格写。

（5）落款。落款即写条人姓名和写条时间。位置在正文右下角：上一行写姓名，下一行写日期。

例文

请假条

×××主任：
　　昨天下班后，我突然腹痛不止。经医生检查是急性肠胃炎，不能上班，需请假肆天（18~21日），敬请批准。
　　附：××医院请假证明壹张

×××
××××年×月×日

2. 留言条的格式

与请假条相似，但可省略标题和致敬语。

例文

林黛玉：
　　公司公关部下午来电话，让你明天下午15:00去公关部开会。

贾宝玉
2012年3月6日

3. 凭证性条件的格式

（1）标题。通常在第一行中间写"借条""收条""领条""欠条"等，或者写"今借到""今收到""今领到"字样，表明单据的性质。

（2）正文。第二行空两格开始写。要写明从什么单位或者什么人处借到或领到什么财物，要详细写明名称、种类、数量、数字要用大写汉字，一般不用阿拉伯数字。正文之后要写上"此据"二字。

（3）署名和日期。正文右下方写明经手人的姓名及日期。个人出具的单据，由个人签名，有时要写明所属单位名称，并盖章；单位出具的单据要盖公章，一般还要有经手人签名盖章。日期写在署名正下方。

例文

借条

　　今借到林黛玉（身份证号：……）现金人民币伍仟元整（5 000元）。从即日起一周内归还。

借款人：贾宝玉（身份证号码：……）
2012年4月1日

四、条据的写作注意事项

1. 称呼

称呼在正文上行顶格,以表示尊敬和礼貌;在称呼后面加上冒号":",表示下面有话要说。

2. 正文

称呼下一行空两格写内容,将所要说明的事项写清楚。请假条要写清楚请假的原因和起止时间,请病假还要附医疗单位证明。收据和借据要写明收、借到什么东西,其规格如何、质量怎样、数量多少等,借据还要写明还期。

3. 数字书写

凭证性条据数字要用汉字书写,数字后面要写上计量单位,最后写上"正"或"整"。此外,每行的首尾不得有数字出现,以防增添涂改。若有涂改,要在涂改处加盖印章,以示负责。

4. 致敬语

请假条正文写完后,另起一行空两格写"此致",再另起一行顶格写"敬礼",以表示对对方的敬意,或者写"特此请假"。

5. 落款

正文的右下方写明写条人单位、姓名(单位应盖上公章,再签上经手人姓名),以及年月日。

6. 用笔

书写时不要用铅笔、红笔,也不宜用易退色的墨水,最好用毛笔或钢笔;字迹要端正、清楚。

7. 日期

日期不要省掉,以免事后造成麻烦。

知识拓展

郭桓案和大写汉字数字

我国历史上最大的税收案是明代的郭桓案。据史书记载,在朱元璋执政的明朝初年,有四大案件轰动一时,其中有一重大贪污案——郭桓案。

明朝贪污之风盛行,国家的税款、税粮是贪官污吏攫取的主要目标。郭桓曾任户部侍郎,任职期间利用职权勾结地方官吏,大肆侵吞政府钱粮、渔盐等物,折米计算达2 400万石精粮。这个数字几乎与当时全国秋粮的实征总数相等。此案被人告发后,牵连12个高官、6个部的大小官员和全国许多地方官僚、地主。朱元璋对此大为震惊,下令将户部左右侍郎以下官吏数百人一律处死。

据史书记载,因郭桓案牵连下狱致死者达数万人。与此同时,朱元璋下令制定了严格的惩治经济犯罪的法令，并在全国财务管理上实行了一些有效措施，其中有一条就是把记载钱粮税收数字的汉字"一二三四五六七八九十百千，"改作大写"壹贰叁肆伍陆柒捌玖拾陌阡"。这一方法的实行，也堵塞了财务管理上的一些漏洞。此后，人们在使用"大写"过程中，渐渐用"佰仟"二字取代了"陌阡"。到了近代，随着阿拉伯数字引入我国并与汉字的大写数字配合，形成了完整的记账字体系，一直沿用至今。这就是数字大写的由来。

第九节 电子邮件

一、电子邮件简介

1. 什么是电子邮件

电子邮件（electronic mail，简称 E-mail，也被大家昵称为"伊妹儿"），是一种用电子手段提供信息交换的通信方式，是 Internet 应用最广的服务：通过网络的电子邮件系统，用户可以用非常低廉的价格，以非常快速的方式（几秒钟之内可以发送到世界上任何指定的目的地），与世界上任何一个角落的网络用户联系。

2. 电子邮件的发送和接收

当我们发送电子邮件的时候，这封邮件是由邮件发送服务器发出，并根据收信人的地址判断对方的邮件接收服务器而将这封信发送到该服务器上，收信人要收取邮件也只能访问邮件接收服务器才能够完成。

3. 电子邮件地址的构成

电子邮件地址的格式是"USER@SERVER.COM"，由三部分组成。第一部分"USER"代表用户信箱的账号；第二部分"@"是分隔符（"@"与英文单词"at"的读音一样）；第三部分"SERVER.COM"是用户信箱的邮件接收服务器域名。

二、电子邮件的特点

电子邮件因其使用简易、投递迅速、收费低廉，易于保存、全球畅通无阻，而被广泛地应用。它使人们的交流方式得到了极大的改变。

邮件的内容可以是文字、图像、音频、视频等各种方式（格式）。

在使用中，要注意防止电子邮件病毒。

三、电子邮件的格式

在商业和日常信函来往中，一定要注意电子邮件的书写礼仪，为自己的企业和个人展示一个良好的形象。电子邮件一般由信头、称谓、主体、祝语、落款几部分组成。

（1）信头。信头包含三个部件。一是收件人地址，写在"To:"后面；二是发件人地址，写在"From:"后面；三是邮件的主题，写在"Subject:"（主题）后面。一定要写上主题，主题明确，一目了然，让人看了就知道个大概，也不会被当作垃圾邮件删除掉。

（2）称谓。称谓要准确，切不可含糊不清。

（3）主体。主体要简明、扼要。事情多，写的多，可分成几小段，使意思表述清楚、明了。

（4）祝语。可以写"祝您工作愉快""工作顺利"，或者"顺祝商祺"等都可以，表示祝福。

（5）落款。落款要写清楚公司名称、个人姓名、日期。另外，在信件中一定要写明你的联系方式，以保持联系畅通。

四、电子邮件的写作注意事项

（1）写正确收信人的邮件地址。很显然，电子邮件摆脱了对纸的依赖，也就省去了信封的书写；但一定要写清楚收件人的电子邮件地址，要写正确"@"后面的域名；另外要分清易混淆的数字、字母，如数字5和字母S，数字1和字母l（小字的），否则易发错对象。

（2）注意书写格式。在商业书信往来中，要注意称谓、正文、落款等参照纸质书信的格式书写，不可随意。

知识拓展

第一封电子邮件

对于世界上第一封电子邮件（E-mail），根据资料，现在有两种说法。

第一种说法是，据《互联网周刊》报道，世界上的第一封电子邮件是由计算机科学家 Leonard K. 教授发给他的同事的一条简短消息（时间应该是1969年10月），这条消息只有两个字母："LO"。Leonard K. 教授因此被称为电子邮件之父。

Leonard K. 教授解释，"当年我试图通过一台位于加利福尼亚大学的计算机和另一台位于旧金山附近斯坦福研究中心的计算机联系。我们所做的事情就是从一台计算机登录到另一台电子邮件机。当时登录的办法就是键入 L—O—G。于是我方键入 L，然后问对方：'收到 L 了吗？'对方回答：'收到了。'然后依次键入 O 和 G。还未收到对方收到 G 的确认回答，系统就瘫痪了。所以第一条网上信息就是'LO'，意思是'你好！'"

第二种说法是，1971年，在美国国防部资助的阿帕网如火如荼的进行当中，一个非常尖锐的问题出现了：参加此项目的科学家们在不同的地方做着不同的工作，但是却不能很好地分享各自的研究成果。原因很简单，因为大家使用的是不同的计算机，每个人的工作对别人来说都是没有用的。他们迫切需要一种能够借助于网络在不同的计算机之间传送数据的方法。为阿帕网工作的麻省理工学院博士 Ray Tomlinson 把一个可以在不同的电脑网络之间进行拷贝的软件和一个仅用于单机的通信软件进行了功能合并，命名为 SNDMSG（即 Send Message）。为了测试，他使用这个软件在阿帕网上发送了第一封电子邮件，收件人是另外一台电脑上的自己。尽管这封邮件的内容连 Tomlinson 本人也记不起来了，但那一刻仍然具备了十足的历史意义：电子邮件诞生了。Tomlinson 选择"@"符号作为用户名与地址的间隔，因为这个符号比较生僻，不会出现在任何一个人的名字当中，而且这个符号的读音也有着"在"的含义。

中国第一封电子邮件是何时产生的呢？1987年9月20日中国第一封电子邮件是由"德国互联网之父"维纳·措恩与王运丰在北京的计算机应用技术研究所发往德国卡尔斯鲁厄大学的，其内容为英文，大意如下：Across the Great Wall we can reach every corner in the world. 中文大意是：跨越长城，走向世界。这是中国通过北京与德国卡尔斯鲁厄大学之间的网络连接，向全球科学网发出了第一封电子邮件。

第十节 倡议书

一、倡议书的含义和特点

1. 倡议书的含义

倡议书是党政机关、社会团体、企事业单位和个人在日常工作、生产和生活中常用的一种应用文体。一封好的倡议书，可以引起受众的强烈共鸣，写作者所提出的倡议、建议也会得到热烈的响应，因而在较大程度上达到写作目的。

2. 倡议书的特点

（1）广泛的群众性。倡议书的对象，不是针对某一个人、一个集体或一个单位，而是针对某一类人、某一个行业、某一个地区，甚至是针对全国而发出的，所以，它具有广泛的群众性。

（2）非强制性。倡议书没有强制性，它发出的倡议有关方面或有关的人可以表示响应，也可以不表示响应。

（3）广泛宣传性。由于内容具有广泛性，所以，常常要借助于新闻媒体公之于众，起到宣传、动员的作用。

二、倡议书的种类

划分标准不同，其分类也不同。

1. 按发起者分，可分为三种

（1）个人倡议书。

（2）集体倡议书。

（3）企事业单位倡议书。

2. 按倡议内容分，可分为两种

（1）针对某一具体生活事件的倡议书。

（2）针对某种思想意识、精神状况的倡议书。

三、倡议书的内容和结构

倡议书一般由标题、称呼、正文、结尾、署名和日期等部分组成。

1. 标题

标题可写"倡议书"或"倡议",也可根据倡议的具体内容,在"倡议书"三字前标明倡议的具体事由。如:《号召大家都说普通话的倡议书》。

2. 称呼

称呼,即接受倡议的对象名称。要顶格写,后加冒号。称谓可以写有关的某一类人,也可以写有关的组织、部门。称谓前面可冠以敬语,如"亲爱的同学们""尊敬的农民朋友们"等。

3. 正文

(1)倡议书的开头。写明发倡议的背景情况、原因理由、发倡议的目的,以及要开展的活动名称。说明为什么要发这个倡议,有什么重要性和现实意义。

(2)倡议书的中间主体部分。要写明倡议的具体内容和要求大家做到的具体事项、措施。

4. 倡议书的结尾

写出倡议者的决心和希望,或者建议和信念。这部分内容要写得精练,富有号召性和鼓动性,给人以奋发向上积极进取的力量。

5. 署名和日期

在正文结尾的右下方,署上倡议者的姓名或单位名称,以及发出倡议的具体日期。有时还可在日期之后写上发出倡议的地点。

四、倡议书的写作注意事项

写作倡议书时,要注意以下事项。

(1)倡议书的发起者有个人、集体和单位,要合乎身份地写明在什么情况下,为了什么目的,发出什么倡议,希望别人怎么做等。

(2)倡议必须是对国家和人民有利的好事,具有新的风尚和时代精神,这样才会有广泛的群众基础。另外,倡议必须是切实可行的,这样才能吸引更多的人响应。

(3)倡议书措辞要确切,情感要真挚富有鼓动性;篇幅不宜太长。

如何写好倡议书

1. 文题标新,有吸引力

常言道,看书看皮,阅文阅题。一个好的标题往往能够吸引读者的眼球,诱导读者阅读全文。好标题的标准不外乎两个,一是恰当,一是新颖。文章标题在恰当的前提下是否新颖、醒目,直接关系到文章的接受度。

2. 因情生文,富感染性

倡议书属于书信类文书,是公开信。既然属于"信",就具备"信"的突出特点:满怀情感。人们给自己的亲朋挚友写信,是为了表达衷情,拨动对方情感之弦,唤起对方感情共鸣。

现实生活中，不少倡议书写来观点无误，四平八稳，挑不出什么毛病，但总是像公事公办的面孔，令人退避三舍，作者缺乏情感倾注恐怕难辞其咎，自己尚且无动于衷，遑论感动他人？究其原因，多半是作者将倡议书的写作与行政公文的制作相混淆了。二者虽同为应用文体，但语体风格则由于各自适用的事物、场合不同、受文对象各异而有所不同。行政公文并非完全排斥情感，但它以诉诸理性为上，有相对固定的格式，要求、受文者照章执行就达到了制作目的；而倡议书不仅应该诉诸读者理性，而且必须诉诸读者感情，这后一点对倡议书来讲也许更加不可或缺，因为它毕竟缺乏行政公文的法定性。行政公文主要是"为事造文"；而倡议书则是"为事造文"与"因情生文"二者的结合。

3. 文脉贯通，凝练精简

倡议书不仅要满怀情感，以深情感染、鼓动受文者，还要言之有物、言之有序，使受众领受文章旨趣及旨意。但是，倡议书篇幅通常不是很长，不宜拉开"摆事实、讲道理"的架势做大段论证，这对作者谋篇布局和材料取舍的功力要求更高。

4. 言而有文，有针对性、可行性

古人云："言之无文，行而不远。"再好的主题，再深刻的思想，若无简洁、凝练、流畅、优美的语言文字做载体，其影响力仍要大打折扣。在遣词造句的时候，要针对受众，采用合适的语言。

第十一节 证明信

一、证明信的含义和特点

1. 证明信的含义

证明信是以机关团体的名义，证明某些事实的存在与否，证明有关人员具有某种经历、参与过某种事件的过程等专门使用的函件，也称为证明或证明书。

2. 证明信的特点

（1）真实性。这是证明信最重要，最本质的体现。出具虚假证明就失去原有的意义和作用，会害人害己，贻误大事。

（2）凭证性。证明信贵在证明，它以真实性为基础。是持有者用以证明自己身份、经历或某事真实性的一种凭证。没有证明就言之无据。

二、证明信的种类和作用

1. 证明信的种类

证明信按出具者可分为以组织名义出具的证明信和以个人名义出具的证明信；按格式可分为手写式证明信和印刷式证明信；按用途可分为作为证件用的证明信、作为材料存入档案

的证明信和证明丢失证件等情况的证明信。

2. 证明信的作用

证明信的作用主要表现在以下几个方面：一是交流和指证；二是历史凭证；三是法律上的判处依据；四是人事档案材料。

三、证明信的写作格式

不论哪种类型的证明信，其结构都大致相同，一般由标题、称谓、正文、结尾、署名和日期（落款）等部分构成。

1. 标题

证明信的标题一般有两种形式：一是"事由＋文种"；如"关于××事件的证明""证明信"；二是文种，如"证明信"。

2. 称谓

顶格书写需要证明信的单位名称或受文个人，后加冒号。一般不需要敬语。

3. 正文

证明信的正文部分要写出需要证明的事实。这是证明信的重要部分，要交代清楚所需证明的人和事的基本要素，包括何人、何时、何地、做过何事、结果如何等。写人时要写清人的姓名、年龄、工作单位、职务等。

4. 结尾

证明信的结尾部分要以特用语结尾，如"特此证明""以上特证明"等字样，并在右下方标明证明信开具单位和日期，压字加盖公章。有的证明信还要求主管领导签名。

5. 落款

落款要写出具证明的单位或个人的署名、日期，然后由证明单位或证明人加盖公章或签名、盖私章，否则证明信将是无效的。

四、证明信的写作注意事项

证明信在写作过程中要注意以下几个方面：①内容要真实（作为信用证明、法律证据存在）；②用语要准确（描述有分寸，不用模糊和地方语言）；③政策有界限（认真执行党在不同时期的各种政策）；④要用不褪色笔正楷书写，不得涂抹；⑤要留存原稿和存根，以备日后查验。

 例 文

证明信

××报社：

　　贵报社记者×××同志原任我社编辑，任期内工作积极主动，认真负责，有较强的业务能力。

　　特此证明。

此致
敬礼

　　　　　　　　　　　　　　　　　　　　　×××杂志社（盖章）
　　　　　　　　　　　　　　　　　　　　　　××××年×月×日

第十二节　介绍信

一、介绍信的含义、种类和作用

1. 介绍信的含义

介绍信是机关、团体、企事业单位派人到有关单位联系工作、了解情况、洽谈业务、参加各种社会活动时，由派出人员随身携带的一种专用书信。

2. 介绍信的种类和作用

介绍信通常可以分为手写式介绍信和印刷式介绍信两种。

3. 介绍信的作用

介绍信的重要作用主要表现在：一是证明作用（证明持有人的身份）；二是派遣作用（为派遣外出工作人员提供工作便利）。现在的介绍信要与身份证或工作证同时并用，以确认持有者的真实性。

二、介绍信的种类和内容、结构

1. 手写式介绍信

手写式介绍信，用一般的公文信纸书写，包括标题、称谓、正文、结尾、单位名称和日期、附注几部分。

（1）标题。在第一行居中写"介绍信"三个字。

（2）称谓。另起一行，顶格写收信单位名称或个人姓名，姓名后加"同志""先生""女士"等称呼，再加冒号。

（3）正文。另起一行，开头空格写正文，一般不分段。一般要写清楚以下事项：派遣人员的姓名、人数、身份、职务、职称等；说明需要联系的工作、接洽的事项等；对收集单位或个人的希望、要求等，如"请接洽"等。

（4）结尾。写上表示致敬或者祝愿的话，如"此致""敬礼"等。

（5）单位名称和日期。

（6）附注。注明介绍信的有效期，具体天数用大写写明。

在正文的右下方写明派遣单位的名称和介绍信的开出日期，并加盖公章。日期写在单位名称下方。

2. 带存根的介绍信

这种介绍信有固定的格式，一般由存根、间缝、本文三部分组成。

（1）存根。存根部分由标题（介绍信）、介绍信编号、正文、开出时间等组成。存根由出具单位留存备查。

（2）间缝。间缝部分写介绍编号，应与存根部分的编号一致。还要加盖出具单位的公章。

（3）正文。本文部分基本与便函式介绍人相同，只是有的要标题下再注明介绍信编号。

在写作介绍信的正文时一定要注意以下几个方面。一是介绍持有人的自然情况，包括姓名、性别、身份、年龄、政治面貌等。二是介绍信指派的任务。如外调、查询档案或联系其他事务等。这部分不必详细填写，具体情况由持有人说明。三是结尾部分常用礼貌作结。如："请协助""请予办理""请接洽""敬礼"。

三、介绍信的写作要求

其写作要求如下。

（1）要填写持介绍信者的真实姓名、身份，不能冒名顶替。

（2）接洽联系的事项要写得简明扼要。一定要预先在文中向收信人表示谢意，做到礼貌、不失礼节。

（3）重要的介绍信要留有存根或底稿，存根和底稿的内容要同介绍信正文完全一致，并经开介绍信的人认真核对。

（4）介绍信篇幅要简洁，语言要流畅，书面话不要太重。

（5）书写要工整，不能随便涂改。

例 文

介绍信

×××公司负责同志：

兹介绍我校×××等三位同志前往贵公司联系有关安排学生毕业实习等事宜，望接洽为盼！

此致

敬礼

×× 学校（盖章）

××××年×月×日

第十三节　个人简历

一、个人简历的含义和作用

简历，顾名思义，就是对个人学历、经历、特长、爱好及其他有关情况所作的简明扼要的书面介绍。

简历的作用主要是根据传媒所载招聘信息，单独寄出或与求职信配套寄出，应聘自己感兴趣的职位，起到介绍或宣传自己的作用。

二、简历的基本内容

简历是求职最重要的工具之一。简历通常没有固定的格式，一般包括以下内容：

(1) 个人资料；

(2) 学业有关内容；

(3) 本人经历；

(4) 所获荣誉；

(5) 本人特长；

(6) 自我评价或个性描述。

三、制作简历的注意事项

(1) 要简约，有的放矢。在写作时，与拟应聘职位相切合的部分，要突出说明下，而不是简单的罗列，记流水账。

(2) 不宜翻版求职信，要用成果说话。

(3) 要有个性。要写出自己的特点、优点。

第十四节　求职信

一、求职信的含义和特点

1. 求职信的含义

求职信是一种介绍性、自我推荐的信件，它通过表述求职意向和对自身能力的概述，引起对方的重视和兴趣。

2. 求职信的特点

(1) 针对性。求职信要针对某个招聘单位的某个招聘职位而表述，突出求职的针对性。

(2) 自荐性。求职信是一封推荐自己的介绍信，目的是引起雇主的注意，争取面试的机会。

(3) 独特性。雇主面对的求职信可能有成百上千封，因此，在忠于事实的情况下，使自己的求职信有独特性，就会帮助自己成功。

二、求职信的内容要素

求职信要说明以下几个要素。

(1) 求职目标。说明自己拟应聘的岗位名称。

(2) 求职缘起。在这部分中，可以简要说明下是怎样知道招聘信息的，简述下写求职信的理由，对本岗位的兴趣等。

(3) 求职条件。其主要说明胜任能力和条件，以及可为公司做的贡献等。这些内容要有说服力,要注意以事实说话。

(4) 附件。为便于说明详细情况,增强说服力,可附上个人简历、证明材料等。

三、求职信的写作格式

求职信的写作格式,一般由四部分组成,即称呼、正文、结尾、署名和日期。

1. 称呼

求职信的称呼与一般书信不同,书写时须正规,如果是写给国家机关或事业单位的人事部门负责人,可用"尊敬的××处(司)长"称呼;如果是"三资"企业首脑,则用"尊敬的××董事长(总经理)先生";如果是各企业厂长经理,则可称之为"尊敬的××厂长(经理)";如果是写给院校人事处负责人或校长的求职信,可称"尊敬的××教授(校长、老师)"。

不管写给什么身份的人,都不要使用"××老前辈""××师兄(傅)"等不正规的称呼。如果打探到对方是高学历者,可以用"××博士""××硕士"称呼之,则其人会更为容易接受。

2. 正文

求职信的中心部分是正文,形式多种多样,但内容都要求说明求职信息的来源、应聘职位、个人基本情况、工作业绩等事项。

首先,写出信息来源渠道,如:"得悉贵公司正在拓展省外业务,招聘新人,且昨日又在《××商报》上读到贵公司招聘广告,故有意角逐营业代表一职。"注意不要在信中出现"冒昧""打搅"之类的客气话,因其任务就是招聘人才。如果你的目标公司并没有公开招聘人才,也即你并不知道他们是否需要招聘新人时,你可以写一封自荐信去投石问路,如"久闻贵公司实力不凡,声誉卓著,产品畅销全国。据悉贵公司欲开拓海外市场,故冒昧写信自荐,希望加盟贵公司。我的基本情况如下……"这种情况下用"冒昧"二字就显得很有礼貌。

其次,在正文中要简单扼要地介绍自己与应聘职位有关的学历水平、经历、成绩等,令对方从阅读完毕之始就对你产生兴趣。但这些内容不能代替简历,较详细的个人简历应作为求职信的附录。

最后,应说明能胜任职位的各种能力,这是求职信的核心部分。目的无非是表明自己具有专业知识和社会实践经验,具有与工作要求相关的特长、兴趣、性格和能力。总之,要让对方感到能胜任这个工作。在介绍自己的特长和个性时,一定要突出与所申请职位有联系的内容,千万不能写上那些与职位毫不沾边的东西,比如你应聘业务代表一职,在求职信中大谈"本人好静,爱读小说"等与业务无关的性格特征,结果肯定是"玩完"。

3. 结尾

结尾一般应表达两个意思,一是希望对方给予答复,并盼望能够得到参加面试的机会;二是表示敬意、祝福之类的词句。如"顺祝愉快安康""深表谢意""祝贵公司财源广进"等,也可以用"此致"之类的通用词。

另外,要在结尾认真写明自己的详细联系方式如通讯地址、邮政编码和联系电话等。

4. 署名和日期

署名,按照中国人的习惯,直接写上自己的名字即可。国外一般都在名字前加"你诚挚的、你忠实的、你信赖的"等词，这种方法不能轻易效法。

日期，写在署名右下方，应用阿拉伯数字书写，年、月、日都全写上。

四、求职信的写作注意事项

求职信的写作，要注意以下几点：

（1）根据求职的目的来布局谋篇，把重要的内容领先在首要的位置上，并加以证实。

（2）对相同或相似的内容进行归类组合，段与段之间按逻辑顺序衔接。从阅信人的角度出发组织内容。

（3）要具有个人特色，亲切且能体现出专业水平。切不可过于随意，也不能拘泥于格式——商业信函应该是一种既正式、又非正式的文体。

（4）意思表达要直接简洁，这样能表现出你珍惜他人的时间。

（5）书写要清晰、简单明了，避免使用术语和过于复杂的复合句。

例 文

尊敬的公司总经理先生：

我是××大学中文系的应届毕业生，我不能向您出示任何一位权威人士的举荐信为自己谋求职位，数年寒窗苦读所掌握的知识和技能是本人唯一可立足的基石。今天从贵公司的人事主管处得知，贵公司因扩展业务，各部门需要招兵买马，所以自我推荐。

在校期间，我不仅系统地完成了中文专业的所有课程，而且还利用业余时间学习了计算机文字处理技术和操作。为了适应社会需要，我还参加了英文系高年级选修课程的选修并取得优异成绩，可以完成较复杂的口译和笔译。此外，我还曾担任学生会宣传干事，且获得学校第四届辩论赛三等奖和散文征文二等奖，具有较强的口头表达能力和写作能力。

贵公司需要一名翻译吗？贵公司需要一名秘书吗？贵公司需要一名公关人员吗？贵公司需要一名电脑操作员吗？如果需要，我很乐意接受实际操作考试和面试。盼望您的回音。

顺祝愉快！

求职人：××

2012年4月2日

第十五节　家　信

一、家信的含义和种类

家信，又叫家书，是指写给自己亲属的书信。它适合于家人之间的情意交流。情感可以尽情流露，可以畅所欲言，不必遮掩，有话直说。

家信可以分为以下几类：写给长辈的信，包括祖父母、外祖父母、父母等；写给晚辈的信，包括儿女，孙（外孙）、孙女（外孙女）等；写给丈夫的信，写给妻子的信，写给兄弟姊妹的信等。

二、家信的主要内容和结构

一般来讲，家信内容主要包括称呼、正文、结尾、落款四部分。

1. 称呼

一般说来，平时与家人见面怎样称呼，家信开头的称呼就怎样写。对长辈可以在称呼前加上"尊敬的""亲爱的"等亲昵的称呼。要顶格写，后加冒号。

2. 正文

正文包括下列一些内容。①表示问候。单独成行。②另起一段。询问家里的情况。若是复信，可先说明何时收到来信，再谈其他一些事情。③谈自己的事情，主要针对对方关心的事情谈。④可写些有何希望、要求或再联系的事项。

3. 结尾

结尾要写一些表示致敬或祝福的话。如"敬祝健康""祝工作顺利""努力学习""祝你进步""此致敬礼"等，这些话要合乎身份，不可滥用。

4. 落款

署名写在结尾右下方，可加上自己的身份，如儿、外孙等，不必写姓。后边再署上发信日期。

三、家信写作的注意事项

家信写作时要注意以下几点。

（1）语言忌死板。家信切忌生硬、死板，语言的选用要轻松自如，不要过分进行修饰。

（2）适当口语化。语言要口语化，但也不排斥使用书面语。如对"岳父岳母"不能写成"老丈人丈母娘"，对"妻妹"不能写成"小姨子"等。

（3）用笔和用纸。信件不能用铅笔书写，以防模糊不清；也不要用红笔书写，这会被认为是绝交信。一般用毛笔、蓝或黑钢笔或圆珠笔书写。信纸一般用专用信纸或稿纸，切不可随便捡一片纸就写信。

（4）要整洁。字迹要工整，一般不要出现错别字或病句，信件一定要保持清晰整洁，不可涂抹太多。

知识拓展

古代书信别称有多少

在我国古代，"书""信"有别，"书"指函札，"信"指送信的使者。书信有许多别名、美称。我们大致可以分为三类。

1. 与材料相关的别称

（1）札。札是古代书写用的小木简，后用作书信别称。如《古诗十九首》"客从远方来，遗我一书札"。

（2）函。封套叫函，信封叫函，后也用来代指信件。"公函"即是公文信件，"函授"就是用通信的方法教学授课。

（3）筒。书筒原指盛书信的邮筒，古代书信写好后常找一个竹筒或木筒装好再捎寄，也代指书信。李白诗中便有"桃竹书筒绮秀文"之句。后来书筒也成了书信的代称。如宋代赵蕃诗中有这样一句："但恐衡阳无过雁，书筒不至费人思。"

（4）笺，素，翰。"笺"是写信或题字用的纸，"素"是白色生绢，古人多在笺、素上写书信；"翰"是鸟羽，古以羽毛为笔。所以，笺、素、翰常被借指为书信。雅笺、素书、华翰等都是书信的美称。

2. 与格式相关的别称

（1）尺牍。古时书函长约一尺，故名尺牍，亦称"尺素""尺翰""尺书"，皆泛指书信。

（2）八行书。这也是信札的代称。旧时信件每页八行，故称为八行书。《后汉书·窦章传》李贤注引马融《与窦章书》："孟陵奴来，赐书，见手迹……书虽两纸，纸八行，行七字。"温庭筠词曰："八行书，千里梦，雁南飞。"

3. 与典故相关的别称

（1）鸿雁、雁足、雁帛、雁书。典出于《汉书》苏武牧羊的故事，借雁足传书，所以书信又有了雁足、雁帛、雁书等代名词。

（2）鲤鱼。鲤鱼也代指书信，这个典故出自汉乐府诗《饮马长城窟行》："客从远方来，遗我双鲤鱼。呼儿烹鲤鱼，中有尺素书。"以鲤鱼代称书信有几种说法，一种称为"双鱼"，如宋人晏几道《蝶恋花》词："蝶去莺飞无处问，隔水高楼，望断双鱼信。"另一种称为"双鲤"，刘禹锡《洛中送崔司业使君扶侍赴唐州》诗："相思望淮水，双鲤不应稀。"韩愈也有"更遣长须致双鲤"的诗句。李商隐《寄令狐郎中》诗中有："嵩云秦树久离居，双鲤迢迢一纸书。"有的直接说成"鱼书"，唐代诗人韦皋《忆玉箫》诗："长江不见鱼书至，为遣相思梦如秦。"因为常用鲤鱼代替书信，所以古人往往把书信结成鲤鱼形状。

（资料来源：《语文报》高一版第765期，《书信的别称知多少》，庞振军）

思考练习题

1. 启事的含义与特点是什么？
2. 比较启事与海报的不同。
3. 比较慰问信、感谢信的异同。
4. 简述证明信和介绍信的区别。
5. 下列周知性事项中，可写为海报的有哪些？可写为启事的有哪些？
（1）××局团委拟和驻军某部团总支举行军民联欢会。
（2）××公司拟招聘一批业务员。

(3) ××商店将降价出售一批商品。
(4) ××工会俱乐部近期上演电影新片《×××》。
(5)《中国重庆》大型画册征集稿件。
(6) ××市汽车贸易中心将迁址办公。
(7) ××老师遗失手提包。
(8) ××市东城区糖酒公司改名为青年区糖酒公司。
6. 请写一封家信。
7. 评改一则启事。

启事

我店原聘张××、刘××为业务员，另胡××所在本店手续从登报之日起作废。同时解聘。原订的货物和贷款在见报后五日内归还本店，否则一切责任自负。

××百货商店

第十章 常见财经应用文的写作

第一节 广告

一、广告的含义与特点

1. 广告的含义

"广告"一词，来源于西方。英语称之为"Advertise"。源出于拉丁语"Advetteze"，含义为"注意""诱导"。如果就字面解释，"广告"是唤起大众注意某事物，并诱导于一特定的方向所使用的一种手段。我国古代，只有幌子、告白、仿单、招贴等称呼，约从十九世纪末叶开始，我国报刊上开始出现"广告"这个术语，直到20世纪20年代，"广告"一词方被普遍采用。

广告是通过一定的传播媒介，公开而广泛地向公众传递某一信息或宣传某一事项时所使用的文书。

2. 广告的特点

(1) 传播信息，服务社会。
(2) 沟通产销渠道，促进商品销售。
(3) 引导消费。
(4) 鼓励竞争，促进生产发展。
(5) 促进国际经济交流，扩大对外贸易。
(6) 装点市容，美化环境。

二、广告的种类

(1) 根据传播媒介的不同，广告可分为印刷广告、电波广告、网络广告、其他媒介广告。

(2) 以制作目的来分类，可以分为销售广告和信誉广告。

(3) 以广告的文体来分类，可以分为说明体广告和文艺体广告等。

(4) 以广告的心理效果来分类，可以分为攻心广告、迎合广告、征奖广告和承诺广告等。

三、广告创意的形成过程

有人说，创意是广告的灵魂。其形成过程大致如下。

(1) 收集原始创作材料；

(2) 围绕着主题对上述材料进行提炼、发掘、加工；

(3) 借助于联想，运用心智寻找各种材料的聚焦点和最完美、最具有独创性的组合方式；

(4) 在"思想火花"的燃烧中，找到最恰当的聚焦点和最完美的组合方式，形成创意。

四、广告文案的结构和写法

一则典型的广告文案，由广告语、标题、正文、随文四个部分组成。

(1) 广告语。广告语一般都只有寥寥几字，很少超过十个字。广告语要便于记忆，易于上口；阐明利益，激发兴趣；号召力强，促发行动。

(2) 标题。广告标题的职能是：①它能迅速引起读者的注意。②能够抓住自己的主要目标对象。③能够吸引读者阅读广告正文。

撰写广告标题的原则是：①投读者所好，并切实地使之受益。②尽量把新内容引入标题。③标题尽可能写上商品名称。④使用能够引起人们好奇心的词语。⑤长度适中。⑥避免使用笼统或泛泛的词语。⑦慎用双关语、文学隐喻；忌用晦涩难懂的词。⑧慎用否定词。

(3) 正文。①正文的结构。正文在结构上一般分为引言、主体、结尾三部分。②广告正文的类型：直述式、叙述式、证言式、描写式等。

(4) 随文。随文又称附文，是广告文案的附属文字部分，是对广告内容必要的交代或进一步的补充。

五、广告的写作要求

广告的写作要求如下。

(1) 要抓住重点。只有抓住事物的重点，突出事物的特点，才能起到较好的广告效果，才能给人以较深的印象。

(2) 要真诚、实在。广告要真诚、实在，不要夸大事物的属性，更不要编造、扭曲事物的本来面貌。

(3) 要讲究手法。如同文学作品一样，广告文稿永远是一次性的，不能和别人重复，也不能和自己重复。广告能否吸引人们，激发人们的兴趣，最主要的就是看有无独到之处。从此角度看，创新性也是广告成功的关键。广告文稿的创新性，关键在广告的创意。广告创意是广告主题的创造性思维，是在广告主题定位后，如何表现广告主题的创造性的艺术构思，既包括"传播什么"的问题，又包括"怎样传播"问题。广告创意要新奇、巧妙、妥贴。广告文稿的创新性，不但表现在有上乘的创意，还表现在要有独特、新奇的表现手法。中外广告已创造了许多表现手法，但并没有穷尽，广告创作者应该大胆地去创造。新颖的表现手法同样具有不可抗拒的魅力。

第二节　市场调查报告

一、市场调查报告的含义和特点

1. 市场调查报告的含义

市场调查报告是企业及其他组织的调查研究人员，运用科学的方法，对市场商品供应与需求信息、市场营销活动、消费信息等进行搜集、记录、整理、研究分析，从而得出合乎客观事物发展规律的结论之后所写出的书面文字材料。

2. 市场调查报告的特点

市场调查报告的特征主要有以下四点。

（1）客观性。市场调查报告是经济决策的依据，因此，要求其反映的内容必须符合客观实际。市场信息错综复杂，且处在不断的变化之中，这就需要进行科学的综合、归纳、分析、概括，以客观的态度进行报告。

（2）针对性。针对性主要包括两方面。①要有明确的调查目的。调查与撰写报告时必须做到目的明确、有的放矢。②要明确阅读对象。阅读对象不同，他们的要求和所关心问题的侧重点也不同。

（3）新颖性。市场调查报告应紧紧抓住市场活动的新动向、新问题，通过调查研究得到新发现，提出新观点，形成新结论，这样的调查报告才有使用价值，才能达到指导企业经营活动的目的。

（4）时效性。市场如战场，市场调查报告要顺应瞬息万变的市场形势，做到及时反馈。市场信息只有及时到达使用者手中，才能发挥应有的作用。

二、市场调查报告的种类和作用

市场调查报告所涉及的内容极其广泛，凡是直接和间接地影响市场营销的情报资料，都在其搜集和研究之内。较常见的有以下几种。

（1）商品情况的调查报告。它主要是针对商品特性、原材料、产量、质量、价格等方面的调查分析。

（2）消费者情况的调查报告。它主要调查反映某一种或某一类商品消费者的数量、分布、性别、年龄、职业、收入、消费能力、消费倾向等方面的情况。

（3）销售情况的调查报告。它主要调查商品的销售情况，反映商品的供求比例、市场份额、销售前景、销售渠道等方面的内容。

（4）市场竞争情况的调查报告。它主要调查分析竞争对手及其产品的情况，如对手的数量、经营策略、产品的优劣等。

市场调查报告的作用是：①有利于企业生产适销对路的产品；②有利于企业提高决策的科学性；③有利于企业制定有效的营销与广告策略；④有利于企业提高竞争能力。

三、市场调查报告的内容和格式

市场调查报告一般包括标题、目录、正文、落款等几部分。

1. 标题

市场调查报告的标题常见的有以下几种情况：

（1）公文式标题，如《××关于武汉市卷烟市场情况的调查》；

（2）正副式标题，如《儿童食品安全令人担忧——关于××市××的专题调查》；

（3）新闻式标题，如《市场定位准确是××经营成功的关键》。

2. 目录

如果调查报告的内容丰富、页数较多，为了方便读者阅读，可用目录或索引形式列出报告所分的主要章节和附录，并注明标题、有关章节号码及页码，一般来说，目录的篇幅不宜超过一页。

3. 正文

正文一般包括引言、主体、结论和建议、附件等部分。

（1）引言。简要交代调查目的、原因、对象，概要介绍调查研究的方法、调查内容（含调查时间、地点、范围、调查要点及所要解答的问题等）。

（2）主体。主体是市场调查报告的主要部分，要运用科学的分析与研究方法将收集来的各种材料有机地组织、结合起来，体现出提出问题、分析问题、引出结论的全部过程。还应当有可供决策者进行独立思考的全部调查结果和必要的信息，以及对这些情况和内容的分析、评论。

（3）结论和建议。结论和建议是撰写本报告的主要目的。这部分是对引言和正文的主要内容进行总结与延伸，得出结论并在此基础上提出解决问题的有效措施、方案与建议。结论和建议与正文部分的论述要紧密对应，不可提出无证据的结论，也不要进行没有结论性意见的论证。

（4）附件。有些调查报告需要用附件来补充说明正文无法包含或未曾提及，但与正文有关必须附加说明的内容。它是对正文报告的补充或更详尽的说明，包括数据汇总、图表、各种原始背景材料和相关报告等。

4. 落款

落款要注明报告单位或报告人、报告时间。

例 文

刚果（布）家电产品市场调查

刚果（布）家电市场的发展历史只有短短的十年。这是由于刚果（布）经济条件落后，家庭用电普及率不高等客观因素造成的。除首都布拉柴维尔和港口城市黑角以外其他城市几乎没有完整的供电网络，即便在布拉柴维尔和黑角，停电也是家常便饭，想要保证每天24小时不间断地用电，就必须自备一台发电机。这对普通刚果（布）家庭来说无疑是天方夜谭。这种状况大大限制了刚果（布）家电市场的发展。但是，近十年来，随着驻刚果（布）外交机构、外资机构以及在十年中发战争财暴富的人的增多，刚果（布）出现了一个购买家电产品的消费群体。

根据我处对刚果（布）两个主要城市——首都布拉柴维尔和港口城市黑角家电市场的调查显示，其最大的家用电器零售商分别是法国的 CFAO 连锁商店、GRASSET SPORAFRIC 连锁商店和黎巴嫩的 SCORE 连锁超市。各家零售商都是通过自己连锁集团进行统一采购，货源大多来自欧洲和亚洲。刚方本土目前没有专门的家用电器批发商。

SCORE 的大型家电品种比较单一，只有电视机和冰柜，而且货源不够充足，但质量能够保证。CFAO 的长项是大型机电产品，如发电机、汽车等。家用电器在其销售领域中所占比重不大。GRASSET SPORAFRIC 是主营家用电器和办公用品的一家连锁商店。该店家电品种比较齐全……（文略）中国个体商人开设的店铺中也能看到一些中国产的家用电器，但数量极少，且都是不知名的品牌。

由于刚方的原因，我处无法收集到详细的家电产品进口统计数据。根据我处从刚果（布）财政部统计局和贸易总局了解到的情况显示，其近年来家电产品及机电产品进口总额如下（2001 和 2002 年因刚果（布）政府资金不足未作统计无法提供相关数据）……（文略）

从以上的调查可以看出，刚果（布）家电产品市场有如下特点：

一、家电产品市场还不完善，能够保证质量的家用电器专卖店少，售后服务体系不健全……（文略）

二、家电产品销售量不大，价格偏高……（文略）

三、消费群体比较单一，电视机的普及率相对较高……（文略）

刚果市场上的家用电器有两个主要来源，一是从欧洲转口，二是从西非或迪拜转口，很少有从中国直接进口的家用电器。虽然每年都有刚果（布）客商参加广交会，但采购的商品多为日用消费品、农用机具等，很少大批量采购家电用品。这有几方面的原因：第一，信息渠道不够畅通，刚果（布）客商对中国的家用电器不够了解，主要消费群体对中国家电业的知名品牌认知度不够。第二，中国家电产品在刚果（布）市场没有稳定、成熟的销售渠道。针对以上两点，我国有实力的家电企业一方面可以直接来刚果（布）考察市场，争取办展、设立专卖店，并辅以售后服务等措施，让刚果（布）本地客商和主要消费群体直观地了解中国家电的品牌和优质性能，并填补刚果（布）家电市场售后服务的空白；另一方面，也可以通过在刚果（布）有成熟销售渠道的进出口商和连锁集团代理中国名牌家电产品。最近有一家瑞士驻刚果（布）公司通过我处与海尔集团联系，希望直接从中国进口海尔空调、冰箱等家用电器。目前仍在洽商中，如果这条路能走通的话，将为中国家用电器进入刚果（布）市场打开一个新局面。

有意对刚果（布）出口家电产品的企业需注意下列问题：

一、根据刚果（布）政府颁布的贸易法和 07 号进出口法规定，在刚果（布）境内从事进口业务的商家必须是在刚果（布）贸易局登记、有合法营业执照和缴税记录的商铺或企业……（文略）

二、刚果（布）对进口家电产品检验采用的是欧盟的检验标准……（文略）

三、刚果（布）供电状况较差，电压非常不稳定，对家电产品的损害非常大。

四、刚果（布）大部分电源插座是采用欧式的圆孔插座，中国生产的家电产品大多是扁插片插头，产品出口前应注意更换插头，以免给客户造成不必要的麻烦。

××部驻刚果（布）经商处

二〇〇三年四月

（资料来源：http://preview.xyf.moftec.gov.cn/article）

第三节 经济预测报告

一、经济预测报告的含义和特点

1. 经济预测报告的含义

经济预测报告是在调查分析的基础上，按经济发展的规律去考察政策和其他各种社会因素对一定范围内经济发展的影响并对其发展趋势作出预测的书面材料。

2. 经济预测报告的特点

（1）针对性。经济预测报告往往针对特定的经济活动而作，目的明确，针对性强。

（2）预见性。经济预测报告的核心是在充分掌握材料的基础上科学预测经济走向，预见性是其生命力所在。

（3）时效性。在市场经济活动中，时间就是效益、时间就是收入，经济预测报告只有迅速及时才能更好地为经济决策服务。

二、经济预测报告的分类和作用

1. 经济预测报告的分类

（1）按预测对象范围划分，可分为宏观经济预测报告和微观经济预测报告；

（2）按预测的期限划分，可分为长期预测报告、中期预测报告和短期预测报告；

（3）按预测的主要内容划分，可分为市场预测报告、生产预测报告等；

（4）按预测的部门划分，可分为工业经济预测报告、农业经济预测报告、财经预测报告等。

2. 经济预测报告的作用

作为前瞻性经济调查研究活动的成果，经济预测报告所提供的经济信息是科学作出经济决策的重要依据，因而写好经济预测报告有利于管理部门和领导作出科学的决策，有利于企业调整经营方法，也有利于金融部门发挥职能作用。

三、经济预测报告的格式

经济预测报告一般由标题、概况、预测、建议四部分组成。

1. 标题

完整的标题一般由预测时限、预测范围、预测对象和预测内容等要素组成，如《2004

年全国农用机动车需求预测》。写作时可根据具体情况省略其中的某些要素，也可采用消息式标题，而不出现预测二字，如《××市下半年电器市场相对平稳》。

2. 概况

概况也叫基本情况，主要介绍预测对象的现实状况及发展历史，它是预测的基础和出发点，不说明基本情况就无法进行分析、预测未来。这部分在写作时要注意从宏观上去把握，交代材料要点面结合。

3. 预测

这部分是报告的主体，要结合基本情况并运用特定的经济理论知识对相关的经济现象进行分析研究，用科学的方法预测经济发展的趋势。行文时要以翔实、准确的材料和数据为依据，从现象中引导出经济发展的本质与规律。

4. 建议

这部分是预测结论的延伸，可在客观分析的基础上，有针对性地提出有利于经济发展的、切实可行的建议。

例文

2003年全社会投资将增长16%

2003年，是加入WTO以后中国进入全面建设小康社会、加快推进社会主义现代化建设非常重要的一年，也是政府换届之年。我们认为各种有利因素和不利因素并存，只要积极利用有利因素，克服困难，明年中国投资将继续保持一个较高的增长速度，预计全社会投资增长16%左右。

一、总量继续保持较快增长

今年以来，在国内外多种因素的带动下，中国固定资产投资呈现出了强劲的增长势头，对国民经济增长发挥了重要作用。预计今年全年中国全社会固定资产投资将完成43 908.6亿元，同比增长19%，比去年提高6.9个百分点。其中国有投资增长22%，比去年提高6.3个百分点；集体和个人投资（民间投资）增长18%，比上年提高约8个百分点。今年的高增长为2003年固定资产投资较快增长打下了良好的基础。

首先，从国际环境来看，世界经济形势将继续好转……（文略）

从国内环境看，一是十六大的召开，不仅会继续坚持、扩大以及加快市场化改革的路线，而且会明确今后的发展目标和政策走向。二是经济快速增长，为明年投资较快增长奠定坚实的经济基础。三是企业效益稳步回升……（文略）

但与此同时，也存在一些不利投资增长的因素，主要包括：

1. 今年投资增长基数较高……（文略）

2. 资金融通渠道仍有一定障碍……（文略）

3. 物价低水平运行，通货紧缩趋势加剧，影响企业投资效益和盈利水平，影响企业投资的积极性。

二、国有投资仍是拉动投资增长的主力

2003年，国有投资增速依然是全社会投资增长的关键，投资增长主要依靠国有投资增长的格局在短期内还不会改变。主要因为，一是国有投资占全社会投资的比重依然很大。今年前9个月，国有投资占全社会投资比重远远高于民间投资所占比重，达到76.6%，民间投资所占比重依然很小。二是明年国家将继续实行积极财政政策，继续加大对基础设施、环境保护、社保、国家大型建设项目等的投资力度，这些领域投资的主要资金来源依然是国有部门，民间资本大量进入还需时日。

三、民间投资将进一步活跃

与往年相比，今年以来中国民间投资出现了加快增长的喜人势头，前9个月民间投资增长明显加快，民间投资不断活跃成为2002年投资领域突出的"亮点"。2003年，民间投资将继续加快增长，对整个投资增长的贡献度将进一步提高，预计全年增长22%左右，主要理由是：

(1) 民间投资增长的外部环境将更为宽松……（文略）

(2) 制约民间投资的金融支持瓶颈有望得到缓解……（文略）

(3) 国家将根据《关于促进和引导民间投资的若干意见》，清理现行投资准入政策，在明确划分鼓励、允许、限制和禁止类政策时，体现国民待遇和公平竞争原则，打破所有制界限、部门垄断和地区封锁。

(4) 民间投资服务体系有望逐步建立。

……（文略）

十、投资体制改革进一步深化，投资环境继续改善。

今年前三季度，利用外资占全部固定资产投资的20%以上，明显高于上年同期水平。这表明中国的投资环境在不断改善。

（资料来源：上海证券报，作者：国家信息中心周景彤）

第四节 经济合同

一、经济合同的含义与特点

1. 经济合同的含义

合同旧称契约，是当事人各方为实现某种目的，经协商同意后订立的明确有关权利、义务关系的文书。它是平等主体的自然人、法人、其他组织之间设立、变更、终止民事权利义务关系的协议，具有法律的效用。

经济合同是以经济活动为协议内容的合同，曾经使用过的《中华人民共和国经济合同法》规定：经济合同是平等民事主体的法人、其他经济组织、个体工商户、农村承包经营户相互之间为实现一定经济目的，明确相互权利义务关系而订立的合同。

2. 经济合同的特点

经济合同不仅是一种经济文书，而且还是一种体现着商品交换关系的法律文书。签订经济合同必须遵循以下原则，从另一个侧面也说明它具有以下特征。

（1）平等性。这种平等性一是指经济合同所确立的当事人之间的关系是一种商品交换经营活动性质的关系，签订合同的当事人不论组织或者个人，都应当是具有相应的民事权利能力和民事行为能力的平等的经济实体；二是指合同当事人的法律地位平等，一方不得将自己的意志强加给另一方，合同约定的内容应是各方平等协商的结果，各方都要承担相应的法律责任，法律也保护各方的合法权益；三是指代订经济合同，必须事先取得委托人的委托证明，并根据授权范围以委托人的名义签订，才对委托人产生权利和义务。

（2）合法性。《合同法》第七条明文规定："当事人订立、履行合同，应当遵守法律、行政法规，尊重社会公德，不得扰乱社会经济秩序，损害社会公共利益。"违反法律和行政法规的合同，违反国家利益或社会公共利益的合同，采取欺诈、胁迫等手段所签订的合同，都是无效的。无效的经济合同，从订立的时候起就没有法律效力。此外，《合同法》关于要约和承诺、履行等方面的规定也必须严格遵守。

（3）互利性。《合同法》规定订立合同的"当事人应当遵循公平原则确定各方的权利和义务"，因此，订立经济合同应当遵循平等互利、协商一致的原则，任何一方不得把自己的意志强加给对方，任何单位和个人也不得非法干预。各方的权利和义务应是经过协商都能接受的，能体现出商品交换中平等互利的原则。

（4）制约性。《合同法》中指明："依法成立的合同，对当事人具有法律约束力。当事人应当按照约定履行自己的义务，不得擅自变更或者解除合同。"另外，"依法成立的合同，受法律保护"。可见，经济合同一旦签订就具有法律效力，当事人各方都必须严格履行，都必然受到合同条款的约束。

（5）格式的固定性。虽然合同有多种形式，但经济合同，除即时结清者外，一般应当采用书面形式。凡法律规定应用书面形式而不采用书面形式的经济合同可视为无效合同。为了保护合同订立各方的利益，减少合同纠纷，我国从1990年开始推行经济合同示范文本制度，当事人可以参照各类合同的示范文本订立合同。

二、经济合同的分类和作用

1. 经济合同的分类

按照不同的标准，经济合同有不同的分类。

（1）按形式可分为条款式合同和表格式合同。①条款式合同往往用文字条款的形式来表述合同的内容，一般用"条、款"和数词来区分层次，条款多的还可以分章、节。此类合同适用于标的数额较大，针对性强的事项，条款内容由当事人共同协商议定。②表格式合同则是将经济合同的条款项目用表格的形式固定下来，订合同时逐条填写，此类合同有利于防止经办人员疏漏条款，也便于统计管理，适合于企业反复使用。

（2）按内容性质分，《合同法》把我国常用的经济合同分为：买卖合同，供用电、水、气、热力合同，赠与合同，借款合同，租赁合同，融资租赁合同，承揽合同，建设工程合同，运输合同，技术合同，保管合同，仓储合同，委托合同，行纪合同，居间合同。国务院和国家有关部门对以上合同还发布了若干专门的条例和实施细则。

此外，还可按时间分为长期合同、中期合同和短期合同，正确区分经济合同的种类，并掌握不同种类经济合同的不同要求，对于订立和履行合同有重要的意义。

2. 经济合同的作用

经济合同是商品经济的产物，没有商品交换就没有经济合同。在社会主义市场经济蓬勃发展的今天，经济合同有着非常重要的作用。

（1）经济合同是实现国民经济健康发展的法律保障。现阶段全民所有制经济、集体所有制经济、个体经济、私营经济、中外合资经济等多种经济成分并存，各种经济组织之间的纵向、横向联系主要以经济合同为纽带，甚至连政府的宏观调控在一定程度上也是通过经济合同来实施的。同时，各方的利益又依赖于合同条款所确定的法律关系来保障，可以说国民经济的发展离不开合同。

（2）经济合同是实现和促进社会主义专业化协作的纽带。社会主义现代化生产也是一种专业化大生产，需要各类经济组织之间的分工与协作，而合同是实现专业化协作的纽带，有效的合同条款能固定各方的协作关系，使产、供、运、销各个环节有机地结合起来，从而推动社会主义经济的繁荣与发展。

（3）对于合同的订立者而言，有利于加强经济核算，提高经营管理水平。一方面企业按照经济合同组织生产与销售可以克服盲目性，降低成本；同时，合同的法律效力还能促使企业重视自己的信誉，不断加强经济核算，提高管理水平，从而提高经济效益。

（4）经济合同也是国家发展对外贸易的有效法律手段。为了促进我国经济活动的法制化和规范化，我国曾颁发、实施了《中华人民共和国经济合同法》和《中华人民共和国涉外经济合同法》等法律文件，1999年又在此基础上实施了《中华人民共和国合同法》（以下简称《合同法》）。这些文件是我们签订各类经济合同时必须了解和遵循的法律依据。

三、经济合同的主要内容和格式

一份完整的合同应包括以下几个部分：标题，当事人的名称（姓名）和住所，正文和结尾。

1. 标题

标题要点明合同的性质和种类，一般由事由和文种构成，如借款合同、房屋租赁合同等。有的也可只写"合同"二字。

2. 当事人的名称（姓名）和住所

这部分要写明签订合同各方的全称。是单位的要与营业执照上核准的名称一致。可按习惯确定一方为"甲方"，一方为"乙方"；或者称"供方"和"需方"、"买方"和"卖方"；后文可用相应的简称代替全称。

3. 正文

正文应当包括以下三个方面的内容。

（1）双方签订合同的依据或目的。

（2）双方协商一致的内容。尽管合同的内容由当事人约定，每份合同的性质、内容不尽相同，写作形式也千差万别，但都要写明以下主要条款。如果缺少其中之一，该合同就存在重大缺憾，甚至不能成立。

①标的。经济合同的标的是指合同当事人权利和义务所共同指向的对象，可以是货物、资金，也可以是行为。某些标的可能由于商标、规格、花式、产地的不同或受到其他社会因

素影响，名称相同而实质差异较大，这些在撰写合同时必须明确，否则就会导致合同纠纷，造成经济损失。

②数量和质量。数量和质量是标的的具体表现形式，关系到当事人的权利和义务的大小，必须明确、具体。数量是标的的计量，包括数和量两个要素，除数字准确外，还应写清计量单位、计量方法、误差范围等内容。质量是标的的特征，往往表现为一定的品牌、品种、规格、型号等，因而这些要素一定要写清。有国家或行业强制性标准的，按标准办，没有国家或行业强制性标准的，要写清当事人协商的标准。对于国家没有规定验收、检疫方法的标的，可由当事人协商确定检验人以及检验方法和地点。

③价款或酬金。价款或酬金是获取商品、接受服务方向对方所支付的一定量的货币。签订合同时要写明单价、总金额、结算标准与方式，涉外经济合同还需注明结算货币的名称。除法律、法规另有规定外，须用人民币计算和支付，一般通过银行或票据结算。

标的价格一般由当事人约定。执行国家定价的标的，按期交货，按交付时的价格计价；逾期交货，若价格上涨按原价执行，价格下降，按新价执行；逾期提货或付款的，遇价格上涨按新价执行，价格下降按原价执行。

④履行期限、地点和方式。合同履行期限、地点和方式直接关系到当事人权利与义务的实现，必须写得清楚具体。期限一般要具体到年、月、日；地点要写明当事人约定的合同履行地点；方式包括时间方式和行为方式两个方面的内容，前者要写清是一次性全面履行还是分期履行，后者则要注明是送货、自提、代运还是其他交付方式。

⑤违约责任。违约责任是为了保证完全履行合同而预定的针对违约方的经济制裁措施。有定金和支付违约金、赔偿金两种方式。违约金、赔偿金的具体金额凡国家法规、规章有规定的，不得低于法定标准，没有规定的，由当事人议定。给付定金的一方不履行约定的义务的，无权要求返还定金；收受定金的一方不履行约定的义务的，应当双倍返还定金。合同履行时定金应抵作价款或者收回。当事人既约定违约金，又约定定金的，一方违约时，对方可以选择适用违约金或者定金条款。

⑥解决争议的方法。这部分要写明当事人约定的合同争议解决办法，有协商、调解、申请仲裁、向人民法院起诉等多种方式。涉外合同还须注明处理合同争议所适用的法律；涉外合同的当事人没有选择的，适用与合同有最密切联系的国家的法律。在中华人民共和国境内履行的中外合资经营企业合同、中外合作经营企业合同、中外合作勘探开发自然资源合同，适用中华人民共和国法律。

⑦附则性内容。主要是对合同有效性方面的一些说明，如合同的有效期、签订份数、保存方法、未尽事宜等。有附件的合同，应注明附件的名称及份数。

4. 结尾

结尾部分主要写明合同的生效标识，如当事人的名称及印章、单位地址、法人代表或委托代理人签章、开户行及账号、联系电话、邮政编码、签订日期等。有担保、公证的合同，应注明相应的意见和日期，并签字盖章。

例文

借款合同

贷款方：中国××银行××分（支）行（或信用社）

法定代表人： 职务：

地址： 邮政编码： 电话：

借款方：（单位或个人）

法定代表人： 职务：

地址： 邮政编码： 电话：

保证方：

法定代表人： 职务：

地址： 邮政编码： 电话：

借款方为进行生产（或经营活动），向贷款方申请借款，并由××作为保证人，贷款方业已审查批准，经三方协商，特订立本合同，以期共同遵守。

第一条 贷款种类……

第二条 借款用途……

第三条 借款金额 人民币（大写）××××元整。

第四条 借款利率为月息千分之××，利随本清，如遇国家调整利率，按新规定计算。

第五条 借款和还款期限

1. 借款时间共××年零××个月。自××××年××月××日起，至××××年××月××日止。

2. 借款分期如下：……

贷款期限：……

贷款时间：……

贷款金额：……

第一期：××××年××月底前××××元

第二期：××××年××月底前××××元

第三期：××××年××月底前××××元

3. 还款分期如下：

归还期限：

还款时间：

还款金额：

还款时间利率：

第一期：××××年××月底前××××元

第二期：××××年××月底前××××元

第三期：××××年××月底前××××元

第六条 还款资金来源及还款方式
1. 还款资金来源：
2. 还款方式：
第七条 保证条款
1. 借款方用××××做抵押，到期不能归还贷款方的贷款，贷款方有权处理抵押品。借款方到期如数归还贷款的，抵押品由贷款方退还借款方。
2. 借款方必须按照借款合同规定的用途使用借款，不得挪作他用，不得用借款进行违法活动。
3. 借款方必须按合同规定的期限还本付息。
4. 借款方有义务接受贷款方检查、监督贷款的使用情况，了解借款方的计划执行、经营管理、财务活动、物资库存等情况。借款方应提供有关的计划、统计、财务会计报表及资料。
5. 有保证人担保，保证人履行连带责任后，有向借款方追偿的权利，借款方有义务对保证人进行偿还。
第八条 约定条款
由于经营管理不善而关闭、破产，确实无法履行合同的，在处理财产时，除了按国家规定用于人员工资和必要的维护费用外，应优先偿还贷款。由于上级主管部门决定关、停、并转或撤销工程建设等措施，或者由于不可抗力的意外事故致使合同无法履行时，经向贷款方申请，可以变更或解除合同，并免除承担违约责任。
第九条 违约责任
一、借款方的违约责任
1. 借款方不按合同规定的用途使用借款，贷款方有权收回部分或全部贷款，对违约使用的部分，按银行规定的利率加收罚息。
2. 借款方如逾期不还借款，贷款方有权追回借款，并按银行规定加收罚息。借款方提前还款的，应按规定减收利息。
3. 借款方使用借款造成损失浪费或利用借款合同进行违法活动的，贷款方应追回贷款本息，有关单位对直接责任人应追究行政和经济责任。情节严重的，由司法机关追究刑事责任。
二、贷款方的违约责任
1. 贷款方未按期提供贷款，应按违约数额和延期天数，付给借款方违约金。违约金数额的计算应与加收借款方的罚息计算相同。
2. 银行工作人员，因失职行为造成贷款损失浪费或利用借款合同进行违法活动的，应追究行政和经济责任。情节严重的，应由司法机关追究刑事责任。
第十条 合同变更或解除
1. 本合同非因《中华人民共和国合同法》规定允许变更或解除合同的情况发生，任何一方当事人不得擅自变更或解除合同。
2. 当事人一方依照《中华人民共和国合同法》要求变更或解除本借款合同时，应及时采用书面形式通知其他当事人，并达成书面协议。本合同变更或解除后，借款方已占用的借款和应付的利息，仍应按本合同的规定偿付。

本合同如有未尽事宜。须经合同各方当事人共同协商，作出补充规定。补充规定与本合同具有同等效力。

第十一条 本合同正本一式三份，贷款方、借款方、保证方各执一份；合同副本一式××份，报送××××等有关单位（如经公证或鉴证，应送公证或鉴证机关）各留存一份。

贷款方：（公章）　　　　　　　　　借款方：（公章）
代表人：　　　　　　　　　　　　　代表人：
日期：　　　　　　　　　　　　　　日期：　　　　　　银行账户：
保证方：（公章）
代表人：
日期：　　　　　　　　　　　　　　银行账户：

（资料来源：www.lawfirst.net）

第五节　商务洽谈纪要

一、商务洽谈纪要的含义与特点

1. 商务洽谈纪要的含义

商务洽谈纪要也称商务会谈纪要，是在商务会谈记录的基础上结合会谈的实际情况对洽谈、讨论的事项择其要点进行归纳整理后形成的，能体现会谈宗旨，反映会谈精神的文字材料。它一般在会谈结束时撰写。

2. 商务洽谈纪要的特征

（1）真实性。从作用上看，商务洽谈纪要是洽谈各方在商务合作前期行事的依据，能为会谈各方指明努力的方向，其内容必须真实地反应会谈情况，来不得半点虚假。

（2）纪要性。"纪要"意为经过整理后的重要事项，因而纪要本身要能反映会谈各方所涉及的主要问题、主要观点、主要精神。

（3）协商性。协商性则要求纪要中所记载的事项要经双方协商同意。一般用"会议认为""双方建议""与会者提出"等语言表述决定或建议的事项。纪要整理出来后应由谈判各方对其主要内容进行简短会审，所有成员确认无误后，方可签署。

二、商务洽谈纪要的分类和作用

1. 商务洽谈纪要的分类

商务洽谈按会谈方的数量可分为双方洽谈纪要和多方洽谈纪要；按会谈各方登记地不同可分为国内商务洽谈纪要和国际商务洽谈纪要；一般按照洽谈内容可分为贸易洽谈纪要、合作经营洽谈纪要等。

2. 商务洽谈纪要的作用

商务洽谈纪要是洽谈成果的重要表现形式，便于参与会谈各方的上级及时掌握情况，了解会谈的要点，可视作会谈各方进一步签订协议或合同的前奏和依据。会谈各方签字后，虽无须承担法律责任，但仍有一定的约束力，各方均应按纪要内容运作，从而促进商务交往与合作。

三、商务洽谈纪要的主要格式

1. 标题

一般由洽谈事由和文种构成，如《关于筹建裘皮工艺品公司的洽谈纪要》。

2. 正文

（1）开头。一般综述会谈情况，如会谈时间、地点、双方单位名称、代表人姓名与身份、目的、取得的主要成果等。

（2）主体。主体写作形式灵活多样，常见的有记录提要式、综合报道式、发言摘要式和问题归类式，但不管哪种方式都要写清以下内容：①双方看法一致的事项；②双方的权利与义务；③双方存在的分歧，需进一步磋商的问题。

3. 落款

会谈双方签名、盖章、注明日期即可。

 例 文

关于筹建裘皮工艺品公司的洽谈纪要

中国畜产品进出口总公司××分公司（甲方）与新加坡童童裘皮中心（乙方）就建立合资公司一事于19××年8月17日—19日在北京建国饭店举行洽谈，并取得圆满成功。会谈就以下几个问题达成了一致意见。

（一）甲乙双方为发展中国裘皮工艺，增强两国经济技术合作，扩大裘皮出口业务，决定合资经营一家公司。

（二）合资公司名称定为"中新京童公司"。其主要任务是组织裘皮工艺品的生产及技术交流，培养设备人员和制造人员，开拓国际市场，促进两国经济技术发展，增进两国人民友好往来。

（三）总公司设在中国北京，分公司设在新加坡。总公司设正副总经理各一人，总经理由甲方委派，副总经理由乙方委派。分公司设正副经理各一人，经理由乙方委派，副经理由甲方委派。总公司、分公司各配备工作人员2至3人，工资标准另定。

（四）董事会由甲方代表、乙方代表、童童裘皮中心、中国畜产进出口总公司、北京工商管理部门、新加坡××有关部门代表共9人组成。董事会推选董事长一人，副董事长一人。每年召开董事会两次，研究和讨论公司的重大问题。

（五）甲乙双方共同担负筹建工作。工程总投资为28万元人民币，甲方投资为52%，乙方投资为48%。

（六）公司成立后，凡由公司完成的业务，佣金由公司资金中提取。

（七）凡经营所得利润，按双方投资比例分配。

（八）公司一切活动必须遵守双方政府的有关法令及法规。

（九）为尽早建成"中新京童公司"，双方应精诚合作，最大限度地提供方便。

中国畜产进出口公司××分公司　新加坡童童裘皮中心

代表：××（签字）代表：××（签字）

××××年×月×日

（资料来源：张文，《外贸文秘写作全书》，中华工商联合出版社）

思考练习题

1. 请简述广告的特点。
2. 请简述经济合同的特点和格式。

第十一章 外贸索赔书和理赔书

第一节 外贸索赔书

一、索赔书的含义与特点

1. 索赔书的含义

在外贸合同的履行过程中，由于受到各种主客观因素的影响，可能因一方的过错而导致合同不能很好地履行，给对方带来一定的经济损失。此时受损方有权根据合同规定要求责任方赔偿或采取补救措施，为此制作的文书称为索赔书或索赔函。它是受损方维护自身利益所采用的重要手段之一。

2. 索赔书的特点

索赔书有以下特征。

（1）依据性。每一项索赔要求都要以合同为依据，要重事实、重依据，依据不充分的要求不但会遭到对方的拒绝，而且可能因此破坏双方的合作关系。

（2）节制性。在贸易过程中双方的地位是平等的，差错往往也是特定原因造成的，因而索赔要有理有节。当对方出现错误时要坦率、诚恳地摆事实，讲道理，不能怒气冲天、盛气凌人；赔偿要求要合法、合理。

二、索赔书的分类

索赔有三大类，索赔书也有三种不同类型。
（1）凡属承保范围内的货物损失，向保险公司索赔，称保险索赔书；
（2）凡属承运人的责任所造成的损失，向承运人索赔，称承运索赔书；
（3）如系合同当事人的责任造成的损失，则向责任方索赔，称××责任索赔书。
在具体写作过程中可依据索赔对象和内容的不同冠以不同的名称。

三、索赔书的格式

索赔书一般包括信头、正文、结尾三个部分。

1. 信头

它包括标题、编号、收文单位三个要素。标题由磋商事由加文种构成，如"质量不符索赔书""过期提货索赔函"等；编号的目的是方便查找，提高办事效率，可根据公司惯例置于标题左上方或右上方，也有的置于标题右下方；收文单位名称要写全，不可随意用简称。

2. 正文

正文主要包含以下主要内容。

（1）索赔事由。这部分要简述合同履行情况，引出索赔事由。

（2）索赔依据。提出对方违约事实，要注意引用合同有关条款和相关证明材料，叙述该项交易中的交往过程，申述对方给自己带来的损失，说明索赔理由，为提出索赔要求作准备。

（3）索赔要求。在申述己方意见之后，可向对方表明具体办理要求和赔偿目标。

3. 结尾

可表达希望对方回复，或今后加强合作的愿望；还应有必要的礼貌语言以及落款等内容。如有附件，另起一行空两字注明附件的名称与份数。

例　文

逾期交货索赔书

〔2005〕×函×号

××公司：

××××年×月向贵公司定购的×牌春装1 000套，按规定应于4月5日前送至我方仓库。将要到期时，我方曾先后两次发函催促发货，未见办理。考虑到贵方工作中的困难，而且一向履约情况较好，我方才同意推迟交货，但不能超过10天。我方函中还一再提请注意，春装的销售是受季节影响的，推迟太长时间对贵方不利，但贵方至今仍置之不理，既不发货也未见来函协商，已给我公司带来很大损失，我方对此深感遗憾。为此，我方不得不撤销合同，并按有关法规规定和合同约定要求贵方双倍返还定金××万港元，直接损失赔偿金××万港元，共计×××万港元。

特此函达，希予办理。

××鞋帽公司
××××年×月×日

第二节　理赔书

一、理赔书的含义与作用

索赔和理赔是一个问题的两个方面。所谓理赔书是指违约方收到索赔书后，用于答复受损害一方所提赔偿要求的书面材料。它是索赔、理赔双方交换意见，并最后达成共识的重要手段与依据。

二、理赔书的特征

不管哪种类型的理赔书，其写法基本一致，这里就不作分类。其特征如下所述。

1. 时效性

理赔要讲究时效，经办人员收到对方的索赔函后，要及时核对事实并向领导汇报情况，寻找解决纠纷的最佳方案。要及时把处理意见以书面形式反馈给对方，拖延时间，只会出现更多纠纷。

2. 针对性

要针对对方提出的索赔理由与要求一一作出明确的答复，是己方责任的要承担责任，难以定论的，要表明态度，告诉对方正在积极处理。对不合理的索赔，在解释后予以拒绝。

3. 礼貌性

由于理赔通常是己方有一定过失，在行文时一定要注意语言温和、礼貌，即使是对方因不明原因而提出了一些无理要求，也不能怒气冲冲，要做到有理、有利、有节。

三、理赔书的格式

理赔书同样包括信头、正文、结尾三个部分。

1. 信头

信头部分写法与索赔书相同。

2. 正文

正文结构与索赔书相似，但要注意写清以下内容：引述来函要点；表明己方态度；提出处理意见。

在写作过程中一定要注意尊重事实，实事求是，确属己方的责任，要勇于承担，并积极提出解决问题的办法，坦诚相见，这样才不会影响自己的声誉及以后的业务往来；对不合理的索赔要根据不同情况，作如实、有理、得体的答复，说明情况，分清是非，明确责任。

3. 结尾

结尾与索赔函相同。

> **例文**

质量不符理赔书

〔2005〕×函×号

××贸易公司：

　　×月×日来函收悉。贵公司提出的关于××合同下大豆色拉油生产日期不符一事，我公司十分重视，立即组织销售和质检部门进行了认真检查核实。经查，此事确系我公司工作人员失误所致，对贵方提出的退货要求我方表示理解并真诚地表示歉意。但我方认为退货不一定是最好的办法，提出以下两点意见供参考。

　　一、我公司产品在贵地销售情况一向较好，此批色拉油生产日期虽与合同规定不符，但仍在保质期内，相信对其销售不会产生太大影响。我公司愿降价8%，其中5%用于降价促销，3%返还给贵公司，请贵方协助销售。

　　二、尽管食用油价格已经上扬，我方愿按原价向贵方提供××型优质大豆色拉油××吨，并保证按要求交货，请贵方考虑。

　　我们双方业务关系一直良好，希望今后有更多的业务往来。

　　特此函达，候复。

××公司

××××年×月×日

思考练习题

1. 什么是外贸索赔书？其主要内容是什么？
2. 什么是外贸理赔书？请简述其格式。

第十二章 财务预决算报告

第一节 财务预算报告

一、财务预算报告的含义与特征

1. 财务预算报告的含义

财务预算报告是指经济独立核算单位定期向财务主管部门或单位职工代表大会及其常委会所作的，反映该单位财政、财务收入与支出预先安排的一种书面材料。

2. 财务预算报告的特征

财务预算报告主要有以下特征。

（1）计划性。财务预算报告从某种意义上说实际上是单位的财务计划，必须做到目的明确，量入为出，开源节流，结合单位的工作实际作出合理的资金使用安排。

（2）规范性。一是指制订财务计划要在领导和有关部门的指导下按照一定的程序进行，即程序规范；二是指计划内容，每一笔开支要符合国家的财经、财务制度和系统、单位的财务制度，做到使用规范。

（3）数字化。财务预算报告离不开数字，数字在文本中占有十分突出的位置，因而数字要准确、真实地反映收支情况。

二、财务预算报告的分类和作用

1. 财务预算报告的分类

一般按时间分为年度财务预算报告、半年财务预算报告和季度财务预算报告等，但一般以年度为单位的较多见；还可按内容范围分为综合性预算报告和专项财务预算报告。

2. 财务预算报告的作用

财务预算报告有很好的计划组织作用，能帮助有关单位合理安排财力，提高资金的使用效率，避免铺张浪费；它还具有联系纽带作用，有利于上级主管部门和代表大会了解情况，指导财务安排，促进生产活动。

三、财务预算报告的格式

财务预算报告在格式上一般可分为标题、正文与结尾三个部分。

1. 标题

一般由单位名称、时序或时限和文种三部分构成，如果是专项报告可写明事由。如《×××公司2004年度财务预算报告》。提请会议审议的财务预算报告可在标题下注明报告人的姓名。

2. 正文

财务预算报告的正文要写明以下基本内容。

（1）预算报告的编制依据与概况。这部分内容主要写明编制预算报告的根据（如上年度的收支情况、工作计划等）、原则、总收入和总支出的情况，使读者对全年预算的总体概貌有所了解。

（2）收支的具体安排情况。编写预算报告的部门不同，收支安排的内容和分类也不同。财政部门的预算报告一般是分口、分项安排；事业单位或企业的预算报告一般结合单位的实际分项安排，如××学院的年度财务预算可以分为办公费、学生实习实验经费、科研经费等若干项目列支。

（3）完成预算任务的措施和要求。预算，既包括收入，又包括支出。要完成预算任务，一定要注意在增收节支两个方面努力，一方面要不断开辟新的财源，加大清收力度，增加收入；另一方面还要采取措施减缩开支。因此，财务预算报告要安排好收入和支出计划，也要制订出完成计划的措施，提出一些切实可行的办法。

3. 结尾

财务预算报告的结尾可就提请审议、征求意见等事项作一些表述。如果有关事项均已讲清，也可不需专门的结尾。最后在右下方注明报告日期。

例 文

财政厅副厅长×××
在省人大常委会第十四次会议上关于××省××××年预算的报告（摘要）

各位委员，我受省人民政府的委托，向常委会议提出《关于××省××××年预算的报告》。××××年的预算是按今年3月省六届人大三次会议原则通过的财政概算规定和奖金分配原则编制的。汇编结果，全省总收入为70亿零6 400万元，比上年增长7.5%，预算总支出为53亿5 800万元，比概算增加18亿2 400万元。增加支出的资金来源主要有：中央增拨的专项资金，省上年专项资金结转到今年继续使用的，上年能源交通重点建设基金超收分成，集中使用的企业上交折旧基金，以及用排污费、水资源费、城市维护建设税资金。

××××年预算总支出，同上年实际支出比较，增加了13亿1 700万元，增长

32.6%。现将几项主要支出的安排情况，报告如下：

1. 基本建设拨款，预算是11亿4 100万元，比上年实际支出增长62.6%……
2. 企业挖掘改造资金，预算为3亿3 400万元，与上年实际持平，主要是用集中企业上交折旧基金和上年结转奖金安排的……
3. 农林水产事业费和支援农村生产支出，预算为3亿9 700万元，比上年增长9.8%……
4. 城市维护和环保治理支出，预算为6亿1 400万元……
5. 文教科学卫生事业费，预算为11亿7 400万元，比上年实际支出增长8.6%……
6. 行政管理费，预算为5亿2 500万元……
7. 关于行政事业单位工资改革和价格补贴支出……

各位委员，我省1至5月份国民经济的形势很好，工业生产在能源紧张和物资不足的情况下，取得了较大的增长，全省工业总产值完成年度计划的42%，比上年同期增长14.8%。商业市场兴旺，商品购销全面增长。但是，后7个月财政收入上可变因素较多，完成今年的预算收入任务，难度仍是比较大的，绝不能掉以轻心，要认真抓好以下几项工作。

1. 要不断改善企业的经营管理，进一步提高经济效益……
2. 要控制基本建设投资规模和消费基金，节减行政经费支出……
3. 搞好财政税收制度改革，开创财政税收工作新局面……
4. 要严肃财经纪律，对那些任意截留国家收入，乱摊成本费用，私分国家财物，偷漏国家税收等错误行为要严肃处理……

××××年×月×日

（资料来源：据张元忠等主编《最新应用文写作》有关内容改写，华中科技大学出版社，2001.6）

第二节　财务决算报告

一、财务决算报告的含义与作用

财务决算报告是指经济独立核算单位定期向财务主管部门或单位职工代表大会及其常委会所作的，反映该单位财政、财务运行情况的一种书面总结材料。

写好财务决算报告有利于总结财务工作经验，找出差距，发扬优点，促进工作；也有利于上级了解情况，指导工作，为决策工作寻找依据。

二、财务决算报告的分类和特征

1. 财务决算报告的分类

与财务预算报告相对应，财务决算报告可作如下分类：按时间可分为年度财务决算报告、半年财务决算报告和季度财务决算报告等,但一般以年度财务决算报告较多见;按内容范围一般可分为综合性财务决算报告和专项财务决算报告。

2. 财务决算报告的特征

财务决算报告主要有以下特征。

(1) 总结性。财务决算报告在本质上是单位的一份财务总结,要写好这份报告必须全面了解单位的财务运作情况,对每一个环节进行认真的回顾与总结,既有总体上的把握,又有局部的展示,既要看到现象,又要分析现象后面隐藏的原因与本质。

(2) 分析性。在总结过程中要对收集到的各种材料进行横向与纵向、历史与现实、计划与实际间的对比分析,才能发现问题,明确得失。

三、财务决算报告的格式

财务预算报告在格式上一般可分为标题、正文与结尾三个部分。

1. 标题

一般由单位名称、时限或时序和文种三部分构成,如果是专项报告可写明事由。如《×××公司2004年度财务决算报告》。提请会议审议的报告可在标题下注明报告人的姓名。

2. 正文

财务决算报告的写作形式可以多种多样,但一般要写明以下基本内容。

(1) 概述决算的指导思想、原则、根据或总的收支执行情况。这一部分要求以精练、明确的语言进行概述,不需要叙述过程。

(2) 对照预算详细列出各项收入和支出的完成情况。一般可采用收入和支出分列的方法行文。财政部门决算报告的收入,主要是各项税收和企业的利润,其他方面的收入不占多大比例;基层预算执行单位决算报告的收入,一般包括财政拨款和预算外收入;企业的收入主要是销售收入和利润总额。财政部门决算报告的支出项目,一般是分口预算的;基层预算执行单位的决算支出,主要是工资和其他事业费;企业决算的支出主要是成本和其他费用。

(3) 总结经验、分析原因,提出解决问题的意见与措施。如果较好地完成了预算任务,可讲一讲完成预算任务的可取经验与做法;未能很好地完成任务则要分析原因,针对存在的问题提出解决办法。

3. 结尾

财务决算报告一般不需要专门的结尾,也可在提请审议、请提意见方面作一些表述。最后在右下方注明报告日期。

例 文

××科学院2003年度财务决算报告

一、经费收入情况

2003年全院经费总收入112.7亿元,比上年增长5.5%。其中,财政预算收入60.0亿元,对外竞争等经费收入52.7亿元。财政预算收入与对外竞争经费收入的比例为5.3:4.7。知识创新工程实施以来,我院经费收入平均年增长速度达到18.8%,

2003年度经费收入是试点前1997年的2.8倍。2003年全院人均经费收入（按全部在职职工人数平均）为27.3万元。

在2003年度财政预算收入构成中，基本事业费17.9亿元，占29.8%；创新试点专项经费35.6亿元，占59.4%；其他财政专项6.5亿元，占10.8%。对外竞争等经费收入构成中，承担国家科研任务经费27.1亿元，占51.4%；横向任务收入9.0亿元，占17.2%；技术服务等其他收入16.6亿元，占31.4%。

从执行情况看，2003年度我院经费收入总量达到预期目标，结构比例基本合理。

二、经费支出情况

2002年全院总支出为99.1亿元，比上年增长13.1%，占当年经费收入的88%。全部支出中人员支出34.4亿元，公用支出64.7亿元。人员支出与公用支出的比例为3.5∶6.5。试点以来，全院经费支出平均年增长26.1%，2003年度经费支出是试点前1997年的4倍。2003年全院人均经费支出（按全部在职职工人数平均）为23.9万元。

在人员支出中工资福利费20.4亿元，占59%；离退休经费7.3亿元，占21%；助学金2.0亿元，占6%；社会保障经费4.7亿元，占14%。公用支出中公务费5.6亿元，占9%；业务费29.1亿元，占44%，设备购置18.7亿元，占29%；修缮费等其他11.3亿元，占18%。

随着我院各项事业快速发展，2003年度全院经费支出继续保持了较高幅度的增长。支出的结构也发生了一定的变化，其中人员支出的快速增长应引起充分重视。

三、试点经费安排使用情况

国家财政累计下拨试点经费132.6亿元，包括启动阶段经费36.4亿元，全面推进阶段经费87.5亿元，引进国外杰出人才专项经费8.7亿元。

各单位试点经费累计支出91.7亿元，占下拨试点经费的69.2%。其中，全院人员支出占18.2%，科研业务占38.1%，设备购置占29.3%，其他公用开支占14.4%。

试点经费支出增长速度很快，支出结构合理。近70%的试点经费用于科研业务与科研仪器的购置，人员支出小于20%，控制在合理范围之内。

四、全院的资产情况

全院2003年总资产（非经营性资产）为344.9亿元。其中，作为固定资产的房屋建筑物、仪器设备、图书、交通工具、家具等资金总值为127.7亿元，货币资金为101.3亿元，对外投资68.5亿元，债权、无形资产等其他资产47.4亿元。

2003年全院资产总量继续保持较大幅度的增长。资产总量，特别是固定资产总量的增加一定程度上反映了我院竞争实力的增强。

五、加强财务管理工作的几点意见

（一）采取切实可行措施，保证资源持续稳定增长

近年来，我国国民经济与国家科技投入发展态势良好。试点以来，我院的经费收入也以较高的速度增长。但2003年起我院经费呈现增长速度趋缓的态势，同时我院承担国家科研项目所占份额也呈下降趋势，必须在全院引起充分的重视……（文略）

（二）提高经费使用效益，促进事业快速健康发展

随着试点工作的不断推进，经费支出快速增长，但与我院事业快速发展的需求仍然存在差距，全院资金结存仍在继续增长……（文略）

（三）加强队伍与条件建设，全面提高财务管理水平

　　国家财政改革的不断推进以及我院经费收支总量和资产总量的成倍增长、经费来源渠道多样化等客观形势，对我院的财务管理提出了更高要求……

(资料来源：www.sjziam.ac.cn)

思考练习题

1. 什么是财务预算报告？其作用是什么？
2. 什么是财务决算报告？其主要内容是什么？

第十三章 常用法律应用文的写作

第一节 民事起诉状

一、民事起诉状的文体基础知识

法律文书是一个非常宽泛的概念,是我国司法机关(包括公安机关、国家安全机关、检察院、法院、监狱及劳改机关等)和公证机关、仲裁组织依法制作的法律文书,以及案件当事人、律师和律师组织自用代书的法律文书的总称。大致上法律文书主要包括三部分:一是国家司法机关为处理诉讼案件而制作的具有法律效力的司法文书;二是国家授权的法律机构或组织制作的办理或裁决非诉讼案件的公正文书和仲裁文书;三是案件当事人、律师和律师组织出具或代书的实用法律文书。

◎ 例 文

购物遭"体检",维权讨公道

王某、倪某某日下午到某超级市场购物。购物后正欲离开时,被两名工作人员叫住,并被质问有没有拿商场的东西,两人即告知其所购物品均已付款。但工作人员不信,强行要求二人摘下帽子、解开衣服、打开手袋,由工作人员检查。工作人员仔细检查后,确未查出什么东西,这才向王、倪二人道歉并放行。

高高兴兴地去购物,却遭如此"待遇"。面对商场的做法,王、倪二人觉得非常委屈,决定通过诉讼的途径来讨个说法,于是,王、倪以超级市场的行为侵犯其人身权为由,向当地法院起诉。在法庭的主持下,双方达成了一致意见,被告方当庭向原告赔礼道歉,并一次性支付3 000元作为对原告精神损害的补偿。王、倪二人讨回了公道。

王、倪二人的状纸就是民事起诉状。

二、民事起诉状的含义

民事起诉状是民事案件的原告或其法定代理人为维护原告的合法权益，依照有关法律和事实向人民法院提起的诉讼文书。

民事起诉状具有如下特征：

第一，必须是由与本案有直接利害关系的公民、法人和其他组织提起诉讼；

第二，必须有明确的被告、具体的诉讼请求和理由；

第三，必须向有管辖权的第一审人民法院提起诉讼；

第四，争执的焦点是民事权益。

民事原告有权委托代理人，没有诉讼行为能力的人，则由其法定代理人代为诉讼。民事起诉状是公民、法人和其他组织维护自身合法权益的工具，是人民法院对民事案件立案审理的根据，是民事被告答辩和反诉的依据。它引起民事诉讼程序的发生，产生相应的诉讼权利和诉讼义务，在民事诉讼中具有重要的地位和作用。

根据我国民事诉讼法的规定，向人民法院起诉的民事案件，可以采用书面形式起诉，也可以采取口头形式起诉。但从立法精神看，一般要求原告采取书面形式，即递交书面起诉状，这有利于案件的审理，有利于保护原告的合法权益。只有书写起诉状确有困难时，才可口头起诉，并要由法官做笔录。

三、民事起诉状的作用

民事起诉状具有如下作用：

（1）是公民、法人和其他组织维护自身合法权益的工具；

（2）是人民法院对民事案件立案审理的根据（引起民事诉讼程序的发生，产生相应的诉讼权利和诉讼义务）；

（3）是民事被告答辩和反驳的依据；

（4）引起民事诉讼程序的发生，产生相应的诉讼权利和诉讼义务，在民事诉讼中具有重要的地位和作用。

四、民事起诉状的写作方法

一般的民事起诉状包括首部、正文、尾部三部分。

1. 首部

（1）标题。标题为"民事起诉状"或"民事诉状"。要求位置居中。

（2）当事人的基本情况。包括原、被告的姓名、性别、年龄、民族、籍贯、工作单位和地址。如果当事人为法人或团体时，应写明单位的名称、所在地址和法定代表人的姓名、职务。

注意：①当事人之间、当事人与法定代理人之间、当事人与诉讼代理人之间关系要交代清楚。②在证据和证据来源、证人姓名和住所栏目中应写明证据材料的种类、名称、件数、来源何处和证人的名称、单位、住所等。

2. 正文

（1）诉讼请求：指起诉人要求人民法院解决民事纠纷的具体事项。即原告起诉所要达到的目的。如要求离婚、赔偿损失、履行合同等。写作时"请求"要全面、明确、具体。

(2) 事实与理由：一般分开来写。

①事实部分。应当写明原、被告民事法律关系存在的事实，以及双方发生民事权益争议的时间、地点、原因、经过、情节和后果。

要求：一是完整概括案情；二是围绕"诉讼请求"叙述事实；三是叙事要真实，不违背常理；四是随写重要事实，随举证据。

②理由部分。是对事实的分析评论，应写清事实理由和法律理由。

要求：一是依事论理，依法论理；二是理由必须与事实、诉讼请求相一致；三是援引法律条款要全面、准确和规范。

(3) 证据表述。根据"谁主张，谁举证"的原则，原告有举证的责任。它决定诉讼的胜负。

要求：一是证据名称要规范；二是要说明证据来源；三是举证要具体清楚。

3. 尾部

结尾，包括致送法院名称、起诉人署名或盖章、起诉时间，附项；写明按被告数量提供的起诉状副本的份数，各种证据等。

五、民事起诉状的写作技巧和写作注意事项

1. 写作技巧

(1) "请求"上：言简意赅、合理合法、切实可行。

(2) "事实"上：以事动人、以理服人、以情感人。

(3) "理由"上：中肯准确、言之有故、顺理成章。

(4) "证据"上：说明来源、真实客观、充分可靠。

2. 写作注意事项

(1) 书面形式。民事起诉状是民事案件的原告人或其法定代理人，为维护原告的合法权益，就有关民事权利和义务的争议向人民法院陈述纠纷事实，阐明起诉理由，提出诉讼要求的法律文书，其争执的焦点为民事权益。它是人民法院对民事案件立案审理的依据，一般要求原告采取书面形式递交起诉状。

(2) 内容完整，注意格式。首部、尾部内容必须完整、清晰，并按相应的格式书写。正文中诉讼请求应简洁明确，合情合理。事实和理由是民事起诉状的核心部分。一般先写事实，后写理由。事实要客观真实地写明案件的案情，特别是双方争议的焦点及提起诉讼时的状况。理由要充分可信，并准确援引相关的法律条款，支持诉讼请求。

(3) 口头形式起诉。民事起诉状一般以书面形式递呈人民法院，但口头形式起诉、法官做笔录的，视为同等效力。民事起诉状不仅是民事原告维护自身合法权益的工具，而且也是民事被告答辩和反诉的依据。

(4) 勿与刑事自诉状混淆。民事起诉状与刑事自诉状有明显的区别。民事诉讼围绕民事纠纷展开，诉讼结果以是否偿还相应权益来体现；刑事诉讼围绕刑事案件展开，诉讼结果以是否处以刑罚和处以何种刑罚来体现。简而言之，民事诉讼涉及的是公民和法人的合法权益，而刑事诉讼涉及的是犯罪行为。

第二节　刑事自诉状

一、刑事自诉状的文体基础知识

（一）刑事自诉状的含义

刑事自诉状，是指公民的人身权利、财产权利受到侵犯时，由本人或其法定代理人、近亲属根据法律和司法解释的规定，直接向人民法院提出控告，要求追究加害人刑事责任，或者同时承担民事赔偿责任的起诉文书。

刑事自诉是相对于刑事公诉而言的刑事诉讼法律制度。我国刑事诉讼法律和有关司法解释对刑事自诉案件的范围有具体规定。《刑事诉讼法》第一百七十条，最高人民法院、最高人民检察院、公安部、国家安全部、司法部、全国人大常委会法制工作委员会《关于刑事诉讼法实施中若干问题的规定》第四条，以及最高人民法院《关于执行（中华人民共和国刑事诉讼法）若干问题的解释》（以下简称《若干问题的解释》）第一条等分别规定，由人民法院直接受理的自诉案件包括以下几种情况。

1. 告诉才处理的案件

（1）侮辱、诽谤案（我国《刑法》第二百四十六条规定的，但是严重危害社会秩序和国家利益的除外）；

（2）暴力干涉婚姻自由案（我国《刑法》第二百五十七条第一款规定的）；

（3）虐待案（我国《刑法》第二百六十条第一款规定的）；

（4）侵占案（我国《刑法》第二百七十条规定的）。

2. 人民检察院未提起公诉而被害人有证据证明的轻微刑事案件

（1）故意伤害案（我国《刑法》第二百三十四条第一款规定）；

（2）非法侵入住宅案（我国《刑法》第二百四十五条规定的）；

（3）侵犯通信自由案（我国《刑法》第二百五十二条规定的）；

（4）重婚案（我国《刑法》第二百五十八条规定的）；

（5）遗弃案（我国《刑法》第二百六十一条规定的）；

（6）生产、销售伪劣商品案（我国《刑法分则》第三章第一节规定的，但是严重危害社会秩序和国家利益的除外）；

（7）侵犯知识产权案（我国《刑法分则》第三章第七节规定的，但是严重危害社会秩序和国家利益的除外）；

（8）属于我国《刑法分则》第四章、第五章规定的对被告人可能判处三年有期徒刑以下刑罚的案件。

3. 其他可以自诉的案件

（1）被害人有证据证明，对被告人侵犯自己人身、财产权利的行为应当依法追究刑事责任，而公安机关或人民检察院已经作出不予追究的书面决定的案件；

（2）根据《若干问题的解释》第一百八十七条规定，如果被害人死亡、丧失行为能力或者因受限制、恐吓等原因无法告诉，或者是限制行为能力人以及年老、患病、盲、聋哑等原因不能亲自告诉，其法定代理人、近亲属代为告诉的案件，人民法院应当依法受理。

（3）最高人民法院《若干问题的解释》第一百八十九条规定，自诉人自诉应当向人民法院提交刑事自诉状。这是制作刑事自诉状的法律依据。

（4）刑事自诉状具有直接向人民法院提出控告，要求追究被告人刑事责任或者同时承担民事赔偿责任的作用。通过刑事自诉提起刑事诉讼程序，可以使公民在人身权利、财产权利遭受不法侵犯而依法不适用刑事公诉程序时，有效地保护自己的合法权益。

（二）刑事自诉状的特征

其特征有四：

第一，必须是由与本案有直接利害关系的公民、法人和其他组织提起诉讼；

第二，必须有明确的被告、具体的诉讼请求和理由；

第三，必须向有管辖权的第一审人民法院提起诉讼；

第四，争执的焦点是民事权益。

民事原告有权委托代理人，没有诉讼行为能力的人，则由其法定代理人代为诉讼。民事起诉状是公民、法人和其他组织维护自身合法权益的工具，是人民法院对民事案件立案审理的根据，是民事被告答辩和反诉的依据。它引起民事诉讼程序的发生，产生相应的诉讼权利和诉讼义务，在民事诉讼中具有重要的地位和作用。根据我国民事诉讼法的规定，向人民法院起诉的民事案件，可以采用书面形式起诉，也可以采取口头形式起诉。但从立法精神看，一般要求原告采取书面形式，即递交书面起诉状，这有利于案件的审理，有利于保护原告的合法权益。只有书写起诉状确有困难时，才可口头起诉，并要由法官做笔录。

二、刑事自诉状的写作方法

刑事自诉状应当依照最高人民法院颁发的《法院刑事诉讼文书样式》制作。根据样式，该文书由首部、正文、尾部组成。

1. 首部

这部分包括标题和当事人身份概况两项内容。标题即文书名称"刑事自诉状"，写于文稿首页上部正中。当事人项要分别写明自诉人、被告人的姓名、性别、出生年月日、民族、出生地、文化程度、职业或者工作单位和职务、住址。如自诉人系未成年人或者无诉讼行为能力的成年人，由其法定代理人、近亲属代为告诉的，应当先写明自诉人的身份概况，再另提一行写明代为告诉人的身份概况及其与自诉人之间的关系。

2. 正文

这部分应依次写明以下三项内容。

（1）案由和诉讼请求。案由是对案件性质的概括。要按照最高人民法院《关于执行〈中华人民共和国刑法〉确定罪名的规定》来写明指控被告人构成了什么罪名。诉讼请求是指诉请人民法院依法追究被告人刑事责任的要求。写时只须提出主张，不要拟写具体刑罚。刑罚是在罪名成立后由人民法院依法判决的。这项中的两层内容，可以连写为"被告人×××犯××罪，请求人民法院依法追究其刑事责任"。如果在请求追究被告人刑事责任的同时提起附带民事诉讼，还应当写明请求由被告人赔偿的项目和具体数额。

（2）事实与理由。刑事自诉状的事实是指自诉人认为被告人构成犯罪的事实，应当具体写明被告人犯罪的时间、地点、犯罪行为侵犯的客体、动机、目的、情节（行为过程）、手段以及造成的后果等。如果犯罪行为涉及有关的人和事，也应一并叙写清楚。如果有附带民事诉讼内容，还应写明因被告人的行为造成的物质损失及精神损害情况。叙述被告人的犯罪事实时，要列举有关证据予以证明。

刑事自诉状的理由，是自诉人针对所叙被告人犯罪事实，论证其应负的刑事责任，从而证明自己所提诉讼请求合理合法的论说文字。论理时，一要有证据或者证人证言，二要有法律的具体规定。通过论述使人明白，为什么要请求判令被告人承担刑事责任，或者为什么在追究刑事责任的同时还应当由被告人承担与之相关的民事赔偿责任等。

（3）为了印证事实和支持理由，还应当写明所举证据的名称、种类、来源及其所要证明的问题；如有证人证言，应当写清证人的姓名和住址等，以备法院调查核实，或者要求其出庭作证。这项内容，可以单独列段来写，也可以在叙述事实时分别注明。

3. 尾部

按规范格式应依次写明以下内容：送达的人民法院的名称；附具的自诉状副本份数（按被告人数提供）；自诉人或者代为告诉人的签名或者盖章；具状的日期。

三、制作刑事自诉状应注意的问题

1. 内容要真实、合法

刑事自诉是法律赋予公民保护自己人身权和财产权不受非法侵害的诉讼权利，但同时，我国《宪法》和《刑事诉讼法》还有关于公民无罪不受追究和被告人有权获得辩护等规定。因此，指控他人犯罪是极其严肃的事情，所控罪名必须真实、合法、有据，不能为求胜诉而随意夸大其词。

2. 要严格区分罪与非罪

凡是写入刑事自诉状的材料，必须属于法律规定构成刑事犯罪的内容，符合刑法理论关于犯罪构成的四个要件。不要把一般违法行为，特别是属于道德品质方面的问题写入犯罪事实，混淆罪与非罪的界限。

3. 处理好刑事附带民事诉讼问题

按我国《刑事诉讼法》第七十七条的规定，属于在刑事公诉案件中提起附带民事诉讼的，应写为"刑事附带民事起诉状"。同时还应注意，在正文部分的理由中，要写明被告人犯罪行为与自诉人（附带民事诉讼原告人）经济损失之间的因果关系，作为请求法院判令被告人同时承担民事赔偿责任的根据。

4. 注意其适用范围

用自诉方式提起的刑事诉讼，必须属于法律规定的自诉案件范围。对于其他刑事案件，被害人或者其法定代理人、近亲属应当依法及时向当地公安机关、检察机关控告和检举，不能用刑事自诉状直接向法院起诉，以免贻误破案时机。

四、小结

刑事自诉状是刑事自诉案件的被害人或其法定代理人，要求追究被告人的刑事责任或者附带民事责任而递呈人民法院的诉讼文书，也称刑事起诉状或刑事诉状。它一般只限于不需侦查的轻微刑事案件。对于一些虽有违法嫌疑，但还未构成犯罪的行为，不得提起诉讼；对于案件重大或需要侦查的刑事案件，则应由人民检察院提起公诉。

刑事自诉状首部、尾部必须按相应的格式和要求写清当事人的基本情况，要尽可能具体详尽，不留空缺。正文中诉讼请求要具体明确，恰如其分。请求事项在两项以上，被告人不止一人的，都必须逐人逐项写明。事实和理由是刑事自诉状的主体，一般先写事实，后写理由。事实部分要写得详略得当，重点突出，且尊重客观事实，不能夸大其词。理由要充分确凿、符合逻辑，要尽可能援引相关法律条文，支持自己的诉讼请求。行文力求朴实、严谨，不宜哗众取宠。

刑事自诉状在要求追究被告人的刑事责任的同时，可以附带追究被告人的民事责任。比如，既要求将被告绳之以法，又要求被告赔偿原告的相应损失。民事诉讼的原告和被告可以是个人或机关团体，而刑事诉讼的原告和被告只能是个人。民事诉讼的焦点是有无过失；而刑事诉讼的焦点是有无犯罪及该当何罪。

第三节 行政起诉状

一、行政起诉状的含义和特点

行政起诉状是指公民、法人和其他组织认为行政机关及其工作人员的具体行政行为侵犯了自己的合法权益，依据《中华人民共和国行政诉讼法》的规定，以国家行政机关组织为被告，向人民法院提起诉讼，要求人民法院维护其合法利益的书状。

二、提起行政诉讼必须符合的条件

提起行政诉讼必须符合以下四个条件：
（1）原告必须是具体行政行为侵犯其合法权益的公民、法人或者其他组织；
（2）具有明确、合法的被告；
（3）有具体的诉讼请求和事实根据；
（4）《行政诉讼法》明确规定受理的8种案件。

三、行政诉讼法明确规定受理的8种案件

行政诉讼法第十一条规定，人民法院受理公民、法人和其他组织对下列行政行为不服，可提起诉讼：①对行政处罚不服的；②对行政强制措施不服的；③认为行政机关侵犯法律规定的经营自主权的；④认为自己符合法定条件申请行政机关颁发许可证和执照，行政机关拒绝颁发或者不予答复的；⑤申请行政机关履行保护人身权、财产权法定职责，行政机关拒绝履行或不予答复的；⑥认为行政机关没有依法发给抚恤金的；⑦认为行政机关违法要求履行义务的；⑧认为行政机关侵犯其他人身权、财产权的。

四、行政诉讼法规定不予受理的事项

行政诉讼法还专门规定了不予受理的事项，其第十二条规定：人民法院不受理公民、法

人或者其他组织对下列事项提起的诉讼：①国防、外交等国家行为；②行政法规、规章或者行政机关制定发布的具有普遍约束力的决定、命令；③行政机关对行政机关工作人员的奖惩、任免等决定；④法律规定由行政机关最终裁决的具体行政行为。

五、行政起诉状的写法

其由四部分组成，即标题、首部、正文、尾部。

1. 标题

标题要写明"行政起诉状"。

2. 首部

首部必须分别写明原告和被告的有关情况。

（1）原告要写明姓名、性别、年龄、民族、地址等情况。原告是法人或其他组织，应写明其全称、所在地和法定代表人姓名、职务。

（2）被告栏要写明被告行政机关或经法律、法规、规章授权组织的全称、地址，以及其法定代表人或负责人的姓名、职务。

（3）有诉讼代理人的，还要写明代理人的姓名、所在单位、职业。

3. 正文

正文是行政起诉状的核心，其内容包括三项：诉讼请求；事实与理由；证据和证据来源、证人姓名和住址。

（1）诉讼请求。诉讼请求即原告提起行政诉讼要解决的问题，要达到的目的。根据行政案件的特点，原告所提出的诉讼请求主要有：部分或全部撤销具体行政行为；变更具体行政行为；提出行政赔偿等。诉讼请求要表述明确、具体。原告可以针对被告具体行政行为的性质以及自己的权益受损害的程度，依法提出恰如其分的请求。

（2）事实与理由。这部分要写清楚提出诉讼请求的事实根据和法律依据。

事实是人民法院审理案件的依据，起诉状必须写明被告侵犯起诉人合法权益的事实经过及造成的结果。如：行政机关工作人员在执行职务过程中给行政相对人造成了伤害，在诉状中就应该写明伤害的经过、结果以及因治疗而给行政相对人造成的经济损失。

理由是在叙述事实的基础上，依据法律、法规进行分析，论证诉讼请求的合理性和合法性。引用法律、法规条文必须恰当、准确。

（3）证据和证据来源、证人姓名和住址。证据是证明事实的根据，事实能否被确认，关键看证据是否确实、充分，所以这部分内容应当详细、分别列出，以便人民法院在办案过程中核对查实。

4. 尾部

尾部包括落款和附项。要写明起诉人的姓名、日期，在附项中写明本诉状副本份数、证言份数等。

六、行政起诉状写作注意事项

其写作要注意以下几点。

（1）行政起诉状必须严格按照《行政诉讼法》第十一条的规定叙写。不属于人民法院受案范围的行政案件不得起诉。

（2）提起诉讼以及诉状的递交必须按行政案件管辖范围进行。

（3）依法需要先经行政机关复议的，必须先申请复议。对复议决定不服的，方可提起诉讼。

（4）起诉必须是针对行政机关的具体行政行为进行，对抽象的行政行为不得提起诉讼。

 例 文

行政起诉状

原告：胡××，男，××岁，汉族，×××市人××厂退休工作，住本市××区××村××街××号。

被告：×××市××区城市××区城市建设环境保护局。法定代表人：李××，局长。

请示事项：

1. 要求撤销被告××××年×月×日对原告所作的《处罚决定书》；
2. 要求确认原告在××村×街×号所建二层楼为合法建筑；
3. 请求法院依法责令被告立即给原告兑换《房产证》。

事实和理由：原告为了解决家庭人多、住房紧张的困难，经过向被告申请，按照被告批准的×建字第×号《私房建筑许可证》及建楼图纸和其他要求，于××××年×月×日在×号自家院内建成一座二层东楼。在施工前，被告曾派人到现场查看，在施工中和竣工时也都有被告所批准的建楼的要求。但是，被告却趁原告兑换《房产证》之机，擅自扣押《私房建筑许可证》，不给兑换《房产证》，并依仗职权，于××××年×月×日错误地作出处罚决定。原告在接到《处罚决定书》后，不服处罚，依照法律规定，向××区人民法院提起诉讼。法院收到诉状后，责成被告给予解决问题、纠正错误。然而，被告不但不给解决问题，不纠正错误，反而又照抄了××××年×月×日《处罚决定书》的内容，下达了所谓××××年×月×日《处罚决定书》。

《处罚决定书》上说原告建房"违反了国函字××号文和冀政××号文及《×××市城市建设规划管理管理办法》有关条款"。到底是哪一条、哪一款？被告含糊其辞，没有说明。因此，被告的提法是没有准确的法律依据而认定的，是错误的。《处罚决定书》中还说："查你在××区××村×街×号所建东楼有五处违章……"，此说法是不能成立的。

第一，原告是按照《私房建筑许可证》和审批图纸建筑施工的，怎么说"所建东楼有五处违章"呢？

第二，从施工开始到施工结束，被告曾派王×代表被告经常隔三天两日到施工现场查看，直到竣工验收时，一直没有提出异议，即应视为建筑全部合格，符合要求。假如说建筑有五处违章，为什么不当场提出，而在事隔很长时间，扣押《私房建筑许可证》后才作出处理决定呢？可见，被告这种说法是不正确的。

综上所述，被告一九××年×月×日所作的《处罚决定书》不仅没有准确的法律依据，而且还违背了被告所审批的图纸和《私房建筑许可证》上技术规定，是完全错误

的。原告所建的二层东楼，完全是合法建筑。被告扣押《私房建筑许可证》，不给兑换《房产证》更是错误的。被告错误的行政行为直接侵犯了原告的合法权益，给原告造成了不应有的损害。《中华人民共和国行政诉讼法》第2条规定："公民、法人或者其他组织认为行政机关和行政机关工作人员的具体行政行为侵犯其合法权益，有权依照本法向人民法院提出诉讼。"为此，特依法向贵院提起诉讼，请依法裁判。

  此致

敬礼

×××区人民法院

具状人：胡××

××××年××月××日

附：

一、诉状副本1份；

二、证据5件。

第四节 行政答辩状

一、行政答辩状的含义和用途

1. 行政答辩状的含义

行政答辩状是指行政诉讼的被告或上诉人根据行政起诉状或行政上诉状的内容，针对原告提出的诉讼请求或上诉人请求作出答复，并依据事实与理由进行辩驳的法律文书。

2. 答辩状的用途

行政答辩状的使用，有利于答辩人维护自己的权益，也有利于人民法院全面了解案件情况，并作出公正的裁决。

二、行政答辩状的结构和内容

行政答辩状由首部、正文和尾部几个部分构成。

1. 首部

首部包括以下几个项目。

（1）标题。标题要表明文书名称也即"行政答辩状"。

（2）当事人的基本情况。

（3）案由。

写明答辩状是就哪个案件提出答辩的，并由此引起下文，表述形式一般为"因……一案，提出答辩如下"。

2. 正文

这是行政答辩的主体部分，在此主要应当写明答辩理由。答辩理由通常要从下述几个方面进行表述：一是阐述事实真相，反驳对方当事人的不实之词；二是写明有关法律规定，指出对方当事人适用法律不当；三是提出答辩主张，申明态度。

3. 尾部

（1）结尾。结尾主要写入两项内容：一是致送人民法院的名称；二是落款，即由答辩人签名或盖章，并注明具状日期。按规定，一审答辩状，被告在受到起诉状副本之日起向人民法院提出；二审答辩状，被告人必须在收到上诉状副本之日起十日内向人民法院递交。答辩状必须在法定期限内提交，所以具状时间是需要很好把握的。

（2）附项。附项是指答辩状的副本数、附件证据材料的名称和件数的标注。

思考练习题

1. 民事起诉状、刑事起诉状和行政起诉状的写作要点分别是什么？

2. 请你为原告刘某拟写一份民事起诉状。要求：格式规范，叙事有条理，诉讼理由合理合法，请求事项要有分寸。

当事人基本情况：原告：刘某，女，52岁，汉族，某市人，本市某研究所工程师，住本市西区梅园路15号。被告：宋某，女，56岁，汉族，某市人，无业，住本市西区白云路38号。

原告父亲刘贵与母亲阮氏，生育子女二人，儿子刘名，女儿刘某，即原告，一家四口，有私房3间。1970年刘名与本案被告宋某结婚，1977年刘名因病死亡，未生子女。1979年父亲刘贵逝世，由于宋某没有工作，由母亲阮氏维持一家三口的生活。1982年原告结婚另过，被告未再嫁，一直与阮氏生活在一起，由于没有经济来源，生活也一直由阮氏负担。被告脾气古怪，经常找茬发火，与阮氏吵闹，并且懒惰成性，叫阮氏为她洗衣做饭，操持家务，阮氏对此非常不满，但看在死去的儿子的份上，百般忍让，阮氏每年总要去原告家住上几个月散心。1998年阮氏去世，刘某要求继承祖传房产白云路38号平房3间（共67平方米），并考虑到被告没有生活来源也没有住处，同意留出一间归其居住，至其死亡。宋某认为她也享有继承权，应与刘某共同继承房产。双方为此多次发生纠纷。刘某因此决定向法院起诉，要求法院确认其为唯一合法继承人，继承祖产平房3间。

证据：私房产权证；邻居李某、王某证言证明宋某与其婆婆阮氏关系不和；街道证明宋某无业也无其他生活来源等等。

3. 根据下面的材料，代张××写一份刑事自诉状。

张××，男，42岁，汉族，×省×市人，××公司职员，住府西路10号301室。

李××，男，45岁，汉族，×省×市人，××厂工人，住府西路10号302室。

张××与李××是邻居，平时因公用厨房使用问题，多次闹纠纷，致使关系恶化。今年6月10日，因李××在公用厨房堆放杂物，妨碍他人使用，张××便要求他将无用的杂物处理掉一些，或移至它处。李××非但不听，反而无理谩骂张××。张××只好向社区管理人员反映情况，以求妥善解决，不料，在社区人员察看情况属实，要求李××腾清厨房空间之后，李××便变本加厉地以污言秽语向张××夫妇大骂，并带有威吓的语言。张××为了不使矛盾激化，未与他计较，这便使李××对张××夫妇的辱骂更为升级。6月20日、6月

27日、7月5日，前后三次，李××对张××夫妇肆意侮辱、诽谤。更为恶毒的是，7月9日，竟将垃圾扔进张××的锅子中，并堵住张××的房门，破口大骂"贼胚""破鞋"。至此，张××实在忍无可忍，决定运用法律手段，追究李××的侮辱、诽谤的刑事责任。

张××夫妇被李××侮辱，诽谤的事实，社区人员王××，邻居303室的杨××均出具了证明。

第十四章 申 论

一、申论的含义和特点

1. 申论的含义

申，陈述，说明，申述；论的本义：评论，研究。申论，词义源自孔子的"申而论之"，取申述、申辩、论述、论证之意。申论考试的内容、方法及其产生的测评功能，涵盖了作文和策论两种考试的基本方面。

公务员录用考试中的申论，是具有模拟公务员日常工作性质的能力测试。国家公务员录用考试《大纲》指出："申论考试主要通过应考者对给定材料的分析、概括、提炼、加工，测查应考者解决实际问题的能力，以及阅读理解能力、综合分析能力、提出问题能力和文字表达能力。"其中，阅读资料、概括内容、提出方案、进行论述是公务员录用考试申论考试的四个主要环节。这四个环节前后衔接、互相呼应、共同构成"申而论之"的整体，而阅读理解给定的背景材料则是其中最基础的环节。

实质上，申论只是一种考试形式，而不是一种文体。申论不是写作文，申论不是论文，申论也不是一般议论文。有的人把它当成一般公文，这实际上也不完全正确。因为公文里不存在议论的成分，公文没有商量的余地，更不能主观发挥自己的观点。而申论不一样，可以议论，只是议论必须限定在政策的框架内。准确地说，申论就是"策论"。

按照刘勰《文心雕龙·议对》的概括："使事深于政术，理密于时务；酌三五以熔世，而非迂缓之高谈，驭权变以拯俗，而非刻薄之伪论；风恢恢而能远，流洋洋而不溢。"实际上是说，策论应该深刻阐述国家管理的策略，要结合当前国家的主要事务，提出问题，分析问题，并解决问题。

申论是作为一个对国家公务员能力测验的载体，它本身的含义在于：在准确把握一定客观事实的基础上，做出必要的说明和申述，发表中肯的见解，提出解决问题的方法和策略，并进行翔实的论证。我们通常意义上所说的文章写作，议论文其实只是申论考试中的一个题型。

知识拓展

策论的产生和发展

策论，始于汉文帝。史载，文帝十五年（公元前165年）九月，"诏有司、诸侯王、三公、九卿及主郡吏，各帅其志，以选贤良明于国家之大体，能于人事之终始，及能直言极谏者"，让被荐者就"朕之不德、吏之不平、政之不宜、民之不宁，四者之阙，悉陈其志，毋有所隐"。把自己的意见"著之于篇"，加以密封，由皇帝亲自打开，亲自考查他们的见解恰当不恰当，透彻不透彻。如确有辅佐之才，就可被朝廷录用。由于当时没有纸，被荐者的意见都写在竹简上。送交皇上考查的，都是好几张竹简连起来的"简策"，所以这种方法又被称为"策试"。当时汉初著名政治家晁错被举在内，《汉书·晁错传》称"对策者百余人，唯错为高第，由是迁中大夫"。这是史上第一次对策。至汉武帝时普遍实行，一直延续下来，并成为科举考试的常用文体。

许慎《说文解字》云："策者，谋也。"策即策谋、策略的意思。明人徐师曾在其《文体明辨·策》中将策体细分为三种："一曰制策，天子称制以问而对者是也；二曰试策，有司以策试士而对者是也；三曰进策，著策而上进者是也。"前两种是专用于考试的，它们因策问的主体身份不同而区分，制策由皇帝亲自出题，试策则是回答有司的策问。至于进策，则是平日臣子向皇帝主动上陈的建设性意见，其文体近似于"奏"，所以又称"奏策"。

从形式上分，有"射策"和"对策"。颜师古在《汉书·萧望之传》的注中有具体解释："策者，谓为难问疑义，书之于策，量其大小，署为甲乙之科，列而置之，使彰显。有欲射者，随其所取，得而释之，以知优劣。射之言投射也。对策者，显问以政事经义，令各对之，而观其文辞，定高下也。"两种形式的区别，一是密封试题，抽签作答（射策）；一是公开提问，当场应对（对策）。汉代有些大臣是通过"射策"选拔上来的，如著名的倪宽、萧望之等；有的是通过"对策"选拔上来的，以董仲舒为最著。

对策作为一种文体，刘勰这样概括了它的特点："使事深于政术，理密于时务；酌三五以熔世，而非迂缓之高谈；驭权变以拯俗，而非刻薄之伪论；风恢恢而能远，流洋洋而不溢。"译成现代汉语，这几句话的意思就是："对策"要求所论的事理要反映出对政治的深刻理解，要紧密联系日下重要的事务；要考虑时代的发展，熔铸出合于当世的见解，而不是脱离时代的高谈阔论；要通权达变来克服世俗的不良风气，而不是发表刻薄的伪谬之论；文辞要有气势，像吹得很远的劲风，又像流淌的江河，但又不溢出泛滥。这里，谈了对策文体的几个特点：要紧密联系现实，有强烈的针对性；见解要卓拔超群，具有深刻性，方法要切实可行，具有操作性；文辞要恢宏大气，具有表现力。应当说，刘勰的这些概括相当全面而深刻。

与策体相近，"论"是我国古代一种重要的散文文体，同时也是一种极具实用价值的应用的文体。"论"在科举制度实施后并未立即被选用。大概在唐高宗时期，由于进士科偏重试策，读书人为了揣摩、应对策试，多偏重策文的练习、钻研。策文是解决实际问题的方案和思路，属操作层面的。这不仅削弱了经史的学习，而且直接影到科举选才的质量、效度与信度。于是有人建议，要加强认识层次的思想素质的教育。《唐会要》

卷七十六《贡举中》载:"……先时,进士但试策而已,(刘)思立以其庸浅,奏请贴经及试杂文。"

《资治通鉴》(卷二百四十四)大和七年(公元833年)载:"上患近世文不通经术,李德裕请以杨绾议,进士试论议,不试诗赋。"吴讷《文章辨体序说》说:论,"唐宋取士,用以出题。"在宋代,当时"每试必有一论,且较诸它文,应用之处为多"。宋代士子名次的高下,很大程度上也取决于其论做得好坏。

由于科举考试中"策"与"论"出现频率高,性质和表达方式相近,但侧重点不同,一个重实际问题的把握与处理,提出对策,解决问题;一个重对问题的理论认识、历史分析和系统分析,遂将两种文体合称"策论"。

申论从考试的内容、特质、目的指向、形式、功能等,与"策论"相通。申论的"提出方案、措施"题类似于"策";而申论的论述题则类似于"论"。申论重在考查应试者解决社会现实问题的能力,这与"策论"的出发点不谋而合。

二者的区别是,古代策论只有题干,没有今天申论的"给定材料";古代策论品类较多,如经策、子策、方略策、时务策,今天的申论仅类似"时务策";古代策论可以认定为一种文体(因为它独立成篇,如晁错的《贤良文学对策》、贾谊《过秦论》都是著名的策论),而申论则是一个考试科目,其文本是由几个分题组合而成的套题形式,因而不能称它为一种文体。

2. 申论的特点

(1) 涉及内容的广泛性。公务员考试中的申论是为招考录用国家公务员服务的,实质上是为国家选拔人才,因此十分注重对应试者的分析、判断、解决问题的能力等综合素质的测评。为反映这一要求,申论所给定的背景材料涵盖了政治、经济、法律、教育、管理等诸多方面的内容,涉及范围极其广泛,且表述比较准确,一般不会出现偏差。

申论考试所提供的背景材料一般为时政热点,但一般不会为当年最热的时政热点,一来这类热点因为被关注度过高,即使未经专门复习也知道大概,在考场上无法拉开差距;二来这类热点因为过热,有可能尚无最终定论,无法作为有指向性和思想性的申论考试材料。所以,一般申论考试所提供的材料虽然为时政热点,但可能为当年次热点或者是前一年度的最热点。

(2) 测试形式的灵活性。申论测试的答卷一般为三个部分:概括部分、方案部分、议论部分。在概括问题—分析问题—解决问题—论述问题的流程中包含了记叙文、说明文、议论文、应用文等多种文体,甚至是其中部分文体或者全部文体的综合。申论测试不仅考查分析问题、解决问题的能力,同时考查普通文体的写作能力,甚至是公文文体的写作能力,测试形式非常灵活、实用。

(3) 测试目的的针对性。申论考试是为招录国家公务员服务的,有极强的针对性,主要考查应试者阅读、分析、概括、解决问题的能力。这些能力主要通过对背景材料的分析、概括、论述体现出来,从所提出的方案对策是否具有针对性和可行性体现出来。因此,应试者应认真地阅读给定材料,仔细梳理出材料中预设的环境和条件,在充分把握资料本质内容的基础理论上,抓住重点,才能有针对性地、有的放矢地回答和论证问题。

(4) 测试答案不确定性。测试答案的不确定性体现在两个方面。其一,申论试题全部是主观性试题，只可能有参考答案，或者得分点，而不可能像行政职业能力测验一样有标准答案。其二，申论测试给定的背景材料涉及政治、经济、法律、教育等诸多方面的社会问题，而且有着极强的针对性，甚至有的问题尚无明确的对策，而要求应试者分析问题、解决问题、论述问题。分析问题时可能会以不同的角度分析；而提出解决问题的对策，要求有针对性和可行性，每一位应试者都有可能想出不一样的对策，即使是同一项对策，都有可能因为实施地点不一样或者实施者不同而体现出极大的不同；论述问题的要求往往是"自选角度，自拟题目"，那就更不可能有标准答案。因此，申论答卷的评定，只能是综合的、全面的、等级式的，不可能有确切的、唯一的标准。

(5) 给定材料的非专业性。申论考试考查的是应试者的能力，考查的是综合素质，而不是专业课考试。为了尽可能保证公平，申论考试的给定材料不会向某一专业倾斜，所考查的常识也是应试者日常积累的结果，而不是靠突击性的死记硬背就可以圆满完成的。而应试者是来自各个方面的，所学专业和所从事的行业都有很大差异，所以给定的材料必须具有普遍性、非专业性。

(6) 测试标准的先进性。申论考试是为国家选拔人才，而公务员的行政能力就有可能会影响到一个部门甚至一个地区的整体实力。从另一个角度上说，通过行测和申论两门科目考查后选拔出的大量人才在实际工作中所表现出的管理能力将有可能会影响到一个国家的综合实力。所以，选拔公务员的申论测试从一开始就借鉴了一些发达国家的先进经验，不仅注重对应试者能力和素质的考查，而且也注重对应试者将要从事行政机关工作和履行岗位职责所需要的能力素质的考查测试。在科目设置、考试形式上都是按国际标准设计的，在考试内容上体现了中国特色。

二、申论的内容和要求

1. 设计原理

申论是为公开、公正、客观选拔人才而采用的一种考试形式。其内容、方法和测评都体现了对人才考核的设计要求和思路。这种方法可以有效地测试考生的基本知识、专业理论、管理能力、相关知识及综合分析能力、文字表达能力等各方面要素。

2. 基本内容

首先在试卷上给定一组资料，要求应试者在认真阅读给定材料的基础上，全面深入地理解给定材料所反映事件（或案例、或社会现象）的性质和本质，然后按要求答题。

3. 答题形式

(1) 认真地阅读背景材料，经过对材料的整理、分析、归纳后，用简明扼要的文字准确地概括出给定资料所反映的主要问题（字数一般要求在 150 字以内）。

(2) 针对给定材料所反映出的主要问题提出解决问题的对策和可选性方案（一般要求在 350 字以内）。

(3) 在完成上述事项的基础上，应试者要紧紧扣住给定材料及其反映的主要问题，判断、论证对问题的基本看法并提出解决问题的方法（一般要求 1 200 字左右）。

三、如何写好申论

"申论"由阅读材料、概括要点、提出对策和进行论证四个主要环节构成，这四个环节前后衔接，联系紧密。在写作申论时，如果既能把握各个环节的写作要领，又能根据各个环节之间的联系，统筹考虑，相互照应，往往能取得比较好的成绩。相反，如把四个环节割裂开来，或不重视材料的阅读，致使下文成无源之水，下笔千言，离题万里；或东一榔头西一棒子，各个答题环节相互脱离，以致考试成绩不理想。因此，一定要对四个答题环节统筹考虑，做到前后衔接，环环相扣，从容地"申而论之"。

1. 认真审读背景材料，深入理解材料内容，为答题环节打好基础

审读材料是申论考试中的第一道关口，也是基础性环节。这个环节虽然不用文字在答卷上直接反映，却是完成其他三个环节的前提条件，而且在时序上居于首位，不容置后，考生在考试时应给予足够重视。审读材料要注意以下几个问题。

（1）阅读背景材料要舍得花工夫，在时间上给予充分保证。申论考试所提供的一般都是社会性较强的背景材料，内容涉及社会生活的诸多方面。背景材料的形式也不是什么文章作品，只是些略经整理的半成品，连"事件报道""情况简报"都够不上，因此，对给定材料的阅读一定要给予充分的时间。切不可匆匆忙忙浏览一遍，不求甚解。

（2）认真解读材料，理清逻辑关系，准确把握重点。阅读材料的过程实质上是对背景材料的含义、性质、价值确认的过程。申论考试所给的背景材料涉及面广，内容复杂但重点突出。

从内容上看，申论测试的材料有两种类型。

第一种，材料集中反映社会生活中发生的、有一定影响而又亟待解决的具体问题，以客观陈述为主。这类问题涉及的对象往往是双边的，具有"案例"的某些因素，但并不是一个完整的案例。

第二种，材料围绕某一社会"热点"问题摘录、组装而成。它可能是影响范围很大的突发性事件，也可能是积久未解的社会"难题"，与"新闻综述"有些形似，但决非成型的新闻综述。

从材料的组合形式上看，申论测试材料是由诸多信息"拼合"而成，这些信息大都具有相关性或连带性，整个材料不是一篇文章各则"子材料"的码放，而是错落的、杂糅的，不一定体现严格的时空顺序或严密的逻辑顺序。基于申论背景材料内容与结构的这些特点，在审读材料时，就需要先理清材料的逻辑联系，弄清材料反映的问题。对复杂的事件，要善于区分哪些是主要问题，哪些是次要问题；哪些是有关联问题，哪些是无关联问题；哪些是目前即可解决的问题，哪些是目前难以解决的问题。在抓住主要问题的基础上，把握给定材料所反映事件的环境和条件，做出正确判断。

2. 审清题目要求，准确概括要点，为下一环节搭好桥梁

概括要点是一个承上启下的重要环节。一方面，它是阅读材料环节的小结；另一方面，这个环节完成得好不好，又会直接影响到提出对策是否更具针对性，影响到将要进行的论证是否有扎实的立论基础，因此，要高度重视这一环节的答题。概括要点应注意以下几个方面。

（1）审清题意，按要求答题。申论考试所给的材料比较灵活多变，往往材料性质不同，要求也不同。如中央国家机关公务员录用考试申论试题，2000年所给的背景材料为红星新村居民状告××印刷总公司一案。由于情况比较复杂，涉及多方面问题，而且各个问题之间彼此交错，因此答题要求就是"概括主要问题"，即要求把给定材料所反映的主要问题概括

出来。2001年的试题所给的背景材料为"PPA风波",材料所反映的问题比较集中,但对问题的反应却千差万别,涉及范围很广,因此答题要求是"概述主要内容",要求把给定材料所反映的情况梳理清楚,予以概述。从2000年、2001年两年的考试情况看,不少考生忽视了考试要求,没有审清题意,以致出现把"概括主要问题"答成"概述主要内容",而对"主要问题"是什么却无所涉及;或把"概述主要内容"答成"概括主要问题",出现了概述不准和遗漏内容较多的情况。由于答题的指向性不明确,所作答案当然难以符合要求。

(2) 概括主题要切中要点,紧扣材料答题。概括要点的目的,在于准确把握住给定材料,以便进一步着手解决问题。能不能有效解决面临的主要问题,取决于对复杂情况的判断是否准确。以2000年中央国家机关公务员录用考试申论试题为例,所给的材料主要内容是:一印刷公司为发展生产提高效益,更新了设备,这对于印刷公司的生产,对于国家的经济建设无疑大有好处,但新设备产生了较严重的噪声污染,殃及周边居民,并致一人重病,从而引发官司。一方是居民的利益,一方是印刷公司的现实情况,法院也感到难以判决。从背景材料看,主要涉及几个问题:①经济建设与环境保护的冲突与矛盾问题;②企业由于污染引发的与居民的诉讼问题;③司法机关如何依法判案问题;④环保部门对企业污染的监督治理问题。我们对材料进行深入分析就可看出,第一个问题,即经济建设与环境保护的冲突与矛盾问题应是主要问题,其他三个问题则是由主要问题派生出来的。如果能抓准主要问题进行概括归纳,那么下一答题环节提出的解决方案也就有了针对性和可行性。

3. 对症下药,提出对策,把握好申论的关键环节

提出解决方案,是在对给定材料进行概括总结的基础上,就其所反映的问题提出解决的方案。提出解决方案是申论的关键环节,主要考查考生解决实际问题的能力,答题时要注意以下问题。

(1) 提出问题时,个人定位要准确。考生在答题时,要仔细审清申论要求,看清命题者为你设定的"虚拟身份"后再作答。例如2000年中央国家机关公务员录用考试申论考试第2题,要求考生以"省政府调研室工作人员的身份"提出解决给定材料所反映问题的方案。这就是说,你只是作为省政府的一般工作人员,而不是承担专项职责并有独立解决问题权力的决策人员。你提出的方案,只是供领导机关或职能部门在决策时参考。有些考生在答题时忽视了试卷上的这项具体条件,或以省政府领导机关的口吻向所辖职能部门下达指令,兴师问罪;或替代法院审理案件。可见,考生如果忽视了试卷上的这项具体条件,把自己的身份定位搞错了,所提出的对策就会"走偏",解决问题的任务更是无法完成了。

(2) 针对所存在的问题,提出合理方案。如果说前一环节的概括部分是提出问题,那么这一环节则是考查解决问题。首先,考生要注意紧扣前面概述的主要问题拟定解决方案,要针对问题产生的现实原因、条件和具体环节,提出各种解决办法。其次,提出的方案要合情、合理、合法。一般来说,背景材料所反映的问题是明确的,其是非标准是清楚的,或者经过分析是可以得出正确结论的。这就要求提出的方案要符合一定之规,这一定之规既包括社会伦理道德规范,又包括国家的法律法规及党和国家的路线、方针、政策。考生要根据遇到的具体问题确定自己提出的解决方案的基本准则。如果给定材料提出的问题和观点存在争议,没有定论,就更需要在这方面加以注意。最后,提出的方案要有可操作性。所谓可操作的方案,应具备三个基本要素:一是"问题"要明确"归口",要有直接能解决问题的政府部门或职能机构去处理、落实;二是要有解决问题的具体步骤、办法;三是要考虑到解决问

题的实效性和必备条件。

4. 深入浅出，进行论证，唱好申论写作的"重头戏"

进行论证是申论考试的最后一个环节，也是申论考试的核心。它是"论"的能力的充分体现，要求应试者充分利用给定材料，切中主要问题，全面阐明、论证自己的观点。前面的三个环节尽管非常重要，不容有任何懈怠，但相对于最后这个环节来说，还都只是积极有益的铺垫，此处的论证过程则需要浓墨重彩、淋漓尽致地发挥。

论证部分实质上就是给材料作文，即根据材料所反映的主要问题，形成自己的观点，并对此加以论证。在写作时要注意以下几个方面。

（1）抓住主要问题，确立中心论点。由于申论考试的议论文部分是要求考生"就给定材料所反映的主要问题"进行论述，因此，在写作时就必须立足于给定材料，从中挖掘出可资议论的中心论点，对材料中所反映的主要问题，表明自己的立场、观点。

确立中心论点时，首先要注意联系社会现实，要有针对性。要在立足于给定材料所反映问题的基础上，广泛联系社会现实中相同性质的问题，从中引申归纳出自己的观点，形成中心论点，才具有更广泛的社会现实性，才更有意义。其次，论点要正确、鲜明、集中、深刻。论点应是从给定材料中引申出来并被社会普遍认同的观点，应能揭示问题的本质，符合客观规律；论点还要是非明确，立场坚定，有独到之处。

（2）掌握写作基本结构，写出规范合体的议论文。议论文的结构和其他文体的文章一样，是"定体则无""大体须有"。"定体则无"是说文章的结构没有固定的"程式"，"大体须有"是说它有一般的规律。有人经过分析比较、归纳整理，总结出给材料议论文写作的一些规则，姑且叫做供材料议论文写作"九步结构法"：概引材料；略作分析；提出论点；道理论证；举例论证；对比论证；联系实际；深化中心；发出号召。

把供材料议论文写作九步结构法按议论文的引论、本论、结论的结构形式进行分析，这样就能体现出作为议论文的基本写作规律。

给材料作文写作九步结构法并没有什么新意，但是归纳整理之后，牢牢记住，使之程序化，在应对考试时是可行的，有效的。实践证明，九步结构法犹如高楼大厦的框架，足以支撑起一篇像样的议论文。按九步结构法作文，结构完整，思路清晰，衔接紧密，说理充分。当然，从根本上讲写作是一个长期的不断积累的过程，还需要考生在平时多注重阅读、练习，打好基础。

论证部分的写作应该在深入思考、运筹帷幄的基础上进行，最好事先列一个简要的提纲，做到胸有成竹，行文流畅，并要注意论题鲜明、重点突出、线索清晰、详略得当这些写作的基本要求和规范。

四、申论的写作注意事项

申论的写作，一定要避免写作的几个误区：

（1）申论取得成功的关键是用材料说话。必须把材料消化到九成熟；

（2）申论考试不是个性化的考试，必须遵循一定的标准和程序；思想偏激，错位的文章会低分；

（3）现代申论有沉稳厚重的风格，在申不在论，重点是对案例和材料提出的问题阐述观点，论述理由，合理的推论材料与材料及观点与材料之间的逻辑关系，把问题阐述清楚，并提出解决办法，千万要避免重议轻申；

（4）主要考查概括内容、合理推论材料之间的逻辑关系和提出解决方案的能力；

（5）写作要力避学术化的倾向。

思考练习题

1. 什么是申论，它有哪些特点？
2. 如何写好申论？

附录 A

国家行政机关公文处理办法

第一章 总 则

第一条 为使国家行政机关（以下简称行政机关）的公文处理工作规范化、制度化、科学化，制定本办法。

第二条 行政机关的公文（包括电报，下同），是行政机关在行政管理过程中形成的具有法定效力和规范体式的文书，是依法行政和进行公务活动的重要工具。

第三条 公文处理指公文的办理、管理、整理（立卷）、归档等一系列相互关联、衔接有序的工作。

第四条 公文处理应当坚持实事求是、精简、高效的原则，做到及时、准确、安全。

第五条 公文处理必须严格执行国家保密法律、法规和其他有关规定，确保国家秘密的安全。

第六条 各级行政机关的负责人应当高度重视公文处理工作，模范遵守本办法并加强对本机关公文处理工作的领导和检查。

第七条 各级行政机关的办公厅（室）是公文处理的管理机构，主管本机关的公文处理工作并指导下级机关的公文处理工作。

第八条 各级行政机关的办公厅（室）应当设立文秘部门或者配备专职人员负责公文处理工作。

第二章 公文种类

第九条 行政机关的公文种类主要有：

（一）命令（令）

适用于依照有关法律公布行政法规和规章；宣布施行重大强制性行政措施；嘉奖有关单位及人员。

（二）决定

适用于对重要事项或者重大行动做出安排，奖惩有关单位及人员，变更或者撤销下级机关不适当的决定事项。

（三）公告

适用于向国内外宣布重要事项或者法定事项。

（四）通告

适用于公布社会各有关方面应当遵守或者周知的事项。

（五）通知

适用于批转下级机关的公文，转发上级机关和不相隶属机关的公文，传达要求下级机关办理和需要有关单位周知或者执行的事项，任免人员。

（六）通报

适用于表彰先进，批评错误，传达重要精神或者情况。

（七）议案

适用于各级人民政府按照法律程序向同级人民代表大会或人民代表大会常务委员会提请审议事项。

（八）报告

适用于向上级机关汇报工作，反映情况，答复上级机关的询问。

（九）请示

适用于向上级机关请求指示、批准。

（十）批复

适用于答复下级机关的请示事项。

（十一）意见

适用于对重要问题提出见解和处理办法。

（十二）函

适用于不相隶属机关之间商洽工作，询问和答复问题，请求批准和答复审批事项。

（十三）会议纪要

适用于记载、传达会议情况和议定事项。

第三章　公文格式

第十条　公文一般由秘密等级和保密期限、紧急程度、发文机关标识、发文字号、签发人、标题、主送机关、正文、附件说明、成文日期、印章、附注、附件、主题词、抄送机关、印发机关和印发日期等部分组成。

（一）涉及国家秘密的公文应当标明密级和保密期限，其中，"绝密""机密"级公文还应当标明份数序号。

（二）紧急公文应当根据紧急程度分别标明"特急""急件"。其中电报应当分别标明"特提""特急""加急""平急"。

（三）发文机关标识应当使用发文机关全称或者规范化简称；联合行文，主办机关排列在前。

（四）发文字号应当包括机关代字、年份、序号。联合行文，只标明主办机关发文字号。

（五）上行文应当注明签发人、会签人姓名。其中，"请示"应当在附注处注明联系人的姓名和电话。

（六）公文标题应当准确简要地概括公文的主要内容并标明公文种类，一般应当标明发文机关。公文标题中除法规、规章名称加书名号外，一般不用标点符号。

（七）主送机关指公文的主要受理机关，应当使用全称或者规范化简称、统称。

（八）公文如有附件，应当注明附件顺序和名称。

（九）公文除"会议纪要"和以电报形式发出的以外，应当加盖印章。联合上报的公文，由主办机关加盖印章；联合下发的公文，发文机关都应当加盖印章。

（十）成文日期以负责人签发的日期为准，联合行文以最后签发机关负责人的签发日期为准。电报以发出日期为准。

（十一）公文如有附注（需要说明的其他事项），应当加括号标注。

（十二）公文应当标注主题词。上行文按照上级机关的要求标注主题词。

（十三）抄送机关指除主送机关外需要执行或知晓公文的其他机关，应当使用全称或者规范化简称、统称。

（十四）文字从左至右横写、横排。在民族自治地方，可以并用汉字和通用的少数民族文字（按其习惯书写、排版）。

第十一条　公文中各组成部分的标识规则，参照《国家行政机关公文格式》国家标准执行。

第十二条　公文用纸一般采用国际标准 A4 型（210 mm×297 mm），左侧装订。张贴的公文用纸大小，根据实际需要确定。

第四章　行文规则

第十三条　行文应当确有必要，注重效用。

第十四条　行文关系根据隶属关系和职权范围确定，一般不得越级请示和报告。

第十五条　政府各部门依据部门职权可以相互行文和向下一级政府的相关业务部门行文；除以函的形式商洽工作、询问和答复问题、审批事项外，一般不得向下一级政府正式行文。

部门内设机构除办公厅（室）外不得对外正式行文。

第十六条　同级政府、同级政府各部门、上级政府部门与下一级政府可以联合行文；政府与同级党委和军队机关可以联合行文；政府部门与相应的党组织和军队机关可以联合行文；政府部门与同级人民团体和具有行政职能的事业单位也可以联合行文。

第十七条　属于部门职权范围内的事务，应当由部门自行行文或联合行文。联合行文应当明确主办部门。须经政府审批的事项，经政府同意也可以由部门行文，文中应当注明经政府同意。

第十八条　属于主管部门职权范围内的具体问题，应当直接报送主管部门处理。

第十九条　部门之间对有关问题未经协商一致，不得各自向下行文。如擅自行文，上级机关应当责令纠正或撤销。

第二十条　向下级机关或者本系统的重要行文，应当同时抄送直接上级机关。

第二十一条　"请示"应当一文一事；一般只写一个主送机关，需要同时送其他机关的，应当用抄送形式，但不得抄送其下级机关。

"报告"不得夹带请示事项。

第二十二条　除上级机关负责人直接交办的事项外，不得以机关名义向上级机关负责人报送"请示""意见"和"报告"。

第二十三条　受双重领导的机关向上级机关行文，应当写明主送机关和抄送机关。上级机关向受双重领导的下级机关行文，必要时应当抄送其另一上级机关。

第五章　发文办理

第二十四条　发文办理指以本机关名义制发公文的过程，包括草拟、审核、签发、复核、缮印、用印、登记、分发等程序。

第二十五条 草拟公文应当做到：

（一）符合国家的法律、法规及其他有关规定。如提出新的政策、规定等，要切实可行并加以说明。

（二）情况确实，观点明确，表述准确，结构严谨，条理清楚，直述不曲，字词规范，标点正确，篇幅力求简短。

（三）公文的文种应当根据行文目的、发文机关的职权和与主送机关的行文关系确定。

（四）拟制紧急公文，应当体现紧急的原因，并根据实际需要确定紧急程度。

（五）人名、地名、数字、引文准确。引用公文应当先引标题，后引发文字号。引用外文应当注明中文含义。日期应当写明具体的年、月、日。

（六）结构层次序数，第一层为"一、"，第二层为"（一）"，第三层为"1."，第四层为"(1)"。

（七）应当使用国家法定计量单位。

（八）文内使用非规范化简称，应当先用全称并注明简称。使用国际组织外文名称或其缩写形式，应当在第一次出现时注明准确的中文译名。

（九）公文中的数字，除成文日期、部分结构层次序数和在词、词组、惯用语、缩略语、具有修辞色彩语句中作为词素的数字必须使用汉字外，应当使用阿拉伯数字。

第二十六条 拟制公文，对涉及其他部门职权范围内的事项，主办部门应当主动与有关部门协商，取得一致意见后方可行文；如有分歧，主办部门的主要负责人应当出面协调，仍不能取得一致时，主办部门可以列明各方理据，提出建设性意见，并与有关部门会签后报请上级机关协调或裁定。

第二十七条 公文送负责人签发前，应当由办公厅（室）进行审核。审核的重点是：是否确需行文，行文方式是否妥当，是否符合行文规则和拟制公文的有关要求，公文格式是否符合本办法的规定等。

第二十八条 以本机关名义制发的上行文，由主要负责人或者主持工作的负责人签发；以本机关名义制发的下行文或平行文，由主要负责人或者由主要负责人授权的其他负责人签发。

第二十九条 公文正式印制前，文秘部门应当进行复核，重点是：审批、签发手续是否完备，附件材料是否齐全，格式是否统一、规范等。

经复核需要对文稿进行实质性修改的，应按程序复审。

第六章　收文办理

第三十条 收文办理指对收到公文的办理过程，包括签收、登记、审核、拟办、批办、承办、催办等程序。

第三十一条 收到下级机关上报的需要办理的公文，文秘部门应当进行审核。审核的重点是：是否应由本机关办理；是否符合行文规则；内容是否符合国家法律、法规及其他有关规定；涉及其他部门或地区职权的事项是否已协商、会签；文种使用、公文格式是否规范。

第三十二条 经审核，对符合本办法规定的公文，文秘部门应当及时提出拟办意见送负责人批示或者交有关部门办理，需要两个以上部门办理的应当明确主办部门。紧急公文，应当明确办理时限。对不符合本办法规定的公文，经办公厅（室）负责人批准后，可以退回呈报单位并说明理由。

第三十三条　承办部门收到交办的公文后应当及时办理，不得延误、推诿。紧急公文应当按时限要求办理，确有困难的，应当及时予以说明。对不属于本单位职权范围或者不宜由本单位办理的，应当及时退回交办的文秘部门并说明理由。

第三十四条　收到上级机关下发或交办的公文，由文秘部门提出拟办意见，送负责人批示后办理。

第三十五条　公文办理中遇有涉及其他部门职权的事项，主办部门应当主动与有关部门协商；如有分歧，主办部门主要负责人要出面协调，如仍不能取得一致，可以报请上级机关协调或裁定。

第三十六条　审批公文时，对有具体请示事项的，主批人应当明确签署意见、姓名和审批日期，其他审批人圈阅视为同意；没有请示事项的，圈阅表示已阅知。

第三十七条　送负责人批示或者交有关部门办理的公文，文秘部门要负责催办，做到紧急公文跟踪催办，重要公文重点催办，一般公文定期催办。

第七章　公文归档

第三十八条　公文办理完毕后，应当根据《中华人民共和国档案法》和其他有关规定，及时整理（立卷）、归档。

个人不得保存应当归档的公文。

第三十九条　归档范围内的公文，应当根据其相互联系、特征和保存价值等整理（立卷），要保证归档公文的齐全、完整，能正确反映本机关的主要工作情况，便于保管和利用。

第四十条　联合办理的公文，原件由主办机关整理（立卷）、归档，其他机关保存复制件或其他形式的公文副本。

第四十一条　本机关负责人兼任其他机关职务，在履行所兼职务职责过程中形成的公文，由其兼职机关整理（立卷）、归档。

第四十二条　归档范围内的公文应当确定保管期限，按照有关规定定期向档案部门移交。

第四十三条　拟制、修改和签批公文，书写及所用纸张和字迹材料必须符合存档要求。

第八章　公文管理

第四十四条　公文由文秘部门或专职人员统一收发、审核、用印、归档和销毁。

第四十五条　文秘部门应当建立健全本机关公文处理的有关制度。

第四十六条　上级机关的公文，除绝密级和注明不准翻印的以外，下一级机关经负责人或者办公厅（室）主任批准，可以翻印。翻印时，应当注明翻印的机关、日期、份数和印发范围。

第四十七条　公开发布行政机关公文，必须经发文机关批准。经批准公开发布的公文，同发文机关正式印发的公文具有同等效力。

第四十八条　公文复印件作为正式公文使用时，应当加盖复印机关证明章。

第四十九条　公文被撤销，视作自始不产生效力；公文被废止，视作自废止之日起不产生效力。

第五十条 不具备归档和存查价值的公文，经过鉴别并经办公厅（室）负责人批准，可以销毁。

第五十一条 销毁秘密公文应当到指定场所由二人以上监销，保证不丢失、不漏销。其中，销毁绝密公文（含密码电报）应当进行登记。

第五十二条 机关合并时，全部公文应当随之合并管理。机关撤销时，需要归档的公文整理（立卷）后按有关规定移交档案部门。

工作人员调离工作岗位时，应当将本人暂存、借用的公文按照有关规定移交、清退。

第五十三条 密码电报的使用和管理，按照有关规定执行。

第九章 附 则

第五十四条 行政法规、规章方面的公文，依照有关规定处理。外事方面的公文，按照外交部的有关规定处理。

第五十五条 公文处理中涉及电子文件的有关规定另行制定。统一规定发布之前，各级行政机关可以制定本机关或者本地区、本系统的试行规定。

第五十六条 各级行政机关的办公厅（室）对上级机关和本机关下发公文的贯彻落实情况应当进行督促检查并建立督查制度。有关规定另行制定。

第五十七条 本办法自2001年1月1日起施行。1993年11月21日国务院办公厅发布，1994年1月1日起施行的《国家行政机关公文处理办法》同时废止。

附录 B

中国共产党机关公文处理条例

(经中共中央批准 中共中央办公厅 1996 年 5 月 3 日印发)

第一章 总 则

第一条 为适应中国共产党机关(以下简称党的机关)工作的需要,实现党的机关公文处理工作的科学化、制度化、规范化,制定本条例。

第二条 党的机关的公文,是党的机关实施领导、处理公务的具有特定效力和规范格式的文书,是传达贯彻党的路线、方针、政策,指导、布置和商洽工作,请示和答复问题,报告和交流情况的工具。

第三条 公文处理是包括公文拟制、办理、管理、立卷归档在内的一系列衔接有序的工作。

第四条 公文处理应当坚持实事求是、按照行文机关要求和公文处理规定进行的原则,做到准确、及时、安全、保密。

第五条 党的机关的办公厅(室)主管本机关的公文处理工作,并对下级机关的公文处理工作进行业务指导。

第六条 党的机关的办公厅(室)应当设立秘书部门或者配备秘书人员具体负责公文处理工作,并逐步改善办公手段,努力提高工作效率和质量。秘书人员应当具有较高的政治和业务素质,工作积极,作风严谨,遵守纪律,恪尽职守。

第二章 公文种类

第七条 党的机关公文种类主要有:

(一) 决议 用于经会议讨论通过的重要决策事项。

(二) 决定 用于对重要事项作出决策和安排。

(三) 指示 用于对下级机关布置工作,提出开展工作的原则和要求。

(四) 意见 用于对重要问题提出见解和处理办法。

(五) 通知 用于发布党内法规、任免干部、传达上级机关的指示、转发上级机关和不相隶属机关的公文、批转下级机关的公文、发布要求下级机关办理和有关单位共同执行或者周知的事项。

(六) 通报 用于表彰先进、批评错误、传达重要精神、交流重要情况。

(七) 公报 用于公开发布重要决定或者重大事件。

(八) 报告 用于向上级机关汇报工作、反映情况、提出建议,答复上级机关的询问。

(九) 请示 用于向上级机关请求指示、批准。

(十) 批复 用于答复下级机关的请示。

(十一) 条例 用于党的中央组织制定规范党组织的工作、活动和党员行为的规章制度。

（十二）规定 用于对特定范围内的工作和事务制定具有约束力的行为规范。

（十三）函 用于机关之间商洽工作、询问和答复问题，向无隶属关系的有关主管部门请求批准等。

（十四）会议纪要 用于记载会议主要精神和议定事项。

第三章 公文格式

第八条 党的机关公文由版头、份号、密级、紧急程度、发文字号、签发人、标题、主送机关、正文、附件、发文机关署名、成文日期、印章、印发传达范围、主题词、抄送机关、印制版记组成。

（一）版头 由发文机关全称或者规范化简称加"文件"二字或者加括号标明文种组成，用套红大字居中印在公文首页上部。联合行文，版头可以用主办机关名称，也可以并用联署机关名称。在民族自治地方，发文机关名称可以并用自治民族的文字和汉字印制。

（二）份号 公文印制份数的顺序号，标注于公文首页左上角。秘密公文应当标明份号。

（三）密级 公文的秘密等级，标注于份号下方。

（四）紧急程度 对公文送达和办理的时间要求。紧急文件应当分别标明"特急""加急"，紧急电报应当分别标明"特提""特急""加急""平急"。

（五）发文字号 由发文机关代字、发文年度和发文顺序号组成，标注于版头下方居中或者左下方。联合行文，一般只标明主办机关的发文字号。

（六）签发人 上报公文应当在发文字号右侧标注"签发人"，"签发人"后面标注签发人姓名。

（七）标题 由发文机关名称、公文主题和文种组成，位于发文字号下方。

（八）主送机关 主要受理公文的机关。主送机关名称应当用全称或者规范化简称或者同类型机关的统称，位于正文上方，顶格排印。

（九）正文 公文的主体，用来表达公文的内容，位于标题或者主送机关下方。

（十）附件 公文附件，应当置于主件之后，与主件装订在一起，并在正文之后、发文机关署名之前注明附件的名称。

（十一）发文机关署名 应当用全称或者规范化简称，位于正文的右下方。

（十二）成文日期 一般署会议通过或者领导人签发日期；联合行文，署最后签发机关领导人的签发日期；特殊情况署印发日期。成文日期应当写明年、月、日，位于发文机关署名右下方。决议、决定、条例、规定等不标明主送机关的公文，成文日期加括号标注于标题下方居中位置。

（十三）印章 除会议纪要和印制的有特定版头的普发性公文外，公文应当加盖发文机关印章。

（十四）印发传达范围 加括号标注于成文日期左下方。

（十五）主题词 按上级机关的要求和《公文主题词表》标注，位于抄送机关上方。

（十六）抄送机关 指除主送机关以外的其他需要告知公文内容的上级、下级和不相隶属机关。抄送机关名称标注于印制版记上方。

（十七）印制版记 由公文印发机关名称、印发日期和份数组成，位于公文末页下端。

第九条 公文的汉字从左至右横排；少数民族文字按其书写习惯排印。公文用纸幅面规格可采用 16 开型（长 260 毫米，宽 184 毫米），也可采用国际标准 A4 型（长 297 毫米，宽 210 毫米）。左侧装订。

第十条 党的机关公文版头的主要形式及适用范围：

（一）《中共××文件》用于各级党委发布、传达贯彻党的方针、政策，作出重要工作部署，转发上级机关的文件，批转下级机关的重要报告、请示。

（二）《中国共产党××委员会（××）》用于各级党委通知重要事项、任免干部、批复下级机关的请示，向上级机关报告、请示工作。

（三）《中共××办公厅（室）文件》、《中共××办公厅（室）（××）》用于各级党委办公厅（室）根据授权，传达党委的指示，答复下级党委的请示，转发上级机关的文件，批转下级机关的报告、请示，发布有关事项，向上级机关报告、请示工作。

（四）《中共××部文件》、《中共××部（××）》用于除办公厅（室）以外的党委各部门发布本部门职权范围内的事项，向上级机关报告、请示工作。

第四章　行文规则

第十一条 行文应当确有需要，注重实效，坚持少而精。可发可不发的公文不发，可长可短的公文要短。

第十二条 党的机关的行文关系，根据各自的隶属关系和职权范围确定。

（一）向上级机关行文，应当主送一个上级机关；如需其他相关的上级机关阅知，可以抄送。不得越级向上级机关行文，尤其不得越级请示问题；因特殊情况必须越级行文时，应当同时抄送被越过的上级机关。

（二）向下级机关的重要行文，应当同时抄送发文机关的直接上级机关。

（三）党委各部门在各自职权范围内可以向下级党委的相关部门行文。党委办公厅（室）根据党委授权，可以向下级党委行文；党委的其他部门，不得对下级党委发布指示性公文。部门之间对有关问题未经协商一致，不得各自向下行文。

（四）同级党的机关、党的机关与其他同级机关之间必要时可以联合行文。

（五）不相隶属机关之间一般用函行文。

第十三条 受双重领导的机关向上级机关行文，应当写明主送机关和抄送机关，由主送机关负责答复其请示事项。上级机关向受双重领导的下级机关行文，应当抄送其另一上级机关。

第十四条 向上级机关请示问题，应当一文一事，不应当在非请示公文中夹带请示事项。

请示事项涉及其他部门业务范围时，应当经过协商并取得一致意见后上报；经过协商未能取得一致意见时，应当在请示中写明。除特殊情况外，请示应当送上级机关的办公厅（室）按规定程序处理，不应直接送领导者个人。

党委各部门应当向本级党委请示问题。未经本级党委同意或授权，不得越过本级党委向上级党委主管部门请示重大问题。

第十五条 对不符合行文规则的上报公文，上级机关的秘书部门可退回下级呈报机关。

第五章　公文起草

第十六条 起草公文应当做到：

（一）符合党的路线、方针、政策和国家的法律、法规及上级机关的指示，完整、准确地体现发文机关的意图，并同现行有关公文相衔接。

（二）全面、准确地反映客观实际情况，提出的政策、措施切实可行。

（三）观点明确，条理清晰，内容充实，结构严谨，表述准确。

（四）开门见山，文字精练，用语准确，篇幅简短，文风端正。

（五）人名、地名、时间、数字、引文准确。公文中汉字和标点符号的用法符合国家发布的标准方案，计量单位和数字用法符合国家主管部门的规定。

（六）文种、格式使用正确。

（七）杜绝形式主义和烦琐哲学。

第十七条 起草重要公文应当由领导人亲自动手或亲自主持、指导，进行调查研究和充分论证，征求有关部门意见。

第六章 公文校核

第十八条 公文文稿送领导人审批之前，应当由办公厅（室）进行校核。公文校核的基本任务是协助机关领导人保证公文的质量。公文校核的内容是：

（一）报批程序是否符合规定；

（二）是否确需行文；

（三）内容是否符合党的路线、方针、政策和国家的法律、法规及上级机关的指示精神，是否完整、准确地体现发文机关的意图，并同现行有关公文相衔接；

（四）涉及有关部门业务的事项是否经过协调并取得一致意见；

（五）所提措施和办法是否切实可行；

（六）人名、地名、时间、数字、引文和文字表述、密级、印发传达范围、主题词是否准确、恰当，汉字、标点符号、计量单位、数字的用法及文种使用、公文格式是否符合本条例的规定。

第十九条 文稿如需作较大修改，应当与原起草部门协商或请其修改。

第二十条 已经领导人审批过的文稿，在印发之前应再作校核。校核的内容同第十八条（六）款。经校核如需作涉及内容的实质性修改，须报原审批领导人复审。

第七章 公文签发

第二十一条 公文须经本机关领导人审批签发。重要公文应当由机关主要领导人签发。联合发文，须经所有联署机关的领导人会签。党委办公厅（室）根据党委授权发布的公文，由被授权者签发或者按照有关规定签发。领导人签发公文，应当明确签署意见，并写上姓名和时间。若圈阅，则视为同意。

第八章 公文办理和传递

第二十二条 公文办理分为收文办理和发文办理。收文办理包括公文的签收、登记、拟办、请办、分发、传阅、承办和催办等程序。公文经起草、校核和领导审批签发后转入发文办理，发文办理包括公文的核发、登记、印制和分发等程序。

（一）签收 收到有关公文并以签字或盖章的方式给发文方以凭据。签收公文应当逐件清点，如发现问题，应当及时向发文机关查询，并采取相应的处理措施。急件应当注明签收的具体时间。

（二）登记　公文办理过程中就公文的特征和办理情况进行记载。登记应当将公文标题、密级、发文字号、发文机关、成文日期、主送机关、份数、收发文日期及办理情况逐项填写清楚。

（三）拟办　秘书部门对需要办理的公文提出办理意见，并提供必要的背景材料，送领导人批示。

（四）请办　办公厅（室）根据授权或有关规定将需要办理的公文注请主管领导人批示或者主管部门研办。对需要两个以上部门办理的，应当指明主办部门。

（五）分发　秘书部门根据有关规定或者领导人批示将公文分送有关领导人和部门。

（六）传阅　秘书部门根据领导人批示或者授权，按照一定的程序将公文送有关领导人阅知或者批示。办理公文传阅应当随时掌握公文去向，避免漏传、误传和延误。

（七）承办　主管部门对需要办理的公文进行办理。凡属承办部门职权范围内可以答复的事项，承办部门应当直接答复呈文机关；凡涉及其他部门业务范围的事项，承办部门应当主动与有关部门协商办理；凡须报请上级机关审批的事项，承办部门应当提出处理意见并代拟文稿，一并送请上级机关审批。

（八）催办　秘书部门对公文的承办情况进行督促检查。催办贯穿于公文处理的各个环节。对紧急或者重要公文应当及时催办，对一般公文应当定期催办，并随时或者定期向领导人反馈办理情况。

（九）核发　秘书部门在公文正式印发前，对公文的审批手续、文种、格式等进行复核，确定发文字号、分送单位和印制份数。

（十）印制　应当做到准确、及时、规范、安全、保密。秘密公文应当由机要印刷厂（或一般印刷厂的保密车间）印制。

第二十三条　公文处理过程中，应当使用符合存档要求的书写材料。需要送请领导人阅批的传真件，应当复制后办理。

第二十四条　秘密公文应当通过机要交通（或机要通信）传递、密电传输或者计算机网络加密传输，不得密电明传、明电密电混用。

第九章　公文管理

第二十五条　党的机关公文应当发给组织，由秘书部门统一管理，一般不发给个人。秘书部门应当切实做好公文的管理工作，既发挥公文效用，又有利于公文保密。

第二十六条　党的机关秘密公文的印发传达范围应当按照发文机关的要求执行，下级机关、不相隶属机关如需变更，须经发文机关批准。

第二十七条　公开发布党的机关公文，须经发文机关批准。经批准公开发布的公文，同发文机关正式印发的公文具有同等效力。

第二十八条　复制上级党的机关的秘密公文，须经发文机关批准或者授权。翻印件应当注明翻印机关名称、翻印日期和份数；复印件应当加盖复印机关戳记。复制的公文应当与正式印发的公文同样管理。

第二十九条　汇编上级党的机关的秘密公文，须经发文机关批准或者授权。公文汇编本的密级按照编入公文的最高密级标注并进行管理。

第三十条　绝密级公文应当由秘书部门指定专人管理，并采取严格的保密措施。

第三十一条　秘书部门应当按照规定对秘密公文进行清理、清退和销毁，并向主管机关报告公文管理情况。销毁秘密公文，必须严格履行登记手续，经主管领导人批准后，由二人监销，保证不丢失、不漏销。个人不得擅自销毁公文。

第三十二条　机关合并时，全部公文应当随之合并管理。机关撤销时，需要归档的公文立卷后按照有关规定移交档案部门，其他公文按照有关规定登记销毁。工作人员调离工作岗位时，应当将本人保管、借用的公文按照有关规定移交、清退。

第十章　公文立卷归档

第三十三条　公文办理完毕后，秘书部门应当按照有关规定将公文的定稿、正本和有关材料收集齐全，进行立卷归档。个人不得保存应当归档的公文。

第三十四条　两个以上机关联合办理的公文，原件由主办机关立卷归档，相关机关保存复制件。机关领导人兼任其他机关职务的，在履行其所兼职务过程中形成的公文，由其兼职的机关立卷归档。

第十一章　公文保密

第三十五条　公文处理必须严格遵守《中华人民共和国保守国家秘密法》及有关保密法规，遵守党的保密纪律，确保党和国家秘密的安全。

凡泄露或出卖党和国家秘密公文的，依照有关法律、法规的规定进行处理。第三十六条党内秘密公文的密级按其内容及如泄露可能对党和国家利益造成危害的程度划分为"绝密""机密""秘密"。不公开发表又未标注密级的公文，按内部公文管理。

第三十六条　党内秘密公文的密级按其内容及如泄露可能对党和国家利益造成危害的程度划分为"绝密""机密""秘密"。不公开发表又未标注密级的公文，按内部公文管理。

第三十七条　发文机关在拟制公文时，应当根据公文的内容和工作需要，严格划分密与非密的界限；对于需要保密的公文，要准确标注其密级。公文密级的变更和解除由发文机关或其上级机关决定。

第十二章　附　则

第三十八条　本条例适用于中国共产党各级机关。

第三十九条　本条例由中共中央办公厅负责解释。

第四十条　本条例自发布之日起施行。

附录 C

国务院办公厅关于实施《国家行政机关公文处理办法》涉及的几个具体问题的处理意见

各省、自治区、直辖市人民政府，国务院各部委、各直属机构：

为确保国务院发布的《国家行政机关公文处理办法》（国发〔2000〕23号）的贯彻施行，现就所涉及的几个具体问题提出如下处理意见：

1. 关于"意见"文种的使用。"意见"可以用于上行文、下行文和平行文。作为上行文，应按请示性公文的程序和要求办理。所提意见如涉及其他部门职权范围内的事项，主办部门应当主动与有关部门协商，取得一致意见后方可行文；如有分歧，主办部门的主要负责人应当出面协调，仍不能取得一致时，主办部门可以列明各方理据，提出建设性意见，并与有关部门会签后报请上级机关决定。上级机关应当对下级机关报送的"意见"作出处理或给予答复。作为下行文，文中对贯彻执行有明确要求的，下级机关应遵照执行；无明确要求的，下级机关可参照执行。作为平行文，提出的意见供对方参考。

2. 关于"函"的效力。"函"作为主要文种之一，与其他主要文种同样具有由制发机关权限决定的法定效力。

3. 关于"命令""决定"和"通报"三个文种用于奖励时如何区分的问题。各级行政机关应当依据法律的规定和职权，根据奖励的性质、种类、级别、公示范围等具体情况，选择使用相应的文种。

4. 关于部门及其内设机构行文问题。政府各部门（包括议事协调机构）除以函的形式商洽工作、询问和答复问题、审批事项外，一般不得向下一级政府正式行文；如需行文，应报请本级政府批转或由本级政府办公厅（室）转发。因特殊情况确需向下一级政府正式行文的，应当报经本级政府批准，并在文中注明经政府同意。

部门内设机构除办公厅（室）外，不得对外正式行文的含义是：部门内设机构不得向本部门机关以外的其他机关（包括本系统）制发政策性和规范性文件，不得代替部门审批下达应当由部门审批下达的事项；与相应的其他相关进行工作联系确需行文时，只能以函的形式行文。

"函的形式"是指公文格式中区别于"文件格式"和"信函格式"。以"函的形式"行文应注意选择使用与行文方向一致、与公文内容相符的文种。

5. 关于联合行文时发文机关的排列顺序和发文字号。行政机关联合行文，主办机关排列在前。行政机关与同级或相应的党的机关、军队机关、人民团体联合行文，按照党、政、军、群的顺序排列。

行政机关之间联合行文，标注主办机关的发文字号；与其他机关联合行文原则上应使用排列在前机关的发文字号，也可以协商确定，但只能标注一个机关的发文字号。

6. 关于联合行文的会签。联合行文一般由主办机关首先签署意见，协办单位依次会签。

一般不使用复印件会签。

7. 关于联合行文的用印。行政机关联合向上行文，为简化手续和提高效率，由主办单位加盖印章即可。

8. 关于保密期限的标注问题。涉及国家秘密的公文如有具体保密期限应当明确标注，否则按照《国家秘密保密期限的规定》（国家保密局1990年第2号令）第九条执行，即"凡未标明或者未通知保密期限的国家秘密事项，其保密期限按照绝密级事项三十年、机密级事项二十年、秘密级事项十年认定"。

9. 关于"附注"的位置。"附注"的位置在成文日期和印章之下，版记之上。

10. 关于"主要负责人"的含义。"主要负责人"指各级行政机关的正职或主持工作的负责人。

11. 关于公文用纸采用国际标准 A4 型问题。各省（区、市）人民政府和国务院各部门已做好准备的，公文用纸可用于 2001 年 1 月 1 日起采用国际标准 A4 型尚未做好准备的，要积极创造条件尽快采用国际标准 A4 型。省级以下人民政府及其所属机关和国务院各部门所属单位何时采用国际标准 A4 型，由各省（区、市）人民政府和国务院各部门自行确定。

国务院办公厅
二〇〇一年一月一日

参 考 文 献

[1] 黄泽才. 新编应用写作 [M]. 北京：北京理工大学出版社，2007.
[2] 岳文强，崔雨峰. 应用写作 [M]. 北京：北京理工大学出版社，2011.
[3] 金常德. 会议纪要与会谈纪要之比较 [J]. 应用写作，2011（8）.
[4] 马俊霞. 浅析撰写请示缘由的艺术 [J]. 应用写作，2008（12）.
[5] 王淑霞，赵颉仕. 军队干部述职报告的撰写要求及方法 [J]. 应用写作，2002（10）.
[6] 赵光. 对一则批复的评析 [J]. 应用写作，2004（3）.
[7] 童丰生. 奖惩性决定与表扬批评性通报的区分 [J]. 应用写作，2003（3）.
[8] 兰州大学校长办公室. 常用公文写作 [EB/OL]. http：//ldxb.lxu.edu.cn/lzupage/2010/11/22/N2010112217240.html.
[9] 王立安. 如何写出高质量的领导讲话稿 [J]. 应用写作，2007（10）.
[10] 李玉珊. 例谈商务礼仪活动邀请函的写作 [J]. 应用写作，2008（2）.
[11] 大风. 情况报告范文评析 [J]. 应用写作，2004（4）.
[12] 章隐. 评析一份充满说服力的请示佳作 [J]. 应用写作，2007（4）.
[13] 钱俊. 我的述职报告 [J]. 应用写作，2008（3）.
[14] 陈子典，李硕豪. 应用写作大要（修订本）[M]. 广州：广东高等教育出版社，2003.
[15] 周胜林，尹德刚，梅懿. 当代新闻写作 [M]. 上海：复旦大学出版社，2005.
[16] 戴元祥. 新编公文写作与处理学 [M]. 北京：时事出版社，2004.
[17] 傅守祥，应小敏. 现代机关应用文写作及实例分析 [M]. 北京：中共中央党校出版社，2004.
[18] 黄晓钟. 新闻写作思考与练习 [M]. 成都：四川大学出版社，2002.
[19] 李啸生. 办公室工作标准运作典范全书 [M]. 北京：中国言实出版社，2001.